化学工业出版社"十四五"普通高等教育规划教材

化工原理实验

陈鑫　涂国云　张军伟　董亮亮　主编

化学工业出版社

·北京·

内容简介

全书主要内容分为五部分：单元操作实验及处理工程问题的实验方法、实验误差分析和数据处理、测量仪表和测量方法、单元操作实验、演示实验。单元操作实验内容包括流体流动阻力测定实验、离心泵性能测定实验、恒压过滤实验、三管传热实验、综合传热实验、蒸发实验、精馏塔的操作与板效率的测定实验、吸收与解吸实验、干燥实验、液-液萃取实验、多功能膜分离实验。本书内容的编排着眼于使学生了解和掌握化工原理实验的基本内容和研究方法，着重培养学生的工程观点和分析解决工程问题的能力。

本书可作为高校本科、专科的化工原理实验教材，亦可供化工、生物工程、食品工程、环境工程、轻化工程专业的工程技术人员参考。

图书在版编目（CIP）数据

化工原理实验／陈鑫等主编. — 北京：化学工业
出版社，2025. 7. —（化学工业出版社"十四五"普通
高等教育规划教材）. — ISBN 978-7-122-48047-7

Ⅰ. TQ02-33

中国国家版本馆 CIP 数据核字第 20250Y7W12 号

责任编辑：李　琰　宋林青　　　文字编辑：师明远
责任校对：边　涛　　　　　　　　装帧设计：韩　飞

出版发行：化学工业出版社
　　　　　（北京市东城区青年湖南街 13 号　邮政编码 100011）
印　　装：三河市君旺印务有限公司
787mm×1092mm　1/16　印张 12½　字数 310 千字
2025 年 8 月北京第 1 版第 1 次印刷

购书咨询：010-64518888　　　　售后服务：010-64518899
网　　址：http://www.cip.com.cn
凡购买本书，如有缺损质量问题，本社销售中心负责调换。

定　　价：38.00 元　　　　　　　　版权所有　违者必究

前言

"化工原理"是以单元操作为背景的课程，"化工原理实验"是对应理论课开设的实践性环节的课程。单元操作实验属于工程实验范畴，具有鲜明的工程特点和特殊性，要求学生理论联系实际通过实验来验证一些结论和结果，观察相关单元操作的过程和现象，掌握单元操作实验的设计方法、操作技能和仪器仪表的使用方法，从而培养学生理论联系实际的能力和工程观点，使学生在结束基础课程转入相关专业的学习时，在思维方法上对处理复杂的工程实际过程具有较好的分析问题和解决问题的能力。

单元操作种类很多，本教材介绍了流体流动阻力测定实验、离心泵性能测定实验、恒压过滤实验、三管传热实验、综合传热实验、蒸发实验、精馏塔的操作与板效率的测定实验、吸收与解吸实验、干燥实验、液-液萃取实验、多功能膜分离实验等十一个典型的单元操作实验，为了增加学生的感性认识，还介绍了雷诺实验、流体流线演示实验、离心泵的汽蚀现象、流化床干燥实验和降膜式蒸发实验五个演示实验。根据化工、生工、制药、食品、环境、轻化工程等不同专业的需要，可选择相应的单元操作以满足所开设的"化工原理"理论课的需要。

本书由陈鑫、涂国云、张军伟、董亮亮主编。其中前言、绪论、第三章与第四章的实验四～实验十一、第五章由涂国云执笔。第一章与第四章的实验一、实验二由张军伟执笔。第二章与第四章的实验三由董亮亮执笔。全书实验流程图由陈鑫执笔绘制，并且由他进行统稿和修改。全书审阅工作由张军伟承担。

本教材之成书，源自江南大学使用多年的"化工原理食工原理实验"讲义，得益于江南大学化工原理和食工原理前辈教师数十年实验教学之积淀，也借鉴了国内各兄弟院校同类教材，在成书的过程中，还得到了江南大学教务处和化学与材料工程学院的专题资助，在此一并表示感谢。

本书的出版，汇聚了集体的努力。在编写过程中，力求融入自己的实验教学心得，写出自己的风格，但是，由于编者学识水平有限，书中定有疏漏之处，恳请读者不吝赐教，以助修正。

编者
2024 年 12 月

目录

绪 论

一、单元操作实验的内容和特点

"化工原理"是以单元操作为内容，以传递过程和研究的方法论为主线组成的课程。"化工原理实验"是对应理论课开设的实践性环节的课程，就内容而言，是更为具体的单元操作实验，是研究和解决工程问题方法论的具体体现和实践样本，实验过程中要掌握单元操作实验规划和设计的方法，掌握单元过程的操作和设备特性与过程特性参数的测定方法，掌握仪器仪表的使用方法。

（一）规划和设计工程实验的方法

单元操作实验属于工程实验范畴，具有鲜明的工程特点和特殊性。工程实验与物理、化学等基础实验明显不同，它的研究对象是生产中物理加工过程按其操作原理的共性归纳成的若干单元操作，同一种单元操作可以在各种不同的产品生产加工过程的某个工段中出现，因此涉及的物料千变万化，使用的设备尺寸大小不同。例如，流体输送在生产过程中可以是输送水、输送空气、输送硫酸、输送糖液等；根据输送任务的不同，管道可以很粗，也可能较细；根据输送距离的远近，管道可以很长，也可能较短。其他各个单元操作也是同样的情况，会涉及各种物料和不同尺寸的设备。面对如此复杂的变化因素，必须建立科学的实验研究的方法论，以便抓住影响过程的主要因素，使实验结果在几何尺寸上能"由小见大"，在物料品种上能"由此及彼"。本书第一章对处理工程问题的实验方法作了详细介绍。单元操作实验部分，不仅要求学生掌握各个单元操作过程的操作，同时要求学生对相关单元操作科学的实验规划和设计方法有足够的认识和理解，使学生在结束基础课程转入相关专业的学习时，面对复杂的工程实际过程，具有较好的分析问题和解决问题的能力，以便在今后的科研和工作中进行借鉴和创新。

（二）典型单元过程的操作和设备特性与过程特性参数的测定

实际生产过程往往由很多单元过程和设备组成，各单元操作相对的独立性及由多个有关单元操作组合形成的完整性，典型单元过程的操作和设备特性及过程特性参数的测定，可以适合不同层次、不同专业要求的教学对象。

原全国化工原理教学指导委员会在"高等学校工科本科'化工原理'课程教学基本要求"中提出：化工原理实验内容中，在直管摩擦系数和局部阻力系数的测定、离心泵的操作与性能的测定、过滤常数的测定、热导率的测定、传热实验、蒸发实验、精馏塔性能实验、吸收系数的测定、干燥速度曲线的测定、萃取实验及板式塔流体力学性能实验中至少选做六至七个。

本教材共编写了十一个典型的单元操作实验，即流体流动阻力测定实验、离心泵性能测定实验、恒压过滤实验、三管传热实验、综合传热实验、蒸发实验、精馏塔的操作与板效率的测定实验、吸收与解吸实验、干燥实验、液-液萃取实验、多功能膜分离实验，还编写了雷诺实验、流体流线演示实验、离心泵的汽蚀现象、流化床干燥实验、降膜式蒸发实验等五个演示实验。针对不同层次、不同专业要求的教学对象，可对实验教学内容灵活地进行组合和调整，以满足所开设理论课程教学的要求。

通过实验教学应使学生得到单元操作实验技能的基本训练，掌握典型单元过程的操作和设备特性与过程特性参数的测定技能，巩固和加深对理论课教学内容的理解，能够理论联系实际，树立工程观点，把握某些工程因素对操作过程的影响，掌握仪器仪表的使用方法。

二、实验的基本要求

通过单元操作实验课程的学习，学生应具备一定的分析、解决工程问题的实验研究能力，这些能力包括：影响实际过程重要因素的分析和判断能力；规划实验和实验方案的设计能力；正确选择和使用有关设备和测量仪表的能力；观察分析实验现象正确进行实验操作的能力；分析处理实验原始数据并进行归纳总结获得正确结论的能力；简练正确地表达实验内容和结果、撰写实验报告的能力。这些能力提高了，才能为将来独立地开展科学研究实验或解决工程问题、进行过程开发打下坚实的基础。为了切实有效地培养和提高实验研究能力，必须认真做好实验前的预习、实验过程中的操作与实验数据的读取及记录、实验结束后的分析总结、撰写实验报告等各个步骤的工作。

（一）实验前的预习工作

（1）阅读实验教材的相关内容，弄清实验的目的与要求。

（2）根据本次实验的具体任务，研究实验的理论根据和具体的实验方法，分析需要测量哪些数据，并且估计实验数据可能的变化规律。

（3）通过仿真实验，了解实验流程，对实验过程进行练习，进一步理解实验的目的、原理和实验方法。

（4）到现场观看具体的设备流程、主要设备的构造、仪表种类和安装位置，了解它们的启动、使用方法和注意事项。

（5）根据实验要求和现场勘查，拟定实验方案，确定实验操作程序。

（二）组织好实验小组的分工合作

单元操作实验一般都是以几个人为小组合作进行的，因此实验开始前必须做好组织工作，应做到既有分工，又有合作，既能保证实验质量，又能得到全面训练。每个实验小组要有一个组长负责协调，与组员一起讨论实验方案，让每个组员明确自己的职责（包括观察现象进行操作、读取数据、记录数据等），在实验的适当时候可以进行轮换，使每个人在各个环节都可以得到锻炼。

（三）认真测取实验数据，做好记录

在实验过程中，应认真观察和分析实验现象，严肃认真地记录原始实验数据，培养严肃认真的科学研究态度。

（1）实验前必须拟好实验数据记录表格，在表格中应记下物理量的名称和单位。不能一边做实验一边随便拿纸记录，以保证数据完整，条理清楚不遗漏。

（2）凡是影响实验结果，以及数据处理过程中要用到的数据都必须测取，不能遗漏，包括大气条件、设备有关尺寸、物料性质等。但并不是所有数据都要直接测取，凡可以根据某一数据导出或从手册中查出的其他数据，就不必直接测定，例如水的密度、黏度等物理性质，只要测定水的温度就可以了。

（3）实验时一定要在操作条件稳定后再开始读取数据，操作条件改变后，要等待稳定后才能读取数据，这是因为操作条件的改变破坏了原来的稳定状态，重新建立稳态需要一定的时间，有的实验甚至要花较长的时间才能达到稳定，而测量仪表通常又有滞后的现象。实验操作时，必须密切注意仪表指示值的变动，随时调节，务必使整个操作过程都在规定条件下进行，尽量减小实验操作条件和规定操作条件之间的差距。实验操作时要坚守岗位，不得擅自离开。实验过程中还应注意观察过程现象，特别是发现某些不正常现象时应及时查找产生不正常现象的原因，及时排除。

（4）每个数据记录后，应该立即复核，以免发生读错或记错数字等错误。

（5）数据记录必须真实地反映仪表的精确度。一般记录至仪表上最小分度以下一位数，所以记录数据中末位都是估读的数。例如温度计的最小分度为 1℃，如果当时温度读数为 24.6℃，就不能记为 25℃，如果刚好是 25℃，则应记为 25.0℃，不能记为 25℃，这里是一个精确度的问题，如记录为 25℃，误差是 ±1℃，而 25.0℃ 的误差是 ±0.1℃，当然也不能记为 24.58℃，因为超出了所用温度计的精确度。

（6）记录数据要以仪表当时的实际读数为准，例如仪表设定空气的控制温度为 100℃，而读数时实际空气温度为 99.5℃，就应该记录 99.5℃。如果被控制的温度稳定不变，则每次记录数据时也应照常记录，不得空下不记。

（7）实验中如果出现不正常情况，数据有明显误差时，应在备注中加以说明。

（四）撰写实验报告

实验完成后必须提交一份规范的实验报告。实验报告必须写得简单明白，数据完整，过程清楚，结论明确，有讨论，有分析，得出的公式或图表要标明适用条件。实验报告应包括下述基本内容：

（1）报告的题目。

（2）撰写报告人及同实验小组人员的姓名。

（3）实验目的。

（4）实验原理。

（5）实验装置及流程图。

（6）实验方法和主要步骤。

（7）实验数据（包括实验原始数据以及与实验结果有关的其他全部数据）。

（8）实验数据处理及计算示例。要以一列数据的计算过程作为计算示例在报告中说明数据是怎么处理的，计算示例要把引用公式、数据代入等计算步骤表述清楚，同一实验小组的

成员要以不同列的数据作出计算示例。

（9）实验结果。要明确给出本次实验的结论，以作图、列表或经验关联式表示均可，并且注明有关条件。

（10）分析讨论。实验中发现问题应作讨论，对实验方法、实验设备有何改进建议也可在报告中写明。

在教学过程中，可将实验报告分为两部分来撰写，第一部分为预习报告，包括上述第（1）至第（7）项内容，其中第（7）项内容只要求列出数据表格。实验预习报告在实验操作前交给指导老师审阅，获得通过后方能参加实验。在实验结束后完成实验报告的其余内容，在规定时间内交指导老师批阅。

第一章

单元操作实验及处理工程问题的实验方法

实验是人们认识客观世界的一种有效方法,通过观察和跟踪全过程发生的现象,并测取有关过程运行的数据,加以分析、归纳和总结,可以对过程的本质和规律获得一定程度的了解。成功的实验来自于正确的方案和严谨的科学态度,也就是可行的实验方法、合理的实验设计、正确的数据读取与处理、实事求是的工作态度,从而使实验研究可以做到"以小见大、由此及彼"。多年来,单元操作实验以及其他工程实验在其发展过程中形成的研究方法有:直接实验法、量纲分析法、数学模型法、过程变量分离法、过程分解与合成法、冷模实验法等,它们各有特点,并相互补充。

第一节　直接实验法

直接实验法是指对特定的工程问题,进行直接实验测定,从而得到需要的结果。这种方法是对被研究的对象进行直接的观察和分析研究,因此,由直接实验法得到的结果往往较为可靠。例如,过滤曲线及干燥曲线的获得、平衡溶解度的测定等,就是通过直接实验法,获得相关的过程规律。

由于干燥机理目前尚不太清楚,干燥过程又特别复杂,为了简化影响因素,通常在恒定的干燥条件(如干燥温度、压力等)下,直接测定其干燥曲线。在实验过程中,定时测定物料质量的变化,即记录每一时间间隔 Δt 内物料的质量变化 Δm 及物料的表面温度 θ,直到物料的质量恒定为止,此时物料与表面空气达到平衡状态,物料中所含水分即为该条件下的平衡水分,然后再将物料放到真空干燥箱内烘干到恒重为止,即可测得绝干物料的质量。上述实验数据经整理,可绘出物料含水量 X(干基)及物料表面温度 θ 与干燥时间 t 的关系曲线,即干燥曲线,如图 1-1 所示。需要指出的是,如果物料和干燥条件不同,所得干燥曲线也不同。同样地,过滤某种物料,已知滤浆的浓度,在某一恒压条件下,直接进行过滤实验,测定过滤时间和所得滤液量,根据过滤时间和所得滤液量两者之间的关系,可以作出该物料在某一压力下的过滤曲线。如果滤浆浓度改变或过滤压力改变,所得过滤曲线也都将不同。

L-苯丙氨酸(L-Phenylalanine,简称 L-Phe)是人体必需的氨基酸之一。它可用作营养强化剂、氨基酸输液和复合氨基酸制剂的成分,同时也是合成药物麦角胺、抗生素和维生素

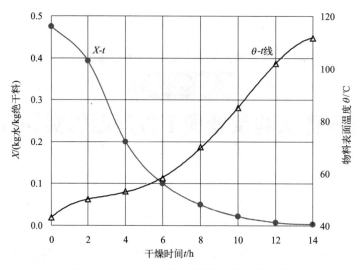

图 1-1　恒定干燥条件下某物料的干燥曲线

B$_6$ 及二肽甜味剂的原料。目前，尚无文献报道其在水中的溶解度数据，我们通过直接实验法实验测定了不同温度下其在水中的溶解度，并与模型预测数据进行了比较，如表 1-1 所示。其中，用来预测的经验公式为：

$$\ln x = -\frac{\Delta H^{\text{fus}}}{R\theta}\left(1-\frac{\theta}{\theta_{\text{m}}}\right) \tag{1-1}$$

式中，x 为 θ 温度下溶质在饱和水溶液中的摩尔分数；摩尔熔化焓 $\Delta H^{\text{fus}}=31081.69\text{J}/\text{mol}$；$R$ 为摩尔气体常数；熔融温度 $\theta_{\text{m}}=549.88\text{K}$。

表 1-1　不同温度下 L-Phe 在水（pH 5.5～6）中的溶解度

温度/℃	溶解度预测值/(g/L)	溶解度测定值/(g/L)
0	9.3	19.8
10	15.0	23.3
20	23.3	27.4
25	28.7	29.6
30	35.1	32.1
40	51.3	37.7
50	72.8	44.3
60	100.3	52.0

由表 1-1 可以看出，用经验公式预测得到的溶解度数据与实验测定值有较大的偏差，因此，如条件许可，通常需要考虑用直接实验法来测定溶解度数据。随着组合化学技术、机器人技术、自动化技术、计算机软件技术等的飞速发展，高通量（high-throughput）实验技术已广泛应用于药物筛选、催化剂筛选、分离工程、细胞相与非细胞相筛选、生物表型筛选等多个领域，使得直接实验法的应用愈来愈广泛。

直接实验法是解决工程实际问题最基本的方法。但对于某些工程问题，直接实验法有一定的局限性，实验结果往往只能用到特定的实验条件和实验设备上，或者只能推广到实验条件完全相同的现象上。此外，直接实验法往往只能得出个别量之间的规律性关系（如溶解度与温度、压力、酸碱度等），对于比较复杂的过程，不能获得过程的全部本质，且耗时费力。

对一个多变量影响的工程问题，如果影响过程的变量数为 m，每一变量改变的水平数为 n，如采用直接实验法并按网格法计划实验，即依次固定其他变量，改变某一个变量测定目标值，所需实验次数为 n^m。涉及的变量数较多时，所需的实验次数将会剧增。例如，圆管内的流动阻力是管路设计时必须考虑的问题，因此流动阻力问题是一个典型的工程实际问题。从湍流过程的分析可知，影响流体流动阻力的主要因素有 6 个（$m=6$），即 ρ、μ、d、l、ε、u，假如 $n=10$，则需做 10^6 次实验，这样的实验工作量目前来说是无法进行的。另外，实验工作碰到的另一个困难是实验难度大。众所周知，化工生产中涉及的物料千变万化，涉及的设备尺寸大小悬殊，为改变 ρ 和 μ，实验必须使用多种流体；为改变 d 和 l，必须改变实验装置；改变 ρ 而同时固定 μ，又往往很难做到。因此，必须采用其他的实验研究方法。

第二节　量纲分析法

一、量纲、基本量纲、导出量纲及无量纲数

量纲：又称因次，英文名称 dimension，是物理量（测量）单位的种类。例如长度可以用米、厘米、毫米、尺、寸等不同单位表示，这些单位均属于同一类，即长度类。所以长度的单位具有同一量纲，以 L 表示。其他物理量，如时间、速度、加速度、密度、力、温度等也各属一种量纲。

基本量纲：通常法定长度、质量（或力）、时间、温度、电流、物质的量、发光强度这七种物理量为基本物理量，它们的量纲分别以 L、M（或 F）、T、θ、I、N、J 表示，称为基本量纲。

导出量纲：由基本物理量通过某个定义或定律导出的量，称为导出物理量，它们的量纲则称为导出量纲。导出量纲可根据有关定义或定律由基本量纲组合表示，一般地，可以把它们写为各基本量纲的幂指数乘积的形式。例如，某导出量 Q 的量纲为 $\mathrm{dim}Q = \mathrm{M}^a \mathrm{L}^b \mathrm{T}^c$，这里指数 a、b、c 为常数。几种常见的导出物理量的量纲如下：

面积 A：面积是两个长度的乘积，所以它的量纲就是两个长度量纲相乘，即长度量纲的平方，$\mathrm{dim}A = \mathrm{L} \cdot \mathrm{L} = \mathrm{L}^2$。

体积 V：体积是面积乘以长度，所以它的量纲为 $\mathrm{dim}V = \mathrm{L}^2 \cdot \mathrm{L} = \mathrm{L}^3$。

密度 ρ：定义为单位体积的质量，所以它的量纲为 $\mathrm{dim}\rho = \mathrm{M}/\mathrm{L}^3 = \mathrm{ML}^{-3}$。

速度 u：定义为距离对时间的导数，即 $u = \mathrm{d}s/\mathrm{d}t$，它是当 $\Delta t \to 0$ 时 $\Delta s/\Delta t$ 的极限。长度增量 Δs 的量纲仍为 L，而时间增量 Δt 的量纲为 T，所以速度的量纲为 $\mathrm{dim}u = \mathrm{L}/\mathrm{T} = \mathrm{LT}^{-1}$。

加速度 a：定义为 $\mathrm{d}u/\mathrm{d}t$，具有 $\Delta u/\Delta t$ 的量纲，即 $\mathrm{dim}a = \mathrm{LT}^{-2}$；

力 F：由方程 $F = ma$ 定义。所以 F 的量纲为质量量纲和加速度量纲之积，即 $\mathrm{dim}F = \mathrm{MLT}^{-2}$。

压力 p 或应力 σ：定义为 F/A。所以压力和应力的量纲为力 F 的量纲除以面积 A 的量纲，即 $\mathrm{dim}p = \sigma = \mathrm{ML}^{-1}\mathrm{T}^{-2}$。

能量：1 牛顿力的作用点在力的方向上移动 1 米距离所做的功，为 1 焦耳，即 $1\mathrm{J} = 1\mathrm{N} \cdot \mathrm{m}$，所以能量的量纲为 $\mathrm{dim}FL = \mathrm{ML}^2 \mathrm{T}^{-2}$。

速度梯度的量纲：按定义应为速度 u 的量纲除以长度 l 的量纲，即 T^{-1}。

黏度 μ 的量纲：按牛顿黏性定律，μ 的量纲应为切应力的量纲除以速度梯度的量纲，即 $\dim\mu = ML^{-1}T^{-2}/T^{-1} = ML^{-1}T^{-1}$。

以上讨论中是取 L、M、T 为基本量纲的，如果取力 F 作为基本量纲，以上各导出物理量的量纲就不同了。例如黏度 $\dim\mu = FL^{-2}T$，而质量的量纲将成为导出量纲，即 $\dim M = FL^{-1}T^{2}$。根据同样的方法可以导出常见力学量的量纲。因此，一个量的量纲没有"绝对"的表示法，它取决于基本量纲如何选择。但在 $\dim M$ 和 $\dim F$ 之间，仅能选择其中的一个作为基本量纲，它们之间的转换由 $F = ma$ 定义。

无量纲数：又称无量纲准数、无量纲数群，由若干个物理量组合得到一个复合物理量，组合的结果是该复合物理量关于基本量纲的指数均为零，则称该复合物理量为无量纲数。一个无量纲数可以通过几个有量纲数乘除组合而成。例如用来反映圆管内流体的流动类型的雷诺数（又称雷诺准数）Re，其表达式为：

$$Re = \frac{du\rho}{\mu} \tag{1-2}$$

式中右边各物理量的量纲：速度 u 的量纲为 $[LT^{-1}]$；内径 d 的量纲为 $[L]$；流体密度 ρ 的量纲为 $[ML^{-3}]$；流体黏度 μ 的量纲为 $[ML^{-1}T^{-1}]$。则雷诺数 Re 的量纲为：

$$\dim Re = \left[\frac{du\rho}{\mu}\right] = \frac{LLT^{-1}ML^{-3}}{ML^{-1}T^{-1}} = M^{0}L^{0}T^{0} \tag{1-3}$$

可见，雷诺数 Re 是一个无量纲量。实验表明，流体在直管内流动时，当 $Re \leqslant 2000$，流体的流动类型属于滞流；当 $Re \geqslant 4000$ 时，流动类型属于湍流；当 Re 值在 $2000 \sim 4000$ 范围内时，可能是滞流，也可能是湍流，即为不稳定的过渡区。

二、量纲一致性原则

正如前文所述，量纲是指物理量的种类，而单位则是比较同一物理量大小所采用的标准。同一量纲可以有数种单位，例如时间可以用年、月、日、小时、分钟、秒等单位，但其量纲只有一个，即为 T。同一物理量采用不同的单位，其数值就会不同，如一长度为 1m，可以说是 10dm、100cm、0.001km，但其量纲不变，仍为 L。量纲不涉及量的方面，不论这一长度值是 1，还是 10，或是 0.001，也不论其单位是什么，它仅表示量的物理性质。

不同种类的物理量不可相加减，不能列等式，也不能比较它们的大小。例如长度可以和长度相加，但不可以和面积相加。5m 加上 25m^2 是毫无意义的。当然，不同单位的同类量是可以相加的，例如 5m 加上 25cm，仍为某一长度，只要把其中一个单位加以换算即可，即为 5.25m 或 525cm。

量纲一致性原则：不同种类的物理量（量纲）不能相加减，也不可相等，反之，能够相加减和列入同一等式中的各项物理量，必然有相同的量纲。也就是说，能合理反映一个物理规律（现象）的方程，方程两边不仅数值要相等，且每一项都应具有相同的量纲，这叫作物理方程的量纲一致性原则。这种方程有时称为"完全方程"。

例如在物理学中，初速度为 u_0 的质点，以等加速度 a 直线运动，在 t 时刻所走过的距

离 s 为：

$$s = u_0 t + \frac{1}{2} a t^2 \tag{1-4}$$

现检验它的各项量纲是否一致。等号左边 s 代表距离，量纲为 L。右边第一项 $u_0 t$ 为质点在时间 t 内用速度 u_0 所经过的距离，量纲为 $LT^{-1}T = L$；右边第二项 $\frac{1}{2} a t^2$ 为时间 t 内用加速度 a 所经过的附加距离，量纲为 $LT^{-2}T^2 = L$。所以，方程的三项都具有同样的量纲 L，量纲是一致的。

当然，也有一些方程是量纲不一致的，这就是经验公式，通常具有明确的应用范围，式中各个变量采用的单位也是有一定限制的，并有所说明。如果用的不是所说明的那个单位，那么方程中出现的常数必须作相应的改变，如后文所述的马克斯韦尔-吉利兰（Maxwell-Gilliland）公式。在经验公式中引入一个有量纲的常数，也可以使它成为量纲一致的方程。

物理方程的量纲一致性原则是量纲分析方法的重要理论基础。

三、π 定理

如果某一物理过程中共有 n 个变量，即 x_1，x_2，$\cdots$，x_n，它们之间的关系可用下列函数表示：

$$f(x_1, x_2, \cdots, x_n) = 0 \tag{1-5}$$

若规定了 m 个基本变量，根据量纲一致性原则，则可将这些物理量组合成 $n - m$ 个无量纲数 π_1，π_2，$\cdots$，π_{n-m}，这些物理量之间的函数关系可用这 $n - m$ 个无量纲数之间的函数关系来表示：

$$F(\pi_1, \pi_2, \cdots, \pi_{n-m}) = 0 \tag{1-6}$$

此即白金汉（Buckingham）π 定理。π 定理可以从数学上得到证明。

根据 π 定理，用量纲分析所得到的独立的无量纲数 π 的个数，等于变量数 n 与基本变量数 m 之差。在应用 π 定理时，基本变量的选择要遵循以下原则：

（1）基本变量的数目 m 一般与 n 个变量所涉及的基本量纲的数目相等。对于力学问题，m 一般不大于 3。

（2）每一个基本量纲必须至少在此 m 个基本变量之一中出现。

（3）此 m 个基本变量的任何组合均不能构成无量纲准数。

四、量纲分析法的步骤与举例

量纲分析法，就是根据物理方程的量纲一致性原则，应用 π 定理，将多变量函数整理为简单的无量纲数的函数，然后通过实验归纳整理出图表或准数关系式，从而大大减少实验的工作量，同时也容易将实验结果应用到其他相似过程中去。

量纲分析法的具体步骤如下所述。

（1）找出影响过程的独立变量。设共有 n 个独立变量：x_1，x_2，$\cdots$，x_n。写出一般函

数表达式 $f(x_1,x_2,\cdots,x_n)=0$。做到这一点，要求对该物理过程有足够的认识。

（2）确定 n 个独立变量所涉及的基本量纲。对于力学问题，可能是 M、L、T 中的全部或者其中任意两个。

（3）用基本量纲表示所有独立变量的量纲，并写出各独立变量的量纲式。

（4）在 n 个独立变量中选择 m 个作为基本变量。通常选一个代表某一尺寸的量，一个表征运动的量，另一个则是与力或质量有关的量。

（5）依据量纲一致性原则和 π 定理得出准数方程。根据 π 定理，可以构成 $n-m$ 个无量纲数 π。它们的一般形式可表示为：

$$\pi_i = x_i x_A^a x_B^b x_C^c \tag{1-7}$$

式中，x_i 为除去已选择的 m 个基本变量后所余下的 $n-m$ 个变量中的任何一个；a、b、c 为待定指数。把 x_i 以及选定的基本变量 x_A、x_B、x_C 的量纲代入上式，根据 π 为无量纲数的要求，利用量纲运算可求得指数 a、b、c，从而得到 π_i 的具体形式。

（6）用 $n-m$ 个 π 参数来表达该过程，即 $F(\pi_1,\pi_2,\cdots,\pi_{n-m})=0$。其中，无量纲参数 π 可以取倒数或取任意次方或互相乘除，以尽可能使各项成为一般熟悉的无量纲数，如 Re、Fr 等的形式。

（7）根据函数 F 中的无量纲数，进行实验，归纳总结出函数 F 的具体关系式；或者，来模拟计算两个相似的过程。

例如，利用量纲一致性原则和 π 定理，研究流体在圆管内湍流时的流动阻力。已知，湍流时影响流体在管内流动阻力 h_f 的因素有：管径 d、管长 l、平均流速 u、流体的密度 ρ 和黏度 μ、管壁的绝对粗糙度 ε。因此可有：

$$f(h_f,d,l,\mu,\rho,u,\varepsilon)=0 \tag{1-8}$$

① 独立变量有 h_f、d、l、μ、ρ、ε、u，共 7 个，$n=7$。

② 确定基本量纲：质量 M、长度 L 和时间 T。

③ 用基本量纲表示各变量的量纲，如表 1-2 所示。

表 1-2　各独立变量的量纲

h_f	d	l	μ	ρ	ε	u
L^2T^{-2}	L	L	$ML^{-1}T^{-1}$	ML^{-3}	L	LT^{-1}

④ 选择 $m=3$ 个基本变量，它们的量纲应包括基本量纲。在此，选 ρ、d、u 为基本变量。由 π 定理可知，可以整理得到 $n-m=4$ 个无量纲量 π。

⑤ 得出 π 准数的形式。因已选定 ρ、d、u 为基本变量，剩下 h_f、l、μ、ε 四个变量，所以可列出四个 π 参数：

$$\pi_1 = h_f \rho^{a_1} u^{b_1} d^{c_1}$$

$$\pi_2 = l \rho^{a_2} u^{b_2} d^{c_2}$$

$$\pi_3 = \mu \rho^{a_3} u^{b_3} d^{c_3}$$

$$\pi_4 = \varepsilon \rho^{a_4} u^{b_4} d^{c_4}$$

把各变量的量纲代入：

$$\pi_1 = h_f \rho^{a_1} u^{b_1} d^{c_1} = [L^2T^{-2}][ML^{-3}]^{a_1}[LT^{-1}]^{b_1}[L]^{c_1} = [M^0L^0T^0]$$

比较指数，列出方程，并求解如下：

M：$\quad\quad\quad a_1=0 \quad\quad\quad\quad a_1=0$

T：$\quad\quad\quad -2-b_1=0 \quad\quad b_1=-2$

L：$\quad 2-3a_1+b_1+c_1=0 \quad c_1=0$

将 a_1、b_1、c_1 代入 π_1，得到：

$$\pi_1=h_f u^{-2}=h_f/u^2$$

同样的方法可得：

$$\pi_2=l\rho^{a_2}u^{b_2}d^{c_2}=[\mathrm{L}][\mathrm{ML}^{-3}]^{a_2}[\mathrm{LT}^{-1}]^{b_2}[\mathrm{L}]^{c_2}=[\mathrm{M}^0\mathrm{L}^0\mathrm{T}^0]$$

求解式中的 a_2、b_2、c_2：

M：$\quad\quad\quad a_2=0 \quad\quad\quad\quad a_2=0$

T：$\quad\quad\quad -b_2=0 \quad\quad\quad b_2=0$

L：$\quad 1-3a_2+b_2+c_2=0 \quad c_2=-1$

将 a_2、b_2、c_2 代入 π_2，得到：

$$\pi_2=l/d$$

同理，对 $\pi_3=\mu\rho^{a_3}u^{b_3}d^{c_3}=[\mathrm{ML}^{-1}\mathrm{T}^{-1}][\mathrm{ML}^{-3}]^{a_3}[\mathrm{LT}^{-1}]^{b_3}[\mathrm{L}]^{c_3}=[\mathrm{M}^0\mathrm{L}^0\mathrm{T}^0]$，求解式中的 a_3、b_3、c_3：

M：$\quad\quad\quad 1+a_3=0 \quad\quad\quad a_3=-1$

T：$\quad\quad\quad -1-b_3=0 \quad\quad b_3=-1$

L：$\quad -1-3a_3+b_3+c_3=0 \quad c_3=-1$

将 a_3、b_3、c_3 代入 π_3，得到：

$$\pi_3=\mu\rho^{-1}u^{-1}d^{-1}=\frac{\mu}{\rho ud}$$

对于 $\pi_4=\varepsilon\rho^{a_4}u^{b_4}d^{c_4}=[\mathrm{L}][\mathrm{ML}^{-3}]^{a_4}[\mathrm{LT}^{-1}]^{b_4}[\mathrm{L}]^{c_4}=[\mathrm{M}^0\mathrm{L}^0\mathrm{T}^0]$，求解如下：

M：$\quad\quad\quad a_4=0 \quad\quad\quad\quad a_4=0$

T：$\quad\quad\quad -b_4=0 \quad\quad\quad b_4=0$

L：$\quad 1-3a_4+b_4+c_4=0 \quad c_4=-1$

将 a_4、b_4、c_4 代入 π_4，得到：

$$\pi_4=\varepsilon/d$$

⑥原来的函数关系式 $f(h_f,d,l,\mu,\rho,u,\varepsilon)=0$ 可简化为：

$$F(\pi_1,\pi_2,\pi_3,\pi_4)=F\left(\frac{h_f}{u^2},\frac{l}{d},\frac{\mu}{\rho ud},\frac{\varepsilon}{d}\right)=0 \tag{1-9}$$

最后，待定函数的无量纲表达式为：

$$\frac{h_{\mathrm{f}}}{u^2} = F'\left(\frac{l}{d}, \frac{\rho u d}{\mu}, \frac{\varepsilon}{d}\right) \tag{1-10}$$

当某一物理量与其他物理量有关时，则可假设这一物理量与其他物理量的指数次方成正比（Lord Rylegh 指数法），将式(1-10)写成幂函数的形式：

$$\frac{h_{\mathrm{f}}}{u^2} = K\left(\frac{l}{d}\right)^a \left(\frac{\rho u d}{\mu}\right)^b \left(\frac{\varepsilon}{d}\right)^c \tag{1-11}$$

上式中，$\frac{h_{\mathrm{f}}}{u^2}$ 称为欧拉（Euler）准数，通常以 Eu 表示；$\frac{\rho u d}{\mu}$ 即为雷诺准数 Re；$\frac{l}{d}$ 为长径比；$\frac{\varepsilon}{d}$ 为相对粗糙度。

⑦ 按式(1-11)进行模拟实验，得到系数 K，指数 a、b、c。固定 $\frac{l}{d}$ 和 $\frac{\varepsilon}{d}$，把 $\frac{h_{\mathrm{f}}}{u^2}$ 与 Re 的实验数据在双对数坐标纸上进行标绘，可确定 b。同理确定 a、c，截距为 K。一般地，由 $h_{\mathrm{f}} \propto l$ 知 $a=1$，将式(1-11)与范宁（Fanning）公式 $h_{\mathrm{f}} = \lambda \frac{l}{d} \frac{u^2}{2}$ 相比较，便可得出摩擦系数 λ 的计算式：

$$\lambda = 2K\left(\frac{\rho u d}{\mu}\right)^b \left(\frac{\varepsilon}{d}\right)^c \tag{1-12}$$

或

$$\lambda = \phi\left(Re \frac{\varepsilon}{d}\right) \tag{1-13}$$

由此例可以看出，在量纲分析法的指导下，可将一个复杂的多变量的管内流体阻力的计算问题，简化为摩擦系数 λ 的研究和确定。但是，以上分析只能告诉我们：λ 是 Re 和 ε/d 的函数，至于它们之间的具体形式，还需要通过实验来确定。许多实验研究了各种具体条件下的摩擦系数 λ 的计算公式，例如适用于光滑管的柏拉修斯（Blasius）公式：

$$\lambda = \frac{0.3164}{Re^{0.25}} \tag{1-14}$$

五、相似定理

(1) 相似的物理过程具有数值相等的相似准数（即无量纲数），称为相似第一定理。

(2) 任何物理过程的各变量之间的关系，均可表示成相似准数之间的函数，称为相似第二定理。

(3) 如两物理过程的等值条件（即约束条件）相似，而且其决定性准数的数值相等时，这两个物理过程就相似，称为相似第三定理。

需要特别指出的是，相似准数有决定性和非决定性之分，决定性准数由单值条件所组成，若准数中含有待求的变量，则该准数即为非决定性准数。准数函数最终是何种形式，量纲分析方法无法给出。基于大量的工程经验，最为简便的方法是采用幂函数的形式。

相似定理是没有化学变化的化工过程放大设计的重要依据。设有两种不同的流体在大小

长短不同的两根圆管中作稳定流动，且知这两种流动彼此相似。若用Ⅰ和Ⅱ分别表示这两种流动，依照相似定理，则有

$$\left(\frac{\rho u d}{\mu}\right)_{\text{I}}=\left(\frac{\rho u d}{\mu}\right)_{\text{II}} \tag{1-15}$$

$$\left(\frac{l}{d}\right)_{\text{I}}=\left(\frac{l}{d}\right)_{\text{II}} \tag{1-16}$$

$$\left(\frac{h_{\text{f}}}{u^2}\right)_{\text{I}}=\left(\frac{h_{\text{f}}}{u^2}\right)_{\text{II}} \tag{1-17}$$

例如，有一空气管路直径为400mm，管路内安装一孔径为200mm的孔板，管内空气的温度为200℃，压力为常压，最大气速为10m/s。为测定孔板在最大气速下的阻力损失，可在直径为40mm的水管上进行模拟实验，为此需确定实验用孔板的孔径应多大。若水温为20℃，则水的流速应为多大？如测得模拟孔板的阻力损失读数为20mmHg，那么实际孔板的阻力损失为多少？

根据前文的分析，以及相似定律，模拟水管实验所用孔板开孔直径应保证与气管几何相似，即

$$d_0'=\frac{d_0}{d}d'=\frac{200}{400}\times40=20\text{mm}$$

水的流速应保证 Re 相等，即

$$u'=\frac{\rho u d}{\mu}\frac{\mu'}{\rho'd'}$$

常压下，200℃干空气的物性：密度 ρ 为 0.746kg/m^3，黏度 μ 为 2.6×10^{-5}Pa·s。20℃水的物性：密度 ρ' 为998.2kg/m^3，黏度 μ' 为 1.005×10^{-3}Pa·s。代入上式，则水的流速应为：

$$u'=\frac{0.746\times10\times0.4}{2.6\times10^{-5}}\times\frac{1.005\times10^{-3}}{998.2\times0.04}=2.89\text{m/s}$$

已知模拟孔板的阻力损失为：

$$h_{\text{f}}'=\frac{\Delta p'}{\rho'}=\frac{13600\times9.81\times0.02}{998.2}=2.67\text{J/kg}$$

两流动过程的因数群 $\dfrac{h_{\text{f}}}{u^2}$ 相等，故实际孔板的阻力损失应为：

$$h_{\text{f}}=\frac{h_{\text{f}}'}{u'^2}u^2=\frac{2.67}{2.89^2}\times10^2=32.0\text{J/kg}$$

因此，根据相似定理，量纲分析法可以帮助我们指导安排实验，并简化实验工作。可将水、空气等的实验结果推广应用于其他流体，将小尺寸模型的实验结果应用于大型实验装置，即所得实验结果在几何尺寸上可以"由小见大"，在流体种类上可以"由此及彼"。

六、应用量纲分析法应注意的问题

应用量纲分析法有以下几点值得注意：

（1）最终所得无量纲数的形式与选取基本变量的方法有关。在前例中如果不以 ρ、d、u

为基本变量，而改为其他的变量，整理得到的无量纲数的形式也就不同。当然，这些形式不同的无量纲数通过互相乘除，仍然可以变换成前例中所求得的四个 π 准数。

（2）量纲分析法虽不要求研究者对过程的内在规律有明确的认识，但对过程的影响因素要有正确的分析，如果遗漏一个重要的变量或者引进一个无关的变量，就会得出不正确的结果，所得结论不能反映过程的实际情况。一般来说，宁可考虑得多些，也不能遗漏掉重要因素，因为前者虽然可能给分析过程带来麻烦，但所产生的次要 π 准数最终将由实验结果加以摒弃。当然，要做到这一点，经验是很重要的。

（3）有时在方程中会出现有量纲常数，在分析量纲时，这些常数可能被疏忽掉，因而导致不正确的结果。因此，在应用量纲分析法时，这一点也要注意。

第三节　数学模型法

数学模型法是将被研究过程各变量之间的关系用一个（或一组）数学方程式来表示，通过对方程（组）的求解获得所需的设计或操作参数。因此，数学模型法要求研究者对过程有深刻的认识，能得出足够简化而又不过于失真的模型，然后获得描述该过程的数学方程。

一、机理模型与经验模型

按其由来，数学模型可分为机理模型和经验模型两大类。前者从过程机理推导得出，后者由经验数据归纳而成。习惯上，一般称前者为解析公式，后者为经验关联式。例如菲克（Fick）定律，当物质 A 在介质 B 中发生扩散时，任一点处的扩散通量与该位置上的浓度梯度成正比：

$$J_A = -D_{AB} \frac{dc_A}{dx} \tag{1-18}$$

式中，J_A 为 A 在 x 方向上的分子扩散通量，kmol/(m^2·s)；D_{AB} 为 A 在 B 中的分子扩散系数，m^2/s；$\frac{dc_A}{dx}$ 即为 x 方向上 A 的浓度梯度，kmol/m^4。上式即为描述物质分子扩散现象基本规律的解析式，是机理模型。

又例如，对于气体 A 在气体 B 中的扩散系数，可按马克斯韦尔-吉利兰（Maxwell-Gilliland）公式进行估算：

$$D_{AB} = \frac{4.36 \times 10^{-5} T^{\frac{3}{2}} \left(\frac{1}{M_A} + \frac{1}{M_B} \right)^{\frac{1}{2}}}{p (v_A^{\frac{1}{3}} + v_B^{\frac{1}{3}})^2} \tag{1-19}$$

式中，p 为总压力，kPa；T 为温度，K；M_A、M_B 分别为 A 和 B 的摩尔质量，g/mol；v_A、v_B 分别为 A 和 B 的摩尔体积，cm^3/mol。上式即为经验关联式，即经验模型。

机理模型是过程本质的反映，结果可以外推；而经验模型（关联式）来源于有限范围内实验数据的拟合，不宜外推，尤其不宜大幅度外推。因此，在条件允许时还是要先尝试建立机理模型。但由于工程问题一般都很复杂，再加上测试手段的不足，描述方法的有限，要完全掌握过程机理往往是不可能的。化工过程中应用的数学模型大多介于以上两者之间，即所谓的半经验半理论模型。

二、建立数学模型的一般步骤

数学模型法能够更好地揭示过程的本质，日益得到研究者的青睐，其发展应用前景非常广阔。建立过程数学模型的一般步骤如下：

（1）根据基础理论，甚至通过预实验，认识过程，了解过程的本质特征，并加以高度概括。

根据有关基础理论知识对过程进行正确的分析，了解过程的本质特征，并分析过程的影响因素，弄清哪些是重要变量（必须考虑），哪些是次要变量（一般考虑或者可以忽略）。如有必要辅之以少量的预实验，加深对过程机理的认识和考察各变量对过程的影响。变量分析可按物性变量、设备特征尺寸变量和操作变量三类找出所有变量。

（2）对过程作合理简化，提出一个接近实际过程又易于用数学方程描述的物理模型。这是数学模型法的关键，也是最困难的环节。

所谓物理模型，就是简化后过程的物理图像。所谓简化，就是在抓住过程本质特征的基础上，做出适当假设，忽略一些次要因素的影响。在过程的简化中，一般遵循下述原则：

① 过程的本质特征和重要变量得以反映；

② 能够用现有的数学方法进行描述；

③ 能用现有的实验条件对模型参数进行估值、对模型进行检验；

④ 能满足应用的需要。

过程的简化是解决复杂工程问题的必要手段。科学的简化如同科学的抽象一样，更能深刻地反映过程的本质。要使过程得到简化而不失真，既要对过程有深刻的理解，也要有一定的工程经验。

（3）对所得到的物理模型进行数学描述，即建立数学模型，并确定模型方程的初始条件和边界条件。

用适当的数学方法对物理模型进行描述，即得到数学模型。数学模型是一个或一组数学方程式。对于稳态过程，数学模型是一个（组）代数方程式；对于动态过程则是微分方程式（组）。对于化工过程，所采用的数学关系式往往是以下方程中的一种或几种：物料衡算方程、能量衡算方程、过程特征方程（如相平衡方程、过程速率方程、粒数衡算方程等）、与过程相关的约束方程等。

（4）通过实验确定模型参数、检验并修正模型。

模型参数除极个别情况下可根据过程机理得到外，一般均为过程未知因素的综合反映，需通过实验确定。因此，在建立模型的过程中要尽可能减少参数的数目，特别是要减少不能独立测定的参数。很多情况下，模型中可能含有多个原始模型参数。为了在实验研究中避免单个参数测量和计算的困难，在数学模型的推导过程中，常常采取参数综合的方法，即将几个同类型参数归并成一个新的综合参数，以明确表示主要变量与实验结果之间的关系，从而只要通过真实物料的少量实验确定新的模型参数，即可获得必要的工程设计数据。在将模型参数进行综合时，抑或模型参数的数值是通过实验数据的拟合而得时，过程中许多未知的不确定因素的影响，包括实验误差，均归并到模型参数本身。因此，最终获得的模型参数只能是统计意义下的参数。

此外，所建立的数学模型是否与实际过程等效，所作的简化是否合理，这些也要通过实验加以验证。检验的方法有二：一是从应用的目的出发，从模型计算结果与实验数据的吻合程度加以评判；二是适当外延，看模型预测结果与实验数据的吻合是否良好。如果两者偏离较大，超出工程应用允许的误差范围，须对模型进行修正。实际上，在解决工程问题时一般只要求数学模型满足有限的目的，而不是盲目追求模型的普遍性。因此，只要在一定的意义下模型与实际过程等效而不过于失真，该模型就是成功的。

有了数学模型之后，我们就可以用数学模型进行数学模拟。改变各种条件，通过计算可以获得该研究对象在各种条件下的性能和行为，这种计算称为数学模拟计算。计算如果是在计算机上进行的，则称为计算机模拟。

三、数学模型法的应用举例

如图 1-2(a) 所示，流体以速度 u 通过高度为 L 的颗粒床。图中，构成颗粒床的颗粒，不但几何形状不规则，而且表面粗糙，大小不均。由这样的颗粒组成的颗粒床通道，必然是不均匀的纵横交错的网状通道。为此，要处理流体通过该颗粒床的流动问题，必须寻求简化的工程处理方法。具体步骤如下：

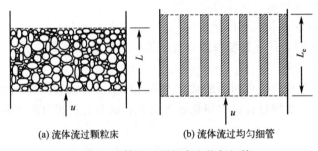

(a) 流体流过颗粒床　　　　　(b) 流体流过均匀细管

图 1-2　流体流过颗粒床和均匀细管

(1) 颗粒床中的流体流动

如前文所述，要对过程进行合理的简化，必须了解其本质特征。流体通过颗粒床的流动可以有两个极限，一个是极慢流动，另一个是高速流动。在极慢流动的情况下，流动阻力主要来自表面摩擦，而在高速流动时，流动阻力主要是形体阻力。由实验观察发现，对于由细小的不规则的颗粒组成的颗粒床，流体在其中的流动是极慢流动（又称爬流），此时，流动阻力主要来自表面摩擦，与颗粒总表面积成正比，而与通道的形状关系甚小。

(2) 颗粒床的物理模型

根据 (1) 的分析，在保证单位表面积相等的前提下，将图 1-2(a) 所示的复杂的不均匀网状通道简化为 n 个平行排列均匀细管组成的管束 [见图 1-2(b)]，并假定：

① 细管的内表面积等于床层颗粒的全部表面积；

② 细管的全部流动空间等于颗粒床层的空隙容积。

根据上述假定，可推导如下：

等表面积：
$$LA(1-\varepsilon)a = n\pi d_e L_e \tag{1-20}$$

等空隙容积：
$$LA\varepsilon = n \frac{\pi}{4} d_e^2 L_e \tag{1-21}$$

式中，L 为颗粒床高度；L_e 为虚拟细管的当量长度；A 为颗粒床截面积；d_e 为虚拟细管的当量直径；α 为颗粒的比表面积。

两式相除，可得：

$$d_e = \frac{4\varepsilon}{\alpha(1-\varepsilon)} \tag{1-22}$$

按此简化的物理模型，流体通过颗粒床的压降相当于流体通过一组当量直径为 d_e、当量长度为 L_e 的细管的压降。

（3）建立数学模型

上述简化的物理模型，已将流体通过复杂几何边界的颗粒床的压降简化为通过均匀圆管的压降：

$$h_f = \frac{\Delta p}{\rho} = \lambda \frac{L_e}{d_e} \frac{u_1^2}{2} \tag{1-23}$$

式中，u_1 为流体在细管内的流速，取与实际颗粒床中颗粒空隙间的流速相等，它与空床流速（表观流速）u 的关系为：

$$u_1 = \frac{u}{\varepsilon} \tag{1-24}$$

将式(1-22)、式(1-24) 代入式(1-23)，得到：

$$\frac{\Delta p}{L} = \left(\lambda \frac{L_e}{8L}\right)\frac{(1-\varepsilon)\alpha}{\varepsilon^3}\rho u^2 \tag{1-25}$$

细管长度 L_e 与实际床层高度 L 不等，但可认为 L_e 与实际床层高度 L 成正比，即 $\frac{L_e}{L} =$ 常数，并将其并入阻力系数，于是有：

$$\frac{\Delta p}{L} = \lambda'\frac{(1-\varepsilon)\alpha}{\varepsilon^3}\rho u^2 \tag{1-26}$$

$$\lambda' = \frac{\lambda}{8}\frac{L_e}{L} \tag{1-27}$$

式(1-26) 即为流体通过颗粒床压降的数学模型，其中包括一个未知的待定系数 λ'，称为模型参数，就其物理含义而言，也可称为颗粒床的流动摩擦系数。

留下的问题，就是如何描述颗粒的总表面积，处理的方法是：

① 根据几何面积相等的原则，确定非球形颗粒的当量直径。

② 根据总面积相等的原则，确定非均匀颗粒的平均直径。

（4）模型的检验和模型参数的估值

上述床层的简化处理只是一种假定，其有效性必须经过实验检验，其中的模型参数 λ' 亦必须由实验测定。康采尼和欧根等均对此进行了实验研究，获得了不同实验条件下不同范围的 λ' 与 Re' 的关联式。如在流速较低，床层雷诺数 <2 的情况下，有：

$$\lambda' = \frac{K'}{Re'} \tag{1-28}$$

式中，K' 称为康采尼（Kozeny）常数，其值为 5.0；Re' 为床层雷诺数：

$$Re' = \frac{d_e u_1 \rho}{4\mu} = \frac{\rho u}{\alpha(1-\varepsilon)\mu} \tag{1-29}$$

对于各种不同的床层，康采尼常数 K' 的可能误差不超过 10%，这表明上述的简化模型，是实际过程的合理简化。

四、数学模型法和量纲分析法的比较

数学模型法和量纲分析法的最大区别在于，后者并不要求研究者对过程的内在规律有确切的理解，而前者则要求研究者对过程的内在规律有正确的认识。对于数学模型法，决定成败的关键是能否得到一个足够简单而又不失真的物理模型。只有充分地认识了过程的特殊性并根据特定的研究目的加以利用，才有可能对真实的复杂过程进行大幅度的合理简化。对于量纲分析法，决定成败的关键在于能否完整地列出影响过程的主要因素。只要做若干析因分析实验，考察每个变量对实验结果的影响程度即可。在量纲分析法指导下的实验研究只能得到过程的外部联系，而对过程的内部规律则不甚了然。然而，这正是量纲分析法的一大特点，它使量纲分析法成为对各种研究对象原则上皆适用的一般方法。

无论是数学模型法还是量纲分析法，最后都是要通过实验解决问题，但两者的实验目的并不相同。数学模型法的实验目的是估算模型参数并检验模型的合理性；而量纲分析法的实验目的是寻找各无量纲数之间的函数关系。

第四节 过程变量分离法

对于包括单元操作在内的许多工程问题，由于过程变量和设备变量交织在一起，所处理的工程问题变得复杂。但是，如果可以在众多变量之间将交联较弱者切开，就有可能使问题大为简化，从而易于解决，这就是过程变量分离法。

例如，低浓度气体吸收时计算填料层高度 Z 的基本关系式：

$$Z = \frac{V}{K_Y a \Omega} \int_{Y_2}^{Y_1} \frac{dY}{Y - Y^*} \tag{1-30}$$

式中，V 为惰性气体的摩尔流量，kmol/s；Ω 为填料塔截面积，m^2；K_Y 为气相总吸收系数，$kmol/(m^2 \cdot s)$；a 为填料层的有效比表面积，m^2/m^3；Y 为被吸收组分在气相中的摩尔比，无量纲数。

在实际计算时，将上式中 $\frac{V}{a \Omega K_Y}$ 定义为"气相总传质单元高度"，以 H_{OG} 表示；将 $\int_{Y_2}^{Y_1} \frac{dY}{Y - Y^*}$ 定义为"气相总传质单元数"，以 N_{OG} 表示。H_{OG} 反映了设备传质性能的好坏（传质阻力的大小、填料性能的优劣及润湿情况好坏），其值越大，设备传质性能越差，完成一定的分离任务所需的填料层就越高。N_{OG} 取决于分离任务的要求和相平衡关系，与设备性能无关，它反映了分离任务的难易程度，其值越大，表明分离越难，要完成一定的分离任务所需的填料层就越高。这样，就把复杂的填料塔吸收过程分解为两个问题，即完成一个规定任务，需要的传质单元数，以及填料的传质单元高度的估算。对于每种填料而言，传质单元高度的变化幅度并不大，若能从有关资料中查得或根据经验公式算出传质单元高度的值，用来估算完成指定吸收任务所需的填料层高度，就比较方便。

第五节　过程分解与合成法

过程分解与合成法是将一个复杂的过程（或系统）分解为联系较少或相对独立的若干个子过程（或子系统），分别研究各子过程（或子系统）本身特有的规律，再将各子过程（或子系统）联系起来以考察各子过程（或子系统）之间的相互影响以及整体过程（或系统）的规律。例如，结晶是一个复杂的传热、传质过程，反应结晶过程尤其如此，在不同的物理（流体力学等）化学（组分组成等）环境下，出现不同的结晶行为。按其过程进行的顺序，我们可将反应结晶过程分解为两个子过程：反应过程和结晶过程，它们之间的内在联系为反应产物的过饱和度，即先由反应过程产生过饱和度，再由过饱和度产生成核和晶体生长。

过程分解与合成法是处理复杂问题的一种有效方法，这一方法的优点是先考察局部，再研究整体，可大幅度减少实验次数。例如，一个包含 6 个变量，各变量之间相互关联的过程，若每个变量改变 4 个水平，按网格法设计实验，需要的实验次数为 $4^6 = 4096$。假如通过对过程的研究发现可将整个过程分解为两个相对独立的子过程，每个子过程分别包括 3 个变量，如果每个变量仍改变 4 个水平做实验，则实验次数变为 $4^3 + 4^3 = 128$。可见，将过程分解之后，实验次数大幅度减少。

值得注意的是，在应用过程分解与合成法研究工程问题时，对每个子过程所得的结论只适用于该子过程。譬如，通过实验研究得到了某一子过程的最优设计或操作参数，但子过程的最优并不等于整个过程的最优，因为整个过程在相当程度上受制于关键子过程的影响，关键子过程常被称为过程的控制步骤。在不同的条件下，同一过程的控制步骤可能不同。

第六节　冷模实验法

在前文介绍量纲分析法时，已提及流体流动的模拟实验。冷模实验主要用于流动状态、传递过程等物理过程的模拟研究，通过模拟实验结果去分析、推测实际过程。例如，利用空气和水可进行气液传质的实验研究，为气液传质设备的设计和改造提供参考；利用空气和沙进行流态化的实验研究，为流化床反应器设计提供依据。此种利用空气、水和沙等模拟物料替代真实物料，在与工业装置结构尺寸相似的实验装置中，研究各种工程因素对过程影响规律的实验，称为"冷模实验"。在真实条件下不便或不可能进行的实验，常采用冷模实验来进行类比，该方法的优点是直观、经济、降低实验的危险性，实验结果可推广应用于其他实际流体，可将小尺寸实验设备的实验结果推广应用于大型工业装置。

思考题

1. 直接实验法可对被研究的对象进行直接观察和分析研究，由直接实验法得到的结果往往较为可靠，但当影响因素较多时，需要合理的实验设计方案，请学习并列出几种常用的实验设计方法。

2. 采用量纲分析法研究工程问题时，一般规定长度、质量、时间、温度这四种物理量为基本量纲，请思考如何确定和选用基本量纲。

3. 列管换热器是工业生产中广泛使用的间壁式换热设备。对于流体无相变时的强制对流传热过程，根据理论分析及有关实验研究，可以认为，影响管内侧对流传热系数 α_i 的因素有：管内径 d_i、流体的黏度 μ、密度 ρ、比热容 c_p、热导率 λ 以及流速 u。它们可用函数关系 $\alpha_i = f(d_i, \rho, \mu, \lambda, c_p, u)$ 来表示。请用量纲一致性原则和 π 定理，推导出该函数关系的无量纲表达式。

4. 化工过程中常用的半经验半理论模型有其适用范围，一般是通过有限范围内实验数据的拟合而获得，不宜大幅度外推。在引用半经验半理论模型时，需要注意哪些问题？

5. 过程分解与合成法是处理复杂问题的一种有效方法。但在运用该方法时，通常必须明确控制步骤。过程的控制步骤会随条件的改变而不同吗？

第二章
实验误差分析和数据处理

在实验中，由于实验方法和实验设备的不完善，周围环境的影响，以及人的观察力等原因，实验测量值（包括直接和间接测量值）和真值（客观存在的准确值）之间不可避免存在一定的差异。误差即为实验测量值与真值之差，误差的存在是必然的，具有普遍性的。误差的大小表示每次测量值相对于真值不符合的程度。误差有以下含义：①误差永远不等于零。不管人们主观愿望如何，也不管人们在测量过程中如何精心细致地控制，误差还是要产生的，误差的存在是客观绝对的。②误差具有随机性。在相同的实验条件下，对同一个研究对象反复进行多次实验、测试或观察，所得到的总不是一个确定的结果，即实验结果具有不确定性。③误差是未知的，通常情况下，由于真值是未知的，研究误差时，一般都从偏差入手。人们常用绝对误差、相对误差或有效数字来说明一个近似值的准确程度。为了减小实验误差，必须对测量过程和实验中存在的误差进行研究。通过对实验误差的分析，可以认清误差的来源及其影响，确定导致实验总误差的主要因素，从而在准备实验方案和研究过程中，正确组织实验过程，合理选用仪器和测量方法，减少误差的来源，提高实验的质量。

第一节 实验误差分析

测量是人类认识事物本质必不可少的手段。人们通过测量和实验能获得事物定量的概念和发展事物的规律性。科学上很多新的发现和突破都是以实验测量为基础的。测量就是用实验的方法，将被测物理量与选用作为标准的同类量进行比较，从而确定其大小。

一、真值与平均值

真值是待测物理量客观存在的确定值，也称理论值或定义值。通常真值是无法测得的。若在实验中，测量的次数无限多，根据误差的分布定律，正负误差的出现概率相等。再经过仔细地消除系统误差，将测量值加以平均，可以获得非常接近于真值的数值。但是实际上实验测量的次数总是有限的。用有限测量值求得的平均值只能是近似真值，常用的平均值有下列几种：

1. 算术平均值

设 x_1，x_2，$\cdots$，x_n 为各次测量值，n 代表测量次数，则算术平均值为

$$\bar{x} = \frac{x_1 + x_2 + \cdots + x_n}{n} = \frac{1}{n}\sum_{i=1}^{n}x_i \tag{2-1}$$

算术平均值是最常见的一种平均值，当测量的分布服从正态分布时，用最小二乘法原理可证明：在一组等精度的测量中，算术平均值为最佳值或最可信赖值。

2. 几何平均值

几何平均值是将一组 n 个测量值连乘并开 n 次方求得的平均值。即

$$\bar{x}_n = \sqrt[n]{x_1 \cdot x_2 \cdots x_n} \tag{2-2}$$

以对数表示为

$$\lg \bar{x}_n = \frac{1}{n}\sum_{i=1}^{n}\lg x_i \tag{2-3}$$

当测量值的分布服从对数正态分布时，常用几何平均值。可见，几何平均值的对数等于这些测量值的对数的算术平均值。几何平均值常小于算术平均值。

3. 对数平均值

对数平均值常用于热量与质量传递过程，测量值的对数平均值总小于算术平均值。设两个量为 x_1、x_2，其对数平均值为

$$\bar{x}_{对} = \frac{x_1 - x_2}{\ln(x_1/x_2)} \tag{2-4}$$

当 $x_1/x_2 = 2$ 时，$\bar{x}_{对} = 1.443x_2$，$\bar{x} = 1.50x_2$，$|(\bar{x}_{对} - \bar{x})/\bar{x}_{对}| = 4.0\%$

当 $1/2 < x_1/x_2 < 2$ 时，可以用算术平均值代替对数平均值，引起的误差不超过 4.0%。

4. 均方根平均值

均方根平均值常用于计算气体分子的平均动能，其定义式为

$$\bar{x}_{均} = \sqrt{\frac{x_1^2 + x_2^2 + \cdots + x_n^2}{n}} = \sqrt{\frac{1}{n}\sum_{i=1}^{n}x_i^2} \tag{2-5}$$

介绍以上各平均值的目的都是要从一组测量值中找出最接近真值的值。在工程实验和科学研究中，数据的分布较多属于正态分布，故常用算术平均值。

二、误差的分类

误差根据性质和产生的原因，一般分为三类：

1. 系统误差

系统误差是指在测量和实验中由某些固定不变的因素所引起的误差。在相同条件下进行多次测量，其误差数值的大小和正负保持恒定，或误差条件改变按一定规律变化，即有的系统误差随时间呈线性、非线性或周期性变化，有的不随测量时间变化。

系统误差产生的原因：测量仪器不良，如刻度不准，安装不正确，仪表零点未校正或标准本身存在偏差等；周围环境的改变，如温度、压力、湿度等偏离校准值；测量方法不精确，如近似的测量方法或近似的计算公式等引起的误差；实验人员的习惯和偏向，如读数偏

高或偏低等引起的误差。针对测量仪器、周围环境、测量方法、个人的偏向等因素，因其有固定的偏向和确定的规律，待分别加以校正后，系统误差是可以清除的。

2. 随机误差

随机误差是指在已消除系统误差的一切量值的观测中，所测数据仍在末一位或末两位数字上有差别，而且它们的绝对值和符号的变化没有确定的规律，这类误差又称为偶然误差。随机误差是由某些不易控制的因素造成的，如测量值的波动，肉眼观察欠准确等，因而无法消除。但是，倘若对某一量值作足够多次的等精度测量后，就会发现随机误差完全服从统计规律，误差的大、小或正、负的出现完全由概率决定。因此，随着测量次数的增加，随机误差的算术平均值趋近于零，所以多次测量结果的算术平均值将更接近于真值。研究随机误差可采用概率论统计方法。

3. 过失误差

过失误差是一种显然与事实不符的误差。它往往是由实验人员粗心大意、过度疲劳和操作不正确等原因引起的读数错误、记录错误或操作失败。此类误差无规律可循，因其往往与正常值相差很大，故只要加强责任感、多方警惕、细心操作，过失误差是可以避免的。这类误差应在整理数据时依据常用的准则加以剔除。

上述三种误差，在一定条件下可以相互转化。例如：温度计刻度划分有误差，对厂家来说是随机误差；一旦用它进行温度测量，这个温度计的分度测量结果将形成系统误差。随机误差与系统误差间并不存在绝对的界限。同样，对于过失误差，有时也难以和随机误差相区别，从而当作随机误差来处理。

三、精确度和准确度

1. 精确度

反映测量结果与真值接近程度的量，称为精确度（又称为精度）。它与误差大小相对应，测量的精度越高，其测量误差就越小。"精确度"应包括精密度和正确度两层含义。

① 精密度：测量中所测得数值重现性的程度，称为精密度。它反映随机误差的影响程度，精密度高就表示随机误差小。

② 正确度：测量值与真值的偏移程度，称为正确度。它反映系统误差的影响程度，正确度高就表示系统误差小。

2. 准确度

它反映测量中所有系统误差和随机误差的综合程度。

在一组测量中，精密度高的正确度不一定高，正确度高的精密度也不一定高，但准确度高，则精密度和正确度都高。

为了说明精密度、正确度与准确度的区别，用下述打靶的例子来说明。

图 2-1（a）中表示精密度和正确度都很好，则准确度高；图 2-1（b）表示精密度很好，但正确度却不高；图 2-1（c）表示精密度不好，但正确度高。在实际测量中没有像靶心那样明确的真值，而是设法去测定这个未知的真值。

人们在实验过程中，往往满足于实验数据的重现性，而忽略了数据测量值的准确程度。绝对真值是不可知的，人们只能订出一些国际标准作为测量仪表精确性的参考标准。随着人类认识运动的推移和发展，测量值可以逐步逼近绝对真值。

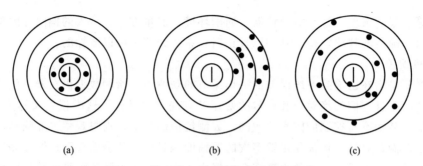

图 2-1 精密度、正确度和准确度的关系

四、误差的表示方法

利用任何量具或仪器进行测量时，总存在误差，测量结果总不可能准确地等于被测量的真值，而只是它的近似值。测量的质量高低以测量准确度作指标，根据测量误差的大小来估计测量的准确度。测量结果的误差愈小，则认为测量就愈准确。

1. 绝对误差

测量值 x 和真值 A_0 之差为绝对误差，通常称为误差。记为：

$$D = x - A_0 \qquad (2\text{-}6)$$

由于真值 A_0 一般无法求得，因而上式只有理论意义，常用一级标准仪器的示值作为实际值 A 以代替真值 A_0。由于高一级标准仪器存在较小的误差，因而 A 不等于 A_0，但更接近于 A_0，x 与 A 之差称为仪器的示值绝对误差。记为

$$d = x - A \qquad (2\text{-}7)$$

与 d 相反的数称为修正值：

$$C = -d = A - x \qquad (2\text{-}8)$$

通过鉴定，可以由高一级标准仪器给出被检仪器的修正值 C，利用修正值可以求出仪器的实际值 A，即

$$A = x + C \qquad (2\text{-}9)$$

绝对误差虽然很重要，但用它还不足以说明测量的准确程度。换句话说，它还不能给出测量准确与否的完整概念。此外，有时测量得到相同的绝对误差可能导致准确度完全不同的结果。例如，要判别称量的好坏，单单知道最大绝对误差等于 1g 是不够的，因为如果所称量物体本身的质量有几十千克，那么，绝对误差 1g，表明此次称量的质量是高的；同样，如果所称量的物质本身仅有 2～3g，那么，这又表明此次称量的结果毫无用处。

显而易见，为了判断测量的准确度，必须将绝对误差与所测量值的真值相比较，即求出其相对误差，才能说明问题。

2. 相对误差

某一测量值的准确度，一般用相对误差来表示。示值绝对误差 d 与被测量的 A 的百分比值称为实际相对误差。记为

$$E = \frac{d}{A} \times 100\% \qquad (2\text{-}10)$$

以仪器的示值 x 代替实际值 A 的相对误差称为示值相对误差。记为

$$e = \frac{d}{x} \times 100\% \tag{2-11}$$

一般来说，除了某些理论分析外，用示值相对误差较为适宜。

3. 引用误差

为了计算和划分仪器精确度等级，提出引用误差的概念。其定义为仪表示值的绝对误差与量程范围之比。

$$\delta_A = \frac{\text{示值绝对误差}}{\text{量程范围}} \times 100\% = \frac{d}{X_n} \times 100\% \tag{2-12}$$

式中　X_n——标尺上限值与标尺下限值之差。

4. 算术平均误差

算术平均误差是各个测量值的误差的算术平均误差。

$$\delta_{\Psi} = \frac{1}{n} \sum |d_i| \quad i = 1, 2, \cdots, n \tag{2-13}$$

式中　n——测量次数；

　　d_i——第 i 次测量的误差。

5. 标准误差 σ

标准误差亦称为均方根误差。其定义为

$$\sigma = \sqrt{\frac{1}{n} \sum D_i^2} \tag{2-14}$$

上式适用于无限测量的场合。实际测量工作中，测量次数是有限的，则改用下式

$$\sigma = \sqrt{\frac{1}{n-1} \sum d_i^2} \tag{2-15}$$

标准误差不是一个具体的误差，σ 的大小只说明在一定条件下等精度测量集合所属的每一个测量值对其算术平均值的分散程度，σ 值愈小则说明每一次测量值对算术平均值分散度愈小，测量的准确度愈高，反之准确度愈低。

在化工原理实验中最常用的 U 形管压差计、转子流量计、秒表、量筒、电压表等仪表原则上均取其最小刻度值为最大误差，而取其最小刻度值的一半作为绝对误差计算值。

五、测量仪器的精度

测量仪器的精度等级是用最大引用误差（又称允许误差）来表示的，它等于仪器表示值中的最大绝对误差与仪表的量程范围之比的百分数。

$$\delta_{\max} = \frac{\text{最大示值绝对误差}}{\text{量程范围}} \times 100\% = \frac{d_{\max}}{X_n} \times 100\% \tag{2-16}$$

式中　$\delta_{\max}$——仪表的最大测量引用误差；

　　$d_{\max}$——仪表示值的最大绝对误差。

通常情况下是用标准仪表校验较低的仪表。所以，最大示值绝对误差就是被校表与标准表之间的最大绝对误差。

测量仪表的精度等级是国家统一规定的，把允许误差中的百分号去掉，剩下的数字就称为仪表的精度等级。仪表的精度等级常以圆圈内的数字标明在仪表的面板上。例如某台压力

计的允许误差为 1.5%，这台压力计的精度等级就是 1.5，通常简称 1.5 级仪表。

仪表的精度等级为 a，它表明仪表在正常工作条件下，其最大测量引用误差的绝对值 δ_{max} 不能超过的界限，即

$$\delta_{max} = \frac{d_{max}}{X_n} \times 100\% \leqslant a\% \qquad (2\text{-}17)$$

由上式可知，在应用仪表进行测量时所能产生的最大绝对误差（简称误差限）为

$$d_{max} \leqslant X_n \cdot a\% \qquad (2\text{-}18)$$

而用仪表测量的最大相对误差为

$$\delta_{max} = \frac{d_{max}}{X_n} \leqslant a\% \cdot \frac{X_{n上}}{x} \qquad (2\text{-}19)$$

由上式可以看出，用指示仪表测量某一被测量所能产生的最大示值相对误差，不会超过仪表允许误差 $a\%$ 乘以仪表测量上限 $X_{n上}$ 与测量值 x 的比。在实际测量中为可靠起见，可用式(2-20)对仪表的测量误差进行估计，即

$$\delta_m = a\% \cdot \frac{X_{n上}}{x} \qquad (2\text{-}20)$$

[例 2-1] 今欲测量大约 6kPa（表压）的空气压力，实验仪表用（1）1.5 级，量程 0.2MPa 的弹簧管式压力表；（2）标尺分度为 1mm 的 U 形管水银压差计；（3）标尺分度为 1mm 的 U 形管水柱压差计。试求相对误差。

解：（1）压力表

绝对误差

$$d = 0.2 \times 0.015 = 0.003 \text{MPa} = 3 \text{kPa}$$

相对误差

$$e = \frac{3}{6} \times 100\% = 50\%$$

（2）U 形管水银压差计

绝对误差

$$d = 0.5 \times 1 \times 13.6 \times 9.81 = 66.71 \text{Pa}$$

相对误差

$$e = \frac{66.71}{6 \times 1000} \times 100\% = 1.11\%$$

（3）U 形管水柱压差计

绝对误差

$$d = 0.5 \times 1 \times 1 \times 9.81 = 4.91 \text{Pa}$$

相对误差

$$e = \frac{4.91}{6 \times 1000} \times 100\% = 0.082\%$$

可见用量程较大的仪表，测量数值较小的物理量时，相对误差较大。

[例 2-2] 欲测量约 90V 的电压，实验室现有 0.5 级 0～300V 和 1.0 级 0～100V 的电压表。选用哪一种电压表进行测量较好？

解：用 0.5 级 0～300V 的电压表测量 90V 的电压的相对误差为

$$\delta_{m0.5} = a_1\% \cdot \frac{U_{n\pm1}}{U} = 0.5\% \times \frac{300}{90} = 1.7\%$$

用 1.0 级 0～100V 的电压表测量 90V 的电压的相对误差为

$$\delta_{m1.0} = a_2\% \cdot \frac{U_{n\pm2}}{U} = 1.0\% \times \frac{100}{90} = 1.1\%$$

本例说明，如果选择得当，用量程范围适当的 1.0 级仪表进行测量，能得到比用量程范围大的 0.5 级仪表更准确的结果。因此，在选用仪表时，应根据被测量值的大小，在满足被测量数值范围的前提下，尽可能选择量程小的仪表，并使测量值大于所选仪表满刻度的三分之二，即 $x > 2X_{n\pm}/3$。这样既可以满足测量误差要求，又可以选择精度等级较低的测量仪表，从而降低仪表的成本。

六、误差的基本性质

在化工原理实验中通过直接测量或间接测量得到有关的参数数据，这些参数数据的可靠程度如何？如何提高其可靠性？为了弄清楚这些问题，必须研究在给定条件下误差的基本性质和变化规律。

1. 误差的正态分布

如果测量数据中不包括系统误差和过失误差，从大量的实验中发现随机误差的大小有以下特征：

① 绝对值小的误差比绝对值大的误差出现的机会多，即误差的概率与误差的大小有关，这是误差的单峰性。

② 绝对值相等的正误差或负误差出现的次数相当，即误差的概率相同，这是误差的对称性。

③ 极大的正误差或负误差出现的概率都非常小，即大的误差一般不会出现，这是误差的有界性。

④ 随着测量次数的增加，随机误差的算术平均值趋于零，这是误差的抵抗性。

根据以上误差特征，可以得出误差出现的概率分布图，如图 2-2 所示。

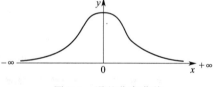

图 2-2　误差分布曲线

图中横坐标表示偶然误差，纵坐标表示误差出现的概率，图中曲线称为误差分布曲线，以 $y = f(x)$ 表示。其数学表达式由高斯于 1795 年提出，具体形式为：

$$y(x) = \frac{1}{\sqrt{2\pi}\sigma} e^{-\frac{x^2}{2\sigma^2}} \tag{2-21}$$

式中　x——随机误差；

　　　y——概率密度函数；

　　　σ——标准误差。

或写成

$$f(x) = \frac{h}{\sqrt{\pi}} e^{-h^2 x^2} \tag{2-22}$$

式中　h——精确度指数。

σ 和 h 的关系为：

$$h = \frac{1}{\sqrt{2}\,\sigma} \tag{2-23}$$

式（2-21）和式（2-22）都称为高斯误差分布定律，亦称为误差方程。若误差按上述函数关系分布，则称为正态分布。当 $\sigma = 1$ 时为标准正态分布。

σ 越小，测量精度越高，分布曲线的峰越高且越窄；σ 越大，分布曲线越平坦且越宽，如图 2-3 所示。由此可知，σ 越小，小误差占的比重越大，测量精度越高；反之，则大误差占的比重越大，测量精度越低。

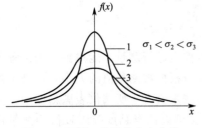

图 2-3　不同 σ 的误差分布曲线

2. 测量集合的最佳值

在测量精度相同的情况下，测量一系列观测值 M_1，M_2，$\cdots$，M_n 所组成的测量集合，假设平均值为 M_m，则各次测量误差为：

$$x_i = M_i - M_m \qquad i = 1, 2, \cdots, n \tag{2-24}$$

当采用不同的方法计算平均值时，所得的误差值不同，误差出现的概率亦不同。选取适当的计算方法，使误差最小，才能实现概率最大。这就是最小乘法值。由此可见，对于一组精度相同的观测值，采用算术平均得到的值是该组观测值的最佳值。

3. 有限测量次数中标准误差 σ 的计算

由误差定义可知，误差是观测值和真值之差。在没有系统误差存在的情况下，以无限多次测量所得的算术平均值为真值。当测量次数为有限时，所得到的算术平均值近似于真值，称最佳值。因此，观测值与真值之差不同于观测值与最佳值之差。前面已给出有限测量次数标准误差 σ 的计算公式，下面作进一步的推导。

令真值为 A，计算平均值为 a，观测值为 M，并令 $d = M - a$，$D = M - A$，则

$$\begin{aligned}
d_1 &= M_1 - a & D_1 &= M_1 - A \\
d_2 &= M_2 - a & D_2 &= M_2 - A \\
&\vdots\ \vdots\ \vdots & &\vdots\ \vdots\ \vdots \\
d_n &= M_n - a & D_n &= M_n - A \\
\sum d_i &= \sum M_i - na & \sum D_i &= \sum M_i - nA
\end{aligned}$$

因为 $\sum d_i = \sum M_i - na = 0$，$\sum M_i = na$，代入 $\sum D_i = \sum M_i - nA$，即得

$$a = A + \frac{1}{n}\sum D_i \tag{2-25}$$

将式（2-25）代入 $d_i = M_i - a$ 中得

$$d_i = (M_i - A) - \frac{1}{n}\sum D_i = D_i - \frac{1}{n}\sum D_i \tag{2-26}$$

将式（2-26）两边取二次方，得

$$d_1^2 = D_1^2 - \frac{2D_1}{n}\sum D_i + \left(\frac{1}{n}\sum D_i\right)^2$$

$$d_2^2 = D_2^2 - \frac{2D_2}{n}\sum D_i + \left(\frac{1}{n}\sum D_i\right)^2$$

$$\vdots\ \vdots\ \vdots\qquad\vdots$$

$$d_n^2 = D_n^2 - \frac{2D_n}{n}\sum D_i + \left(\frac{1}{n}\sum D_i\right)^2$$

$$\sum d_i^2 = \sum D_i^2 - 2\frac{(\sum D_i)^2}{n} + n\left(\frac{\sum D_i}{n}\right)^2 = \sum D_i^2 - \frac{(\sum D_i)^2}{n} \tag{2-27}$$

因在测量中正负误差出现的机会相等，故将 $(\sum D_i)^2$ 展开后，$D_1 D_2$，$D_1 D_3$，…中为正负的项数相等，彼此相消，故得

$$\sum d_i^2 = \frac{n-1}{n}\sum D_i^2 \tag{2-28}$$

从式(2-28)可以看出，在有限测量次数中，算术平均计算的误差平方和永远小于真值计算的误差平方和。根据标准误差的定义

$$\sigma = \sqrt{\frac{1}{n}\sum D_i^2} \tag{2-29}$$

式中，$\sum D_i^2$ 代表观测次数为无限多时误差的平方和。故当观测次数有限时

$$\sigma = \sqrt{\frac{1}{n-1}\sum d_i^2} \tag{2-30}$$

4. 可疑观测值的舍弃

由概率积分知，随机误差正态分布曲线下的全部积分，相当于全部误差同时出现的概率，即

$$p = \frac{1}{\sqrt{2\pi}\,\sigma}\int_{-\infty}^{\infty} e^{-\frac{x^2}{2\sigma^2}}\,dx = 1 \tag{2-31}$$

若误差 x 以标准误差 σ 的倍数表示，即 $x = t\sigma$，则在 $\pm t\sigma$ 范围内出现的概率为 $2\phi(t)$，超出这个范围的概率为 $1 - 2\phi(t)$。$\phi(t)$ 称为概率函数，表示为

$$\phi(t) = \frac{1}{\sqrt{2\pi}}\int_0^t e^{-\frac{t^2}{2}}\,dt \tag{2-32}$$

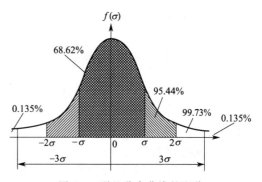

图 2-4　误差分布曲线的积分

$2\phi(t)$ 与 t 的对应值在数学手册或专著中均可查到，读者需要时可自行查取。在使用积分表时，需已知 t 值。由图 2-4 和表 2-1 给出几个典型及其相应的超出或不超出 $|x|$ 的概率。

表 2-1　误差概率和出现次数

t	$|x| = t\sigma$	不超出 $|x|$ 的概率 $2\phi(t)$	超出 $|x|$ 的概率 $1 - 2\phi(t)$	测量次数 n	超出 $|x|$ 的测量次数
0.67	0.67σ	0.4972	0.5028	2	1
1	1σ	0.6862	0.3138	3	1
2	2σ	0.9544	0.0456	22	1
3	3σ	0.9973	0.0027	370	1
4	4σ	0.9999	0.0001	15626	1

由表 2-1 知，当 $t = 3$，$|x| = 3\sigma$ 时，在 370 次观测中只有一次测量的误差超过 3σ 范围。在有限次的观测中，一般测量次数不超过 10 次，可以认为误差大于 3σ 可能是由于过失误差或实验条件变化未被发觉等原因引起的。因此，凡是误差大于 3σ 的数据点予以舍弃。这种判断可疑实验数据的原则称为 3σ 准则。

第二节　实验数据的测量和有效数字

一、实验数据的测量

(一) 有效数据的读取

1. 实验数据的分类

在工程实验过程中，经常会遇到以下两类数据：

(1) 无量纲数据　这一类数据均为无量纲，如圆周率（π）以及一些经验公式的常数值等。对于这一类数据的有效数字，其位数在选取时可多可少，通常依据实际需要而定。

(2) 有量纲的数据　这一类数据用来表示测量的结果。在实验过程中，所测量的数据大多是这一类，如压力（p）、流量（q）和温度（t）等。这一类数据的特点是除了具有特定的单位外，其最后一位数字通常是由测量仪器的精确度决定的估计数字。就这类数据测量的难易程度和采用的测量方法而言，一般可利用直接测量和间接测量两种方法进行测量。

2. 直接测量时有效数字的读取

直接测量是实现物理量测量的基础，在实验过程中应用十分广泛，如用压力计测量压力或压差、用秒表测量时间和用温度计测量温度等。直接测量的有效数字的位数取决于测量仪器的精确度。测量时，一般有效数据的位数可保留到测量仪器最小刻度的后一位，这最后一位即为估计数字。例如（见图 2-5），使用精确度为 0.1cm 的刻度尺测量长度时，其数据可记为 22.26cm，其有效数字为 4 位，最后一位为估计数字，其大小随实验者的读取习惯不同而略有差异。

图 2-5　刻度尺示数的读取

若测量仪器的最小刻度不以 1×10^n 为单位（见图 2-6），则估计数字为测量仪器的最小刻度位即可。

其数据可记为：

图 2-6(a) 22.3cm，有效数字为 3 位；图 2-6(b) 22.7cm，有效数字为 3 位。

(a)　　　　　　　　　　　　(b)

图 2-6　最小刻度不同的刻度尺示数的读取

3. 间接测量时有效数字的选取

实验过程中，有些物理量难以直接测量时，可选用间接测量法，如：测量水箱中水的质量，可通过测量水箱内水的体积计算得到；测量圆管内流体的流速，可通过测量流体的体积流量及圆管的直径计算得到。通过间接测量得到的有效数字的位数与其相关的直接测量的有效数字有关，其取舍方法服从有效数字的计算规则。

(二) 有效数字的计算规则

1. "0" 对有效数字的作用

测量的精度是通过有效数字的位数表示的，有效数字的位数应是除定位用的 "0" 以外的其余位数，但用来指示小数点位数或定位的"0"则不是有效数字。

对于"0"，必须注意，50g 不一定是 50.00g，它们的有效数字位数不同，前者为 2 位，后者为 4 位，而 0.050g 虽然为 4 位数字，但有效数字仅为 2 位。在科学研究与工程计算中，为了清楚地表示出数据的精确度，可采用科学记数法。其方法为：先将有效数字写出，并在第一个有效数字后面加上小数点，并用 10 的整数幂表示数值的数量级。例如：98100 的有效数字有 4 位，可以写成 9.810×10^4，若其只有 3 位有效数字可以写成 9.81×10^4。

2. 有效数字的舍入规则

在数据计算过程中，确定有效数字位数，舍去其余位数的方法通常是将末位有效数字后边的第一位数字采用四舍五入的计算规则。若在一些精度要求较高的场合，则采用如下方法。

① 末尾有效数字后的第一位数字若小于 5，则舍去。

② 末尾有效数字后的第一位数字若大于 5，则将末尾有效数字加上 1。

③ 末尾有效数字后的第一位数字若等于 5，则由末尾有效数字的奇偶而定，当其为偶数时，不变；当其为奇数时，则加上 1（变为偶数）。

如对下面几个数保留 3 位有效数字，则

$$25.44 \rightarrow 25.4 \qquad 25.45 \rightarrow 25.4$$
$$25.47 \rightarrow 25.5 \qquad 25.55 \rightarrow 25.6$$

3. 有效数字的运算规则

在数据计算过程中，一般所得数据的位数很多，已超过有效数字的位数，这样就需将多余的位数舍去，其运算规则如下。

① 在加减运算中，各数所保留的小数点后的位数，与各数中小数点后的位数最少的相一致。例如：将 13.65、0.0082、1.632 三个数相加，应写为

$$13.65 + 0.0082 + 1.632 = 13.65 + 0.01 + 1.63 = 15.29$$

② 在乘除运算中，各数所保留的位数，以原来各数中有效数字位数最少的那个数为准，所得结果的有效数字位数，亦应与原来各数中有效数字最少的那个数相同。例如：将 0.0121、25.64、1.05782 三个数相乘，应写为

$$0.0121 \times 25.64 \times 1.05782 = 0.0121 \times 25.6 \times 1.06 = 0.328$$

③ 在对数计算中，所取对数的有效数字位数与真数有效数字位数相同。

$$\lg 55.0 = 1.74$$
$$\ln 55.0 = 4.01$$

二、误差估算

（一）直接测量的误差估算

在实验中，由于实验条件所限或其他原因，对一个物理量的直接测量有时只进行一次，这时可以根据具体情况，对测量值的误差进行合理的估计。下面介绍如何根据所使用的仪表估算一次测量的误差。

1. 给出准确度等级的仪表

如电工仪表、数显仪、转子流量计等仪表一般都给出准确度等级（即精度等级），对于这类仪表可通过仪表的精度等级和量程范围估算一次测量值的误差。

（1）准确度的表示方法　这些仪表的准确度常采用仪表的最大引用误差和准确度等级来表示。

仪表的最大引用误差的定义为

$$最大引用误差 = \frac{仪表示值的绝对误差值}{该仪表相当档次量程的绝对值} \times 100\% \tag{2-33}$$

式中仪表示值的绝对误差值是指在规定的正常情况下，被测参数的测量值与被测参数的标准值之差的绝对值的最大值。对于多挡仪表，不同挡示值的绝对误差和量程范围均不相同。上式表明，若仪表示值的绝对误差相同，则量程范围愈大，最大引用误差愈小。

我国电工仪表的准确度等级（p 级）有 7 种：0.1、0.2、0.5、1.0、1.5、2.5、5.0。

一般来说，如果仪表的准确度等级为 p 级，则说明该仪表最大引用误差不会超过 $p\%$，而不能认为它在各刻度点上的示值误差都具有 $p\%$ 的准确度。

（2）测量误差的估算　设仪表的准确度等级为 p 级，则最大引用误差为 $p\%$。设仪表的量程范围为 x_n，仪表的示值为 x，则该示值的误差为

绝对误差　　　　　　　$$D(x) \leqslant x_n \times p\% \tag{2-34}$$

相对误差　　　　$$E_r(x) = \frac{D(x)}{x} \leqslant \frac{x_n}{x} \times p\% \tag{2-35}$$

若仪表的准确度等级 p 和量程范围 x_n 已固定，则测量的示值 x 愈大，测量的相对误差愈小。因此，选用仪表时，不能盲目地追求仪表的准确度等级。因为测量的相对误差还与 x_n/x 有关，所以应兼顾仪表的准确度等级和 x_n/x 的值。因此，在选用仪表时，要纠正单纯追求准确度等级越高越好的倾向，而应根据被测量的大小，兼顾仪表的级别和测量上限，合理地选择仪表。

2. 不给出准确度等级的仪表

如天平一般不给出准确度等级，对于这类仪器仪表可通过其分度值和量程范围估算一次测量值的误差。

（1）准确度的表示方法　这些仪表的准确度用下式表示

$$仪表的准确度 = \frac{0.5 \times 名义分度值}{量程范围} \tag{2-36}$$

名义分度值是指测量仪器表最小分度所代表的数值。如 TG-328A 型天平，其名义分度值（感量）为 0.1mg，测量范围为 0～20g，则其准确度为

$$准确度 = \frac{0.5 \times 0.1}{(20-0) \times 10^3} = 2.5 \times 10^{-6}$$

若仪器的准确度已知，也可用式(2-36)求得其名义分度值。

（2）测量误差的估算　使用这类仪表时，测量值的误差可用下式来确定

绝对误差　　　　　　　$$D(x) \leqslant 0.5 \times 名义分度值 \tag{2-37}$$

相对误差　　　　$$E_r(x) = \frac{0.5 \times 名义分度值}{测量值} \tag{2-38}$$

从以上两类仪表看，测量值越接近于量程上限，其测量准确度越高；测量值越远离量程上限，其测量准确度越低。这就是为什么使用仪表时，尽可能在仪表满刻度值的 2/3 以上量程内进行测量。

（二）间接测量值的误差估算

上述主要是直接测量的误差计算问题，但在许多场合，往往涉及间接测量的变量。所谓间接测量是通过直接测量与被测量之间有一定函数关系的其他量，并根据函数关系计算出被

测量。因此，间接测量值就是直接测量得到的各个测量值的函数。其测量误差是各个测量值误差的函数。

1. 函数误差的一般形式

在间接测量中，一般为多元函数，可用下式表示

$$y = f(x_1, x_2, \cdots, x_m) \tag{2-39}$$

式中　y——间接测量值；

x_i——直接测量值，$i = 1, 2, \cdots, m$。

由泰勒级数展开得

$$\Delta y = \frac{\partial f}{\partial x_1} \Delta x_1 + \frac{\partial f}{\partial x_2} \Delta x_2 + \cdots + \frac{\partial f}{\partial x_m} \Delta x_m \tag{2-40}$$

或

$$\Delta y = \sum_{i=1}^{m} \frac{\partial f}{\partial x_i} \Delta x_i \tag{2-41}$$

它的极限误差为

$$\Delta y = \sum_{i=1}^{\infty} \left| \frac{\partial f}{\partial x_i} \Delta x_i \right| \tag{2-42}$$

式中　$\dfrac{\partial f}{\partial x_i}$——误差传递系数；

Δx_i——直接测量值的误差；

Δy——间接测量值的极限误差或称函数极限误差。

由误差的基本性质和标准误差的定义可得函数的标准误差为

$$\sigma = \sqrt{\sum_{i=1}^{m} \left(\frac{\partial f}{\partial x_i} \right)^2 \sigma_i^2} \tag{2-43}$$

式中　σ_i——直接测量值的标准误差。

2. 某些函数误差的计算

① 设函数 $y = x \pm z$，变量 x、z 的标准误差分别为 σ_x、σ_z。

由于误差的传递系数 $\dfrac{\partial y}{\partial x} = 1$，$\dfrac{\partial y}{\partial z} = \pm 1$，则

函数极限误差

$$\Delta y = |\Delta x| + |\Delta z| \tag{2-44}$$

函数标准误差

$$\sigma_y = \sqrt{\sigma_x^2 + \sigma_z^2} \tag{2-45}$$

② 设 $y = k \dfrac{xz}{w}$，变量 x、z、w 的标准误差分别为 σ_x、σ_z、σ_w。

由于误差传递系数分别为

$$\frac{\partial y}{\partial x} = \frac{kz}{w} = \frac{y}{x} \tag{2-46a}$$

$$\frac{\partial y}{\partial z} = \frac{kx}{w} = \frac{x}{z} \tag{2-46b}$$

$$\frac{\partial y}{\partial w} = -\frac{kxz}{w^2} = -\frac{y}{w} \tag{2-46c}$$

则函数的相对误差为

$$\Delta y_r = |\Delta x_r| + |\Delta z_r| + |\Delta w_r| \tag{2-47}$$

函数的标准误差为

$$\sigma_y = k \sqrt{\left(\frac{z}{w} \right)^2 \sigma_x^2 + \left(\frac{x}{w} \right)^2 \sigma_z^2 + \left(\frac{xz}{w^2} \right)^2 \sigma_w^2} \tag{2-48}$$

③ 设函数 $y = a + bx^n$，变量 x 的标准误差为 σ_x，a、b、n 为常数。

误差传递系数为

$$\frac{\partial y}{\partial x} = nbx^{n-1} \tag{2-49}$$

则函数的极限误差为

$$\Delta y = |nbx^{n-1} \Delta x| \tag{2-50}$$

函数的标准误差为

$$\sigma_y = nbx^{n-1} \sigma_x \tag{2-51}$$

④ 设函数 $y = k + n\ln x$，变量 x 的标准误差为 σ_x，k、n 为常数。

误差传递系数为

$$\frac{\partial y}{\partial x} = \frac{n}{x} \tag{2-52}$$

则函数的极限误差为

$$\Delta y = \left| \frac{n}{x} \Delta x \right| \tag{2-53}$$

函数的标准误差为

$$\sigma_y = \frac{n}{x} \sigma_x \tag{2-54}$$

⑤ 算术平均值的误差

由算术平均值的定义知

$$M_m = \frac{M_1 + M_2 + \cdots + M_n}{n} \tag{2-55}$$

由于误差传递系数为

$$\frac{\partial M_m}{\partial M_i} = \frac{1}{n}, \quad i = 1, 2, \cdots, n \tag{2-56}$$

则算术平均值的误差为

$$\Delta M = \frac{\sum\limits_{i=1}^{n} |\Delta M_i|}{n} \tag{2-57}$$

算术平均值的标准误差为

$$\sigma_m = \sqrt{\frac{1}{n} \sum\limits_{i=1}^{n} \sigma_i^2} \tag{2-58}$$

当 M_1，M_2，$\cdots$，M_n 是同组精度测量值时，它们的标准误差相同，并等于 σ。

$$\sigma_m = \frac{\sigma}{\sqrt{n}} \tag{2-59}$$

所以除了以上讨论由已知各变量的误差或标准误差来计算函数的误差外，误差和标准误差还可应用于实验装置的设计和实验装置的改进。如在实验装置设计时，如何去选择仪表的精度，即由预先给定的函数误差（实验装置允许的误差）求取各测量值（直接测量）所允许的最大误差。但由于直接测量的变量不是一个，在数学上则是不定解。为了获得唯一解，假定各变量的误差对函数的影响相同，这种设计的原则称为等效应原则或等传递原则，即

$$\sigma_y = \sqrt{n}\left(\frac{\partial f}{\partial x_i}\right)\sigma_i \tag{2-60}$$

或

$$\sigma_i = \frac{\sigma_y}{\sqrt{n}\left(\frac{\partial f}{\partial x_i}\right)} \tag{2-61}$$

[例 2-3] 用量热器测定固体比热容时采用如下所示的公式

$$c_p = \frac{m_{水}(t_2 - t_0)}{m(t_1 - t_2)}c_p'$$

式中　　$m_{水}$——量热器内水的质量，g；

m——被测物体的质量，g；

t_0——测量前水的温度，℃；

t_1——放入量热器前物体的温度，℃；

t_2——测量后水的温度，℃；

c_p'——水的比热容，4.187kJ/(kg·K)。

测量结果如下

$$m_{水} = 250 \pm 0.2\text{g} \qquad m = 62.31 \pm 0.02\text{g} \qquad t_0 = 13.52 \pm 0.01℃$$

$$t_1 = 99.32 \pm 0.04℃ \qquad t_2 = 17.79 \pm 0.01℃$$

试求测量物的比热容之真值，并确定能否提高测量精度。

解：根据题意，计算函数真值，需计算各变量的绝对误差和误差传递系数。为了简化计算，令 $\theta_0 = t_2 - t_0 = 4.27℃$，$\theta_1 = t_1 - t_2 = 81.53℃$

方程改写为

$$c_p = \frac{m_{水}\theta_0}{m\theta_1}c_p'$$

各变量的绝对误差为

$$\Delta m_{水} = 0.2\text{g}, \ \Delta\theta_0 \approx |\Delta t_2| + |\Delta t_0| = 0.01 + 0.01 = 0.02℃$$

$$\Delta m = 0.02\text{g}, \ \Delta\theta_1 \approx |\Delta t_1| + |\Delta t_2| = 0.04 + 0.01 = 0.05℃$$

各变量的误差传递系数为

$$\frac{\partial c_p}{\partial m_{水}} = \frac{\theta_0}{m\theta_1} = \frac{4.27}{62.31 \times 81.53} = 8.41 \times 10^{-4}$$

$$\frac{\partial c_p}{\partial m} = -\frac{m_{水}\theta_0}{m^2\theta_1} = -\frac{250 \times 4.27}{62.31^2 \times 81.53} = -3.37 \times 10^{-3}$$

$$\frac{\partial c_p}{\partial \theta_0} = \frac{m_{水}}{m\theta_1} = \frac{250}{62.31 \times 81.53} = 4.92 \times 10^{-2}$$

$$\frac{\partial c_p}{\partial \theta_1} = -\frac{m_{水}\theta_0}{m\theta_1^2} = -\frac{250 \times 4.27}{62.31 \times 81.53^2} = -2.58 \times 10^{-3}$$

函数的绝对误差为

$$\Delta c_p = \sqrt{\left(\frac{\partial c_p}{\partial m_{水}}\Delta m_{水}\right)^2 + \left(\frac{\partial c_p}{\partial m}\Delta m\right)^2 + \left(\frac{\partial c_p}{\partial \theta_0}\Delta\theta_0\right)^2 + \left(\frac{\partial c_p}{\partial \theta_1}\Delta\theta_1\right)^2}$$

$$= [(8.41 \times 10^{-4} \times 0.2)^2 + (-3.37 \times 10^{-3} \times 0.02)^2 + (4.92 \times 10^{-2} \times 0.02)^2 + (-2.58 \times 10^{-3} \times 0.05)^2]^{\frac{1}{2}}$$

$$= 1.62 \times 10^{-3}\text{kJ/(kg·K)}$$

$$c_p = \frac{250 \times 4.27}{62.31 \times 81.53} \times 4.187 = 0.8798 \, \text{kJ/(kg·K)}$$

故真值 $c_p = 0.8798 \pm 0.00162 \, \text{kJ/(kg·K)}$

从有效位数考虑，以上测量的结果精度已满足要求。若仅考虑有效位数，尚需从比较各变量的测量精度确定是否可能提高测量精度，则可从分析各变量的相对误差着手解决。

各变量的相对误差分别为

$$E_{m_{水}} = \frac{\Delta m_{水}}{m_{水}} = \frac{0.2}{250} = 8.000 \times 10^{-4} = 0.08000\%$$

$$E_m = \frac{\Delta m}{m} = \frac{0.02}{62.31} = 3.21 \times 10^{-4} = 0.03210\%$$

$$E_{\theta_0} = \frac{\Delta \theta_0}{\theta_0} = \frac{0.02}{4.27} = 4.684 \times 10^{-3} = 0.4684\%$$

$$E_{\theta_1} = \frac{\Delta \theta_1}{\theta_1} = \frac{0.05}{81.53} = 6.133 \times 10^{-4} = 0.06133\%$$

其中以 θ_0 的相对误差 0.4684% 为最大，是 $m_{水}$ 的 5.85 倍，是 m 的 14.63 倍。为了提高 c_p 的测量精度，可改善 θ_0 的测量仪表的精度，即提高测量水温的温度计的精度，如采用贝克曼温度计，分度值可达 $0.002℃$，精度为 $\pm 0.001℃$。若量热器的精度用贝克曼温度计的精度，则

$$E_{\theta_0} = \frac{\Delta \theta_0}{\theta_0} = \frac{0.002}{4.27} = 4.684 \times 10^{-4} = 0.04684\%$$

由此可知，各变量的精度基本相当。提高 θ_0 精度后，c_p 的绝对误差为

$$\Delta c_p = [(8.41 \times 10^{-4} \times 0.2)^2 + (-3.37 \times 10^{-3} \times 0.02)^2 + (4.92 \times 10^{-2} \times 0.002)^2 +$$
$$(-2.58 \times 10^{-3} \times 0.05)^2]^{\frac{1}{2}}$$
$$= 2.43 \times 10^{-4} \, \text{kJ/(kg·K)}$$

系统提高精度后，c_p 的真值为

$$c_p = 0.8798 \pm 2.43 \times 10^{-4} \, \text{kJ/(kg·K)}$$

第三节　实验数据的处理

一、实验数据的整理方法

实验数据处理是将实验中获得的一系列原始数据经过分析、计算整理成各变量之间的定量关系，并用最适宜的方式，如将其归纳成为图表或者经验公式表示出来，用以验证理论、指导实践与生产。因此实验数据处理是整个实验过程中的一个非常重要的环节。

实验数据处理方法有三种：

（1）列表表示法　将实验数据列成表格以表示各变量间的关系。通常这是整理数据的第一步，为标绘曲线或整理成为方程式打下基础。

（2）图示表示法　将实验数据在坐标纸上绘成曲线，直观而清晰地表达出各变量之间的关系，分析极值点、转折点、变化率及其他特性，便于比较，还可以根据曲线得到相应的方

程式；某些精确的图形还可用于在不知数学表达式的情况下进行图表积分和微分。

（3）方程表示法　为方便工程计算，通常需要将实验数据或计算结果用数学方程式或经验公式的形式表示出来。在化学工程中，经验公式通常表示成无量纲的数群或准数关系式。遇到的问题大多是如何确定公式中的常数或系数。经验公式或准数关系式中的常数或系数的求法很多，最常用的是图解法和最小二乘法。

（一）列表表示法

列表表示法是将实验直接测定的数据，或根据测量值计算得到的数据，按照自变量和因变量的关系以一定的顺序列出数据表格，在拟定记录表格时应注意以下问题。

① 单位应在名称栏中详细标明，不要和数据写在一起。

② 同一列的数据必须真实反映仪表的精确度，即数字写法应注意有效数字的位数，每行之间的小数点对齐。

③ 对于数量级很大或很小的数，在名称栏中应乘以适当的倍数。例如：$Re = 26100$，用科学计数法表示 $Re = 2.61 \times 10^4$。列表时，项目名称写为 $Re \times 10^{-4}$，数据表中数字则写为 2.61，这种情况在化工数据表中经常遇到。在这样表示的同时，还要注意有效数字位数的保留，不要轻易放弃有效数位。

④ 整理数据时应尽可能将计算过程中始终不变的物理量归纳为常数，避免重复计算，如在离心泵特性曲线的测定实验中，泵的转数为恒定值，可直接记为 $n = 2840 \text{r/min}$。

⑤ 在实验数据归纳表中，应详细地列明实验过程记录的原始数据及通过实验过程要求得到的实验结果，同时，还应列出实验数据计算过程中较为重要的中间数据。如在传热实验中，空气的流量就是计算过程中一个重要的数据，也应将其列入数据表中。

⑥ 在实验数据表格的后面，要附以数据计算示例，从数据表中任选一组数据，举例说明所用的计算公式与计算方法，表明各参数之间的关系，以便阅读或进行校核。

在化工实验中，列表表示法的应用十分广泛，常用于记录原始数据及汇总实验结果，为进一步绘图、回归公式及建立模型提供方便。

以过滤实验为例对实验数据进行列表，分为实验过程的原始数据、计算的中间数据和实验结果，见表 2-2 和表 2-3。

表 2-2　实验数据记录　（0.1MPa）

计量桶高度：_____（满刻度为 3.5L）　滤液满 3.5L 所用时间：_____（s）

序号	滤液体积差 $\Delta q_V / \text{m}^3$	时间 θ / s	时间差 $\Delta\theta / \text{s}$	$\Delta\theta / \Delta q_V /(\text{s}/\text{m}^3)$
1				
2				
...				
15				

表 2-3　实验数据处理结果

斜率	截距	$K / [\text{m}^3/(\text{m}^2 \cdot \text{s})]$	$q_e /(\text{m}^3/\text{m}^2)$	θ / s

（二）图示表示法

列表表示法一般难以直接观察到数据间的规律，故常需实验结果用图形表示。图示表示法与列表表示法相比，能更直观地反映出变量之间的关系，显示出变化趋势及变化的最高点、最低点、转折点和周期性等，并能清晰地比较不同条件下的结果。所标绘的实验曲线还可以帮助数据处理者选择描述曲线的函数形式，便于分析整理得到数学关系式。准确的图形还可以在不知数学表达式的情况下进行微积分运算，因此图示表示法得到广泛的应用。图示表示法是实验数据处理的常用方法。

作图过程中应遵循一些基本准则，否则将得不到预期的结果，甚至会出现错误的结论。作曲线图时必须依据一定的准则，只有遵守这些准则，才能得到与实验点位置偏差最小且光滑的曲线图形。以下是化工实验中正确作图的一些基本准则。

1. 图纸的选择

在绘图过程中，常用的图纸有直角坐标纸、单对数坐标纸和双对数坐标纸等。要根据变量间的函数关系，选定一种坐标纸。坐标纸的选择方法如下：

对于符合方程 $y=ax+b$ 的数据，直接在直角坐标纸上绘图即可，可画出一条直线。

对于符合方程 $y=k^{ax}$ 的数据，经两边取对数可变为 $\lg y=ax\cdot\lg k$，在单对数坐标纸上绘图，可画出一条直线。

对于符合方程 $y=ax^m$ 的数据，经两边取对数可变为 $\lg y=\lg a+m\lg x$，在双对数坐标纸上绘图，可画出一条直线。

当变量多于两个时，如 $y=f(x,z)$，在作图时，先固定 z 一个变量，可以先求出 $y\text{-}x$ 的关系，可得每个 z 值下的一组图线。

此外，某变量最大值与最小值数量级相差很大时；或自变量 x 从零开始逐渐增加的初始阶段，x 少量增加会引起因变量的极大变化，均可采用对数坐标。

2. 坐标的分度

坐标的分度指每条坐标轴所代表的物理量大小，即选择适当的坐标比例尺。一般取独立变量为 x 轴，因变量为 y 轴，在两轴侧要标明变量名称、符号和单位。坐标的分度的选择，要能够反映实验数据的有效数字位数，即与被标的数值精度一致。分度的选择还应使数据容易读取。而且分度值不一定从零开始，以使所得图形能占满全幅坐标纸，匀称居中，避免图形偏于一侧。若在同一张坐标纸上，同时标绘几组测量值或计算数据，应选用不同符号加以区分（如使用■、●、○等）。在按点描线时，所绘图形可为直线或曲线，但所绘线形应是光滑的，且应使尽量多的点落于线上，若有偏离线上的点，应使其均匀地分布在线的两侧。对数坐标系的选择，与直角坐标系的选择稍有差异，在选用时应注意以下几点问题。

① 标在对数坐标轴上的值是真值，而不是对数值。

② 对数坐标原点为 (1, 1)，而不是 (0, 0)。

③ 由于 0.01、0.1、1、10、100 等数以 10 为底的对数分别为 -2、-1、0、1、2 等，所以在对数坐标纸上每一数量级的距离是相等的，但是同一数量级内的刻度并不是等分的。

④ 选用对数坐标系时，应严格遵循图纸标明的坐标系，不能随意将其旋转及缩放使用。

⑤ 对数坐标系中求直线斜率的方法与直角坐标系不同，应在对数坐标纸上量取线段长度求取，如图 2-7 所示 AB 线的斜率的对数计算形式为

$$\eta=\frac{L_y}{L_x}=\frac{\lg y_1-\lg y_2}{\lg x_1-\lg x_2} \tag{2-62}$$

⑥ 在双对数坐标系中，直线与 $x=1$ 处的纵轴相交点的 y 值，即为方程 $y=ax^m$ 中的系数值 a。若所绘制的直线在图面上不能与 $x=1$ 处的纵轴相交，则可在直线上任意取一组数据 x 和 y 代入原方程 $y=ax^m$ 中，通过计算求得系数值 a。

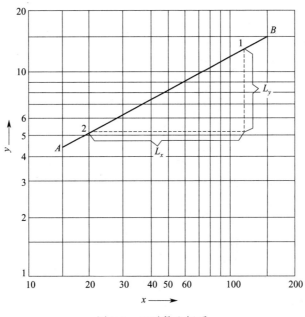

图 2-7　双对数坐标系

（三）方程表示法

为方便工程计算，通常需将实验数据或计算结果用数学方程式或经验公式的形式表示出来。

在化学工程中，经验公式通常表示成无量纲的数群或准数关系式。遇到的问题大多是如何确定公式中的常数或系数。经验公式或准数关系式中的常数和系数的求法很多，最常用的是图解法和最小二乘法。

1. 图解法

用于处理能在直角坐标系中直接标绘出一条直线的数据，很容易求出直线方程中的常数和系数。在绘图形时，有时两个变量之间的关系并不是线性的，而是符合某种曲线关系，为了能够比较简单地找出变量间的关系，以便回归经验方程和对其进行数据分析，常将这些曲线进行线性化。通常，可线性化的曲线包括六大类，详见表 2-4。

表 2-4　可线性化的曲线

序号	图形	函数及线性化方法
1	$(b>0)$　　$(b<0)$	双曲线函数 $y = \dfrac{x}{ax+b}$ 令 $Y = \dfrac{1}{y}$，$X = \dfrac{1}{x}$，则得直线方程 $$Y = a + bX$$
2		S 形曲线 $y = \dfrac{1}{a+b e^{-x}}$ 令 $Y = \dfrac{1}{y}$，$X = e^{-x}$，则得直线方程 $$Y = a + bX$$

序号	图形	函数及线性化方法
3	 (b<0) (b>0)	指数函数 $y=a\mathrm{e}^{bx}$ 令 $Y=\lg y, X=x, k=b\lg\mathrm{e}$,则得直线方程 $$Y=\lg a+kX$$
4	 (b>0) (b<0)	指数函数 $y=a\mathrm{e}^{\frac{b}{x}}$ 令 $Y=\lg y, X=\dfrac{1}{x}, k=b\lg\mathrm{e}$,则得直线方程 $$Y=\lg a+kX$$
5	 (b>0) (b<0)	幂函数 $y=ax^{b}$ 令 $Y=\lg y, X=\lg x$,则得直线方程 $$Y=\lg a+bX$$
6	 (b>0) (b<0)	对数函数 $y=a+b\lg x$ 令 $Y=y, X=\lg x$,则得直线方程 $$Y=a+bX$$

2. 最小二乘法

使用图解法时,在坐标纸上标点会有误差,而根据点的分布确定直线的位置时,具有较大的人为性,因此,用图解法确定直线斜率及截距常不够准确。较为准确的方法是最小二乘法,其原理为:最佳的直线就是能使各数据点同回归线方程求出值的偏差的平方和最小,也就是数据点落在直线上的概率最大。

二、实验数据的处理方法

(一)数据回归方法

1. 一元线性回归

一元线性回归是处理两个变量之间关系的方法,通过分析得到经验公式,若变量之间为线性关系,则称为一元线性回归,这是工程和科学研究中经常遇到的回归处理。下面具体推导其表达式。

已知 n 个实验数据点$(x_1,y_1),(x_2,y_2),\cdots,(x_n,y_n)$。设最佳线性函数关系式为 $y'=b_0+b_1x$,则根据此式,n 组 x 值可计算出对应的 y' 值。

$$y'_1=b_0+b_1x_1, y'_2=b_0+b_1x_2, \cdots, y'_n=b_0+b_1x_n \tag{2-63}$$

而实际测量时,每个 x 值所对应的值为 $y_1, y_2, \cdots, y_n$,所以每组实验值与对应的计算值 y' 的偏差 d 应为

$$d_1 = y_1 - y_1' = y_1 - (b_0 + b_1 x_1)$$
$$d_2 = y_2 - y_2' = y_2 - (b_0 + b_1 x_2)$$
$$\vdots \quad \vdots \quad \vdots \quad \vdots \quad \vdots \quad \vdots$$
$$d_n = y_n - y_n' = y_n - (b_0 + b_1 x_n)$$

(2-64)

按照最小二乘法原理，测量值与真值之间的偏差平方和为最小。$\sum\limits_{i=1}^{n} d_i^2$ 最小的必要条件是

$$\frac{\partial \left(\sum\limits_{i=1}^{n} d_i^2\right)}{\partial b_0} = 0, \frac{\partial \left(\sum\limits_{i=1}^{n} d_i^2\right)}{\partial b_1} = 0$$

(2-65)

展开得

$$\frac{\partial \left(\sum\limits_{i=1}^{n} d_i^2\right)}{\partial b_0} = -2 \sum_{i=1}^{n} \left[y_i - (b_0 + b_1 x_i)\right] = 0$$

(2-66)

$$\frac{\partial \left(\sum\limits_{i=1}^{n} d_i^2\right)}{\partial b_1} = -2 \sum_{i=1}^{n} \left[y_i - (b_0 + b_1 x_i)\right] = 0$$

写成合式

$$\sum_{i=1}^{n} y_i - n b_0 - b_1 \sum_{i=1}^{n} x_i = 0$$

(2-67)

$$\sum_{i=1}^{n} x_i y_i - b_0 \sum_{i=1}^{n} x_i - b_1 \sum_{i=1}^{n} x_i^2 = 0$$

联立解得

$$b_0 = \frac{\sum\limits_{i=1}^{n} x_i y_i \sum\limits_{i=1}^{n} x_i - \sum\limits_{i=1}^{n} y_i \sum\limits_{i=1}^{n} x_i^2}{\left(\sum\limits_{i=1}^{n} x_i\right)^2 - n \sum\limits_{i=1}^{n} x_i^2}, b_1 = \frac{\sum\limits_{i=1}^{n} x_i \sum\limits_{i=1}^{n} y_i - n \sum\limits_{i=1}^{n} x_i y_i}{\left(\sum\limits_{i=1}^{n} x_i\right)^2 - n \sum\limits_{i=1}^{n} x_i^2}$$

(2-68)

由此求得截距为 b_0，斜率为 b_1 的直线方程，就是关联各实验点的最佳直线。

在解决如何回归直线以后，还存在检验回归得到的直线有无意义的问题。在此引入一个称为相关系数 r 的统计量，用来判断两个变量之间的线性相关程度，其定义式为

$$r = \frac{\sum\limits_{i=1}^{n} (x_i - \bar{x})(y_i - \bar{y})}{\sqrt{\sum\limits_{i=1}^{n} (x_i - \bar{x})^2 \sum\limits_{i=1}^{n} (y_i - \bar{y})^2}}$$

(2-69)

在概率中可证明，任意两个随机变量的相关系数的绝对值不大于 1，即 $0 \leqslant |r| \leqslant 1$。

相关系数 r 的物理意义为：两个随机变量 x 和 y 的线性相关程度。当 $r=1$ 时，即实验值全部落在直线 $y' = b_0 + b_1 x$ 上，此时称为完全相关；当 r 越接近 1 时，即实验值越靠近 $y' = b_0 + b_1 x$，变量 x、y 之间的关系越近于线性，当 $r=0$ 时，变量间完全没有线性关系；但当 r 很小时，表现的虽不是线性关系，但不等于就不存在其他关系。

在了解了一元线性回归的基本方法与原理后，可以采用计算机辅助手段完成计算过程，相关内容参见有关手册，此处不再叙述。

2. 多元线性回归

前面仅讨论两个变量的回归的问题，其中因变量只与一个自变量有关，这是较简单的情况。在大多数的实际问题中，影响因变量的因数不是一个而是多个，称这类回归为多元线性回归。如果 y 与 x_1，x_2，$\cdots$，x_n 之间的关系是线性的，则其数学模型为

$$y' = b_0 + b_1 x_1 + b_2 x_2 + \cdots + b_n x_n \tag{2-70}$$

多元线性回归的原理与一元线性回归完全相同，就是根据实验数据，求出适当的待定常数 b_0，b_1，b_2，$\cdots$，b_n，但在计算上却要复杂得多，用高斯消去法或其他方法求解，具体可参照有关手册。以上方法一般用计算机计算，除非自变量及实验数据较少，才采用手算的方法。

3. 非线性回归

实际问题中变量间的关系很多属于非线性的，如指数函数、对数函数、双曲函数等，处理这些非线性函数的主要方法是将其转化为线性函数。

（1）一元非线性回归　前面在数据整理方法中已经介绍了指数函数、幂函数等六大类函数的线性化问题，即先利用变形方法，将其转化为线性关系，然后用最小二乘法进行一元线性回归，得到其关联式。

（2）多项式回归　在化学工程中，为了便于查找和计算，对于常用的物性参数，通常将其回归成多项式，其方法如下：

对于形如 $y = a + bx + cx^2$ 的二次多项式，可令 $x_1 = x$，$x_2 = x^2$，则前式可改写为 $y = a + bx_1 + cx_2$，这样，抛物线回归问题，可以转化为二元线性回归。通常，多项式回归可通过类似变换变成线性回归。

多项式回归在回归问题中占特殊地位，由数学理论可知，对于任意函数至少在一个比较小的范围内可用多项式逼近。因此，通常在比较复杂的问题中，就可不问因变量与各因数的确切关系，而用多项式回归进行分析计算。在化学工程实验中，一些物性数据随温度的变化，以及测温元件中温度与热电势、温度与电阻值的变化关系，常用多项式表达。

（3）多元非线性回归　一般也是将多元非线性函数化为多元线性函数，其方法同一元非线性函数。如圆形直管内强制湍流时的对流传热关联式为

$$Nu = aRe^m Pr^n \tag{2-71}$$

方程两端取对数得

$$\lg Nu = \lg a + m\lg Re + n\lg Pr \tag{2-72}$$

令 $Y = \lg Nu$，$b_0 = \lg a$，$X_1 = \lg Re$，$X_2 = \lg Pr$，$b_1 = m$，$b_2 = n$，则可转化为

$$Y = b_0 + b_1 X_1 + b_2 X_2 \tag{2-73}$$

接下来可按多元线性回归处理。

（二）数值计算方法

在化学工程中，除了数据的回归与拟合，还经常遇到的一类问题就是定积分的数值计算，例如：传热过程中传热推动力的计算，吸收过程中传质系数的求取等。对于定积分的计算问题，一般利用图解积分或数值计算求得近似值。较为常用的数值计算方法有复式辛普森积分法。用复式辛普森公式进行计算可以得到较为精确的定积分值，并可用计算机辅助进行程序计算，更为方便可靠，具体的方法可参考数值分析等有关书籍。

思考题

1. 根据误差的性质及产生的原因，可将误差分为哪三类？分别简述三类误差产生的原因。

2. 测量的质量和水平，可用误差概念来描述，也可用准确度等概念来描述。为了指明误差的来源和性质，通常用哪三个概念描述，并说明它们之间的关系。

3. 在实验中，如对物理量的测量只进行一次，可根据具体情况对测量值的误差进行合理的估计，即对直接测量值进行估算，估算直接测量值的方法有哪些？

4. 实验数据处理是将实验中获得的一系列原始数据经过分析、计算整理成各变量之间的定量关系，并用最适宜的方法表示出来，它是整个实验过程中一个非常重要的环节。通常实验数据中各变量之间的定量关系可用哪三种形式来表示？

5. 实验数据中各变量之间的定量关系可用列表表示法、图示表示法和方程表示法等三种方法来表示，在用这三种方法时各自要注意的问题是什么？

第三章

测量仪表和测量方法

第一节　流体压力的测量

在化工生产和实验中，经常遇到考察液体流动阻力、某处压力或真空度、用节流式流量计测量流量等，这些过程的本质都是进行压力的测量。

常用的测量压力的仪表很多，按其工作原理大致可分为四大类：

（1）液柱式压差计

它是根据流体静力学原理，把被测压差转换成液柱高度。利用这种方法测量压力的仪表有 U 形管压差计、倒 U 形管压差计、单管压差计和斜管压差计等。

（2）弹性式压差计

它是根据弹性元件受力变形的原理，将被测压力转换成位移，利用这种方法测量的仪表主要有弹簧管压力计等。

（3）电气式压差计

它是将被测压力转换成各种电量，根据电量的大小而实现压力的间接测量。

（4）活塞式压差计

它是根据水压机液体传递压力的原理，将被测量压力转换成活塞面积上所加平衡砝码的质量，普遍地被作为标准仪器用来对弹簧管压力计进行校验和刻度。

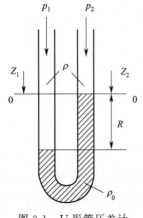

图 3-1　U 形管压差计

一、液柱式压差计

液柱式压差计是基于流体静力学原理设计的。其结构比较简单，精度较高，既可用于测量流体的压力，也可用于测量流体的压差。

（一）U 形管压差计

U 形管压差计的结构如图 3-1 所示，它可用一根粗细均匀的玻璃管弯制而成，也可用两根粗细相同的玻璃管做成连通器形式。内装有液体作为指示液，U 形管压差计两端连接两个测压点，当 U 形管两边压力不同时，两边液面便会产生高度差 R，根据流体静力学基本方程可知：

$$p_1 + Z_1\rho g + R\rho g = p_2 + Z_2\rho g + R\rho_0 g \qquad (3-1)$$

当被测管段水平放置时（$Z_1 = Z_2$），上式简化为：

$$\Delta p = p_1 - p_2 = (\rho_0 - \rho)gR \qquad (3-2)$$

式中　ρ_0——U 形管内指示液的密度，kg/m^3；

　　　ρ——管路中流体密度，kg/m^3；

　　　R——U 形管指示液两边液面差，m。

U 形管压差计常用的指示液为汞和水。当被测压差很小，且流体为水时，还可用氯苯（$\rho_{25℃} = 1106kg/m^3$）和四氯化碳（$\rho_{25℃} = 1584kg/m^3$）作指示液。

记录 U 形管读数时，正确方法应该是：同时指明指示液和待测流体名称。例如待测流体为水，指示液为汞，液柱高度为 50mm 时，Δp 的读数应为：

$$\Delta p = 50mm \times (\rho_{Hg} - \rho_{H_2O})g$$

若 U 形管一端与设备或管道连接，另一端与大气相通，这时读数所反映的是管道中某截面处流体的绝对压力与大气压之差，即为表压。

因为 $\rho_{H_2O} \gg \rho_{空气}$，所以 $\rho_{表} = (\rho_{H_2O} - \rho_{空气})gR \approx \rho_{H_2O}gR$。

（1）使用 U 形管压差计时，要注意每一具体条件下液柱高度读数的合理下限。

若被测压差稳定，根据刻度读数一次所产生的绝对误差为 0.75mm，读取一个液柱高度值的最大绝对误差为 1.5mm。如要求测量的相对误差≤3%，则液柱高度读数的合理下限为 1.5/0.03＝50mm。

若被测压差波动很大，一次读数的绝对误差将增大，假定为 1.5mm，读取一次液柱高度值的最大绝对误差为 3mm，测量的相对误差≤3%，则液柱高度读数的合理下限为 3÷0.03＝100mm，当实测压差的液柱减小至 30mm 时，则相对误差增大至 3/30＝10%。

（2）跑汞问题：汞的密度很大，作为 U 形管指示液则很理想，但容易跑汞，污染环境。防止跑汞的主要措施有：

① 设置平衡阀（如图 3-2 所示），在每次开动泵或风机之前让它处于全开状态。读取读数时，才将它关闭。

② 在 U 形管两边上端设有缓冲球（如图 3-3 所示），当压差过大或出现操作故障时，管内的水银可全部聚集于缓冲球中，使水从水银液中穿过，避免跑汞现象的发生。

③ 把 U 形管和导压管的所有接头捆牢。当 U 形管测量的流动系统两点间的压力差较系统内的绝对压力大很多时，U 形管或导压管上若有接头突然脱开，则在系统内部与大气之间的强大压差下，会发生跑汞。当连接管接头为橡胶管时，因橡胶管易老化破裂，所以要及时更换，否则也会造成跑汞现象。

（二）单管压差计

单管压差计是 U 形管压差计的变形，用一个杯形容器代替 U 形管压差计中的一根管子，如图 3-4 所示。由于杯的截面 $S_{杯}$ 远大于玻璃管的截面 $S_{玻}$（一般情况下 $S_{杯}/S_{玻} \geqslant 200$），所以其两端有压差时，根据等体积原理，细管一边的液柱升高值 h_1 远大于杯内液面下降高度 h_2，即 $h_1 \gg h_2$，这样 h_2 可忽略不计，在读数时只需读一边液柱高度，误差比 U 形管压差计减少一半。

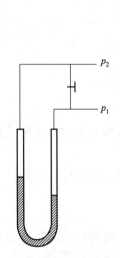

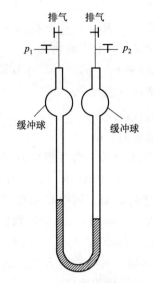

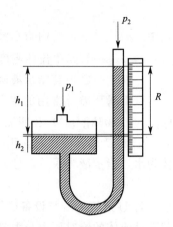

图 3-2　设有平衡阀的压差计　　　图 3-3　设有缓冲球的压差计　　　图 3-4　单管压差计

（三）倾斜式压差计

倾斜式压差计是将 U 形管压差计或单管压差计的玻璃管与水平方向作 α 角度的倾斜。它使读数放大了 $1/\sin\alpha$ 倍，即 $R' = R/\sin\alpha$，如图 3-5 所示。

Y-61 型倾斜微压计是根据此原理设计制造的。其结构如图 3-6 所示。微压计用密度为 810kg/m^3 的酒精作指示液，不同倾斜角的正弦值以相应的 0.2、0.3、0.4 和 0.5 数值，标刻在微压计的弧形支架上，以供使用时选择。

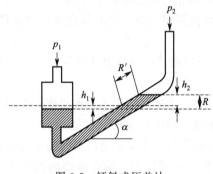

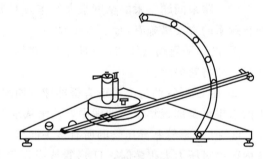

图 3-5　倾斜式压差计　　　　　　图 3-6　Y-61 型倾斜微压计

（四）倒 U 形管压差计

倒 U 形管压差计的结构如图 3-7 所示，这种压差计的特点是：以空气为指示液，适用于较小压差的测量。

使用时要排气，操作原理与 U 形管压差计相同，在排气时 3、4 两个旋塞全开。排气完毕后，调整倒 U 形管内的水位，如果水位过高，关 3、4 旋塞，可打开上旋塞 5 以及下部旋塞；如果水位过低，关闭 1、2 旋塞，打开顶部旋塞 5 及 3 或 4 旋塞，使部分空气排出，直至水位合适为止。

（五）双液微压差计

这种压差计用于测量微小压差，如图 3-8 所示。它一般用于测量气体压差的场合，其特点是 U 形管中装有两种密度相近的指示液，且 U 形管两臂上设有一个截面积远大于管截面积的"扩大室"。

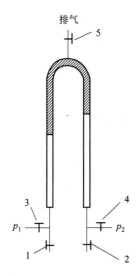

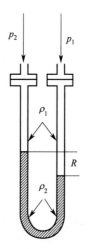

图 3-7　倒 U 形管压差计　　　　　　　　图 3-8　双液微压差计

由静力学基本方程得：

$$\Delta p = p_1 - p_2 = R(\rho_1 - \rho_2)g \qquad (3-3)$$

当 Δp 很小时，为了扩大读数 R，减小相对读数误差，可通过减小 $\rho_1 - \rho_2$ 来实现，所以对两指示液的要求是尽可能使两者密度相近，且有清晰的分界面，工业上常用石蜡油和工业酒精，实验中常用的有氯苯、四氯化碳、苯甲基醇和氯化钙溶液等，其中氯化钙溶液的密度可以用不同的浓度来调节。

当玻璃管管径较小时，指示液易与玻璃管发生毛细现象，所以液柱式压力计应选用内径不小于 5mm（最好大于 8mm）的玻璃管，以减小毛细现象带来的误差。因为玻璃管的耐压能力低，过长易破碎，所以液柱式压力计一般仅用于 1×10^5 Pa 以下的正压或负压（或压差）的场合。

二、弹性式压差计

弹性式压差计是利用各种形式的弹性元件，在被测介质的压力作用下产生相应的弹性变形（一般用位移大小表示），根据变形程度来测出被测压力的数值。

弹性元件不仅是弹性式压差计的感测元件，也常用作气动单元组合仪表的基本组成元件，应用较广，常用的弹性元件有单圈弹簧管、多圈弹簧管、波纹管等。其结构和特性见图 3-9。

根据弹性元件的不同形式，弹性压力计可以分为相应类型。目前实验室中最常见的是弹簧管压力计。它的测量范围宽，应用广泛。其结构如图 3-10 所示。

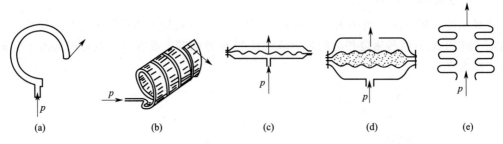

图 3-9 常用弹性元件

（a）单圈弹簧管；（b）多圈弹簧管；（c）膜片式弹性元件；（d）膜盒式弹性元件；（e）波纹管式

弹簧管压力计的测量元件是一根弯成 270°圆弧的椭圆截面的空心金属管，其自由端封

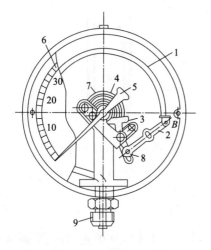

图 3-10 弹簧管压力计

1—弹簧管；2—拉杆；3—扇形齿轮；4—中心齿轮；5—指针；6—面板；7—游丝；8—调整螺丝；9—接头

闭，另一端与测压点相接。当通入压力后，由于椭圆形截面在压力作用下趋向圆形，弹簧管随之产生向外挺直的扩张变形——产生位移，此位移量由封闭着的一端带动机械传动装置，使指针显示相应的压力值。该压力计用于测量正压时，称为压力表；测量负压时，称为真空表。

在选用弹簧管压力表时，应注意工作介质的物性和量程。操作压力较稳定时，操作指示值应选在其量程的 2/3 处。若操作压力经常波动，操作指示值应在其量程的 1/2 处。同时还应注意其精度，在表盘下方小圆圈中的数字代表该表的精度等级。对于一般指示常使用 2.5 级、1.5 级、1 级，当测量精度要求较高时，可用 0.4 级以上的表。

三、电气式压差计

电气式压差计一般是将压力的变化转换成电阻、电感或电势等电量的变化，从而实现压力的间接测量。这种压差计反应较迅速，易于远距离传送数据，在测量压力快速变化、脉动压力、高真空、超高压的场合下较合适。

（一）膜片压差计

膜片压差计的测压弹性元件是平面膜片或柱状的波纹管，受压力后引起变形和位移，经转换变成电信号远传指示，从而实施压力或压差的测量。图 3-11 所示为 CMD 型电子膜片压差计。当流体的压力传递到紧压于法兰盘间的弹性膜时，膜受压，其中部向左（右）移动，此项位移带动差动变压器线圈内的铁心移动，通过电磁感应将膜片的行程转换为电信号，再通过电路用动圈式毫伏计显示出来。为了避免压差太大或操作失误时损坏膜片，装有保护挡板，当一侧压差太大时，保护挡板压紧在该侧橡皮片上，从而关闭膜片与高压的通道，使膜片不致超压。

这种压差计可代替 U 形水银管，消除水银污染，信号又可远传，但精确度较 U 形管差。

（二）压变片式压差变送器

此变送器是利用应变片作为转换元件，将被测压力转换成应变片的电阻值变化，然后经过桥式电流得到毫伏级的电量输出。

应变片是由金属导体或半导体材料制成的电阻体，其电阻随压力所产生的应变而变化。应变电阻值还随环境温度的变化而变化。温度对应变片电阻值有显著影响，从而会使测量结果产生一定的误差，一般采用桥路补偿和应变片自然补偿的方法来清除环境温度变化的影响。

（三）霍尔片式压力变送器

霍尔片式压力变送器是利用霍尔元件将由压力引起的位移转换成电势，从而实现压力的间接测量。一般将霍尔元件和弹簧管配合，组

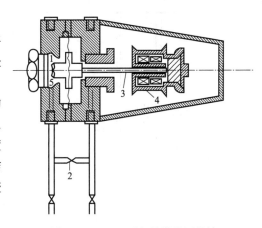

图 3-11　CMD 型电子膜片压差计
1—膜片；2—保护挡板；3—铁心；
4—差动变压器线圈；5—平衡阀

成霍尔片式弹簧管压力变送器，在被测压力作用下，弹簧管自由端产生位移，改变霍尔片在非均匀磁场中的位置，将机械位移量转换成电量——霍尔电势，并将压力信号进行远传和显示。

霍尔片式压力变送器的优点是外部尺寸和厚度小，测量精度高，测量范围宽，缺点是效率低。

四、压力（或压力差）的电测方法

压力或压力差除了用前面介绍的测量方法外，还常用电信号来测量。电信号便于用在远传、数据采集和计算机控制等方面。利用"变送器"（传感器）将待测的非电量转变成一个电量，然后对该电量进行直接测量或作进一步的加工处理。

非电量的电测技术是现代化科学技术的重要组成部分，是现代化工科研、实验和生产中不可缺少的一种技术，目前有很多方法进行非电量压力、压力差的电测，下面以测定压差的电动压差变送器为例做一简单介绍。

（一）电动压差变送器的原理

电动压差变送器是一种常用的压力变送器，它可以用来连续测量压差、液位、分界面等工艺参数，它与节流装置配合，也可以连续测量液体和气体的流量。

电动压差变送器具有反应速度快和传送距离远的特点。

电动压差变送器是根据力矩平衡原理工作的，图 3-12 是它的工作原理示意图。被测压差 $\Delta p = p_1 - p_2$，通过弹性测量膜盒（或膜片）1 转换成作用于主杠杆 2 的力 $F_{测}$，$F_{测}$ 在主杠杆 2 的作用下绕密封膜片支点 Q_1 偏转并通过连接簧片 11 使副杠杆 9 以十字簧片 Q_2 为支点偏转，从而使固定在副杠杆上的位移检测片位移 h 距离，位移检测线圈 8 能够将此微小位移转变成相应的电量再通过电子放大器 10 变为 0～10mA 的直流电流输出，此电流 I_0 即为输出电流。它同时通过处于永久磁铁 7 内的反馈线圈 5。由于通电线圈在磁场中要受到电

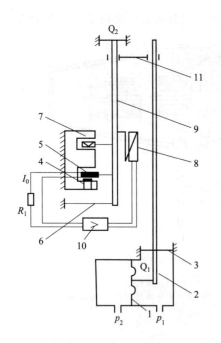

图 3-12　电动压差变送器工作原理示意图
1—测量膜盒；2—主杠杆；3—轴封膜片；4—测量范围
微调螺钉；5—反馈线圈；6—调零装置；7—永久磁铁；
8—位移检测线圈；9—副杠杆；10—放大器；
11—主、副杠杆连接簧片

磁力的作用，因此当 I_0 通过反馈线圈 5 时产生一个与测量力 $F_{测}$ 相平衡的反馈力 $F_{反}$，作用于副杠杆 9，使杠杆系统回到平衡状态。此时的电流即为变送器的输送电流，它与被测压差成正比：

$$I_0 = K\Delta p \qquad (3\text{-}4)$$

式中　K——比例系数，可以通过移动连接主副杠杆的簧片 11 来改变。

因为移动了簧片 11，就可以改变反馈力矩的大小，从而达到调节量程的目的。因此，电动压差变送器的量程范围可以根据需要进行调整，实现一台变送器具有多种量程。

（二）压差变送器的用途

1. 作为压力变送器

用于压力或真空度的测量、记录。

2. 流量测量

当用孔板或文丘里管流量计测量流体的流量时，可以将节流元件前后的压力接在变送器的测量膜盒的前后，膜盒接收到压差后经过变换输出电信号，实现远传记录。电传可以克服水银压差计因为各种原因使水银冲出而造成的汞害。它的缺点是价格比 U 形管贵，且精度不如 U 形管压差计。

五、流体压力测量中的技术要点

（一）压差计的正确选用

仪表类型的选用必须满足工艺生产或实验研究的要求，如是否需要远传变送、报警或自动记录等，被测介质的物理化学性质和状态（如黏度大小、温度高低、腐蚀性、清洁程度等）是否对测量仪表提出特殊要求，周围环境条件（诸如温度、湿度、振动等）对仪表类型是否有特殊要求等，总之，正确选用仪表类型是保证安全生产及仪表正常工作的重要前提。

首先，要合理选择仪表的量程范围，仪表的量程范围是指仪表刻度的下限值到上限值，它应根据操作中所需测量的参数大小来确定。测量压力时，为了避免压力计超负荷而破坏，压力计的上限值应该高于实际操作中可能的最大压力值。对于弹性式压力计，在被测压力比较稳定的情况下，其上限值应为被测最大压力的 4/3 倍，在测量波动较大的压力时，其上限值应为被测最大压力的 3/2 倍。此外，为了保证测量值的准确度，所测压力值不能接近仪表的下限值，一般被测压力的最小值应不低于仪表全量程的 1/3。根据所测参数大小计算出仪表的上下限后，还不能以此值作为选用仪表的极限值，因为仪表标尺的极限值不是任意取的，它是由国家主管部门用标准规定的。因此，选用仪表标尺的极限值时，要按照相应的标准中的数值选用（一般在相应的产品目录或工艺手册中可查到）。

其次，要合理选取仪表的精度等级，仪表精度等级是由工艺生产或实验研究所允许的最大误差来确定的。一般来说，仪表越精密，测量结果越精确、可靠。但不能认为选用的仪表精度越高越好，因为越精密的仪表，一般价格越高，维护和操作要求越高。因此，应在满足操作要求的前提下，本着节约的原则，正确选择仪表的精度等级。

（二）测压点的选择

测压点的选择对于正确测得静压值十分重要。根据流体流动的基本原理可知，测压点应选在受流体流动干扰最小的地方。如在管线上测压，测压点应选在离流体上游的管线弯头、阀门或其它障碍物 40～50 倍管内径的距离处，这样是为了使紊乱的流线经过该稳定段后在近壁面处的流线与管壁面平行，形成稳定的流动状态，从而避免动能对测量的影响。根据流动边界层理论，倘若条件所限，不能保证 40～50 倍管内径的稳定段，可设置整流板或整流管，以清除动能的影响。

（三）测压孔口的影响

测压孔又称取压孔，由于在管道壁面上开设了测压孔，不可避免地扰乱了它所在处流体流动的情况，流体流线会向孔内弯曲，并在孔内引起旋涡，这样从测压孔引出的静压力和流体真实的静压力存在误差，此误差与孔附近的流动状态有关，也与孔的尺寸、几何形状、孔轴方向、深度等因素有关。从理论上讲，测压孔径越小越好，但孔口太小使加工困难，且易被脏物堵塞，另外还使测压的动态性能差。一般孔径为 $0.5～1mm$，孔深 h/孔径 $d \geqslant 3$，孔的轴线要求垂直壁面，孔周围的管内壁面要光滑，不应有凸凹或毛刺。

（四）正确安装和使用压差计

关于安装和使用压差计，应注意以下几个方面。

（1）测压孔取向及导压管的安装、使用

① 被测流体为液体时，为防止气体和固体颗粒进入导压管，在水平或倾斜管道中取压口安装在管道下半平面，且与垂线的夹角成 $45°$。若测量系统两点间的压力差，应尽量将压差计装在取压口下方，使取压口至压差计之间的导压管方向都向下，这样气体就较难进入导压管。

② 被测流体为气体时，为防止液体和固体粉尘进入导压管，宜将测量仪表装在取压口上方。如必须装在下方，应在导压管路最低点处装设沉降器和排污阀，以便排出液体和粉尘，在水平或倾斜管中，气体取压口应安装在管道上半平面，与垂线夹角 $\leqslant 45°$。

③ 当介质为蒸汽时，以靠近取压点处冷凝器内凝液液面为界，将导压管系统分为两部分：取压点至凝液液面为第一部分，内含蒸汽，要求保温良好；凝液液面至测量仪表为第二部分，内含冷凝液，避免高温蒸汽与测压元件直接接触。引压管一般做成如图 3-13 所示的形式，该形式广泛应用于弹簧管压力计，以保障压力计的精度和使用寿命。除此之外，为了减少蒸汽中冷凝液滴的影响，常在引压管前设置一个截面积较大的冷凝液收集器。测量高黏度、有腐蚀性、易冻结、易析出固体的流体时，常采用玻璃器和隔离液，如图 3-14 所示。正负两隔离器内的两液体界面的高度应相等，且保持不变。因此隔离器应具有足够大的容积和水平截面积，隔离液除与被测介质不互溶之外，还应与之不起化学反应，且冰点足够低，能满足具体问题的实际需要，常用的隔离液见表 3-1。

表 3-1　某些介质的隔离液

测量介质	隔离液	测量介质	隔离液
氯气	98％浓硫酸或氟油	氨水、水煤气	变压器油
氯化氢	煤油	水煤气	变压器油
硝酸	五氯乙烷	氧气	甘油

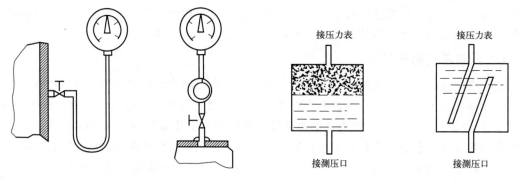

图 3-13　引压管形式　　　　　　图 3-14　玻璃器和隔离液

④ 全部导压管应密封良好,无渗漏现象,有时会因小小的渗漏造成很大的测量误差,因此安装导压管后应做一次耐压实验,实验压力为操作压力的 1.5 倍,气密性实验压力为 400mmHg 柱。

⑤ 在测压点处要装切断阀门,以便于压力计和引压导管的检修。对于精度较高的或量程较小的测量仪表,切断阀门可防止压力的突然冲击或过载。

⑥ 引压管不宜过长,以减少压力指示的迟缓。如超过 50m,应选用其他远距离传送的测量仪表。

(2) 在安装液柱式压力计时,要注意安装的垂直度,读数时视线与分界面之弯月面相切。

(3) 安装地点应力求避免振动和高温的影响,弹性压力计在高温情况下指示值将偏高,因此一般应在低于 50℃的环境下工作,或采用必要的防高温隔热措施。

(4) 在测量液体流动管道上下游两点间的压差时,若气体混入,形成气液两相流,其测量结果不可取。因为单相流动阻力与气液两相流动阻力的数值及规律性差别很大。

(5) 对于多取压点的测量系统,操作时应避免旁路流动,使测量结果准确可靠。

第二节　流量测量

化工测量中常用的流量计有差压式流量计、转子流量计和涡轮流量计等。下面对各类流量计分别进行介绍。

一、差压式流量计

差压式流量计又称定截面流量计,其特点是节流元件提供流体流动的截面积是恒定的,而其上下游的压差随着流量(流速)而变化,利用测量压差的方法来测定流体的流量(流速)。

(一) 测速管

测速管又名皮托管,其结构如图 3-15 所示。皮托管由两根同心圆管组成,内管前端敞开,管口截面(A 点截面)垂直于流动方向并正对流体流动方向。外管前端封闭,但管侧壁在距前端一定距离处四周开有一些小孔,流体在小孔旁(B)流过。内、外管的另一端分别与 U 形管压差计的接口相连,并引至被测管路的管外。

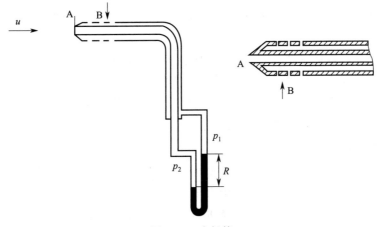

图 3-15　皮托管

皮托管 A 点应为驻点，驻点 A 的势能与 B 点的势能差等于流体的动能，即

$$\frac{p_A}{\rho}+gZ_A-\frac{p_B}{\rho}-gZ_B=\frac{u^2}{2} \tag{3-5}$$

由于 Z_A 几乎等于 Z_B，则

$$u=\sqrt{2(p_A-p_B)/\rho} \tag{3-6}$$

用 U 形管压差计指示液液面差 R 表示，则式(3-6) 可写为

$$u=\sqrt{2R(\rho'-\rho)g/\rho} \tag{3-7}$$

式中　u——管路截面某点轴向速度，简称点速度，m/s;

　　　ρ'、ρ——分别为指示液与流体的密度，kg/m^3;

　　　R——U 形管压差计指示液液面差，m;

　　　g——重力加速度，m/s^2。

显然，由皮托管测得的是点速度。因此用皮托管可以测定截面的速度分布。管内流体流量则可根据截面速度分布用积分法求得。对于圆管，速度分布规律已知，因此，可测量管中心的最大流速 u_{max}，然后根据平均流速、最大流速与 Re 及 Re_{max} 的关系 [u/u_{max} Re_{max}（或 Re），见图 3-16]，求出截面的平均流速，进而求出流量。

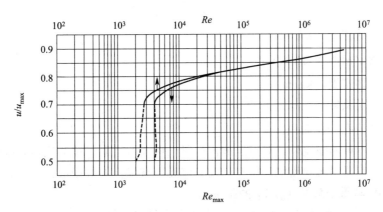

图 3-16　u/u_{max} 与 Re、Re_{max} 的关系

为保证皮托管测量的精确度，安装时要注意：

① 要求测量点前、后段有一约等于管路直径 50 倍长度的直管距离，最少也应在 8～12 倍。

② 必须保证管口截面（图 3-15 中的 A 处）严格垂直于流动方向。

③ 皮托管直径应小于管径的 1/50，最大也应小于其 1/15。

皮托管的优点是阻力小，适用于测量大直径气体管路内的流速，缺点是不能直接测出平均速度，且 U 形管压差计压差读数较小。

（二）孔板流量计

孔板流量计是一种应用很广泛的节流式流量计。在管道上插入一片与管轴垂直并带有通常为圆孔的金属板，孔的中心位于管道中心线上，如图 3-17 所示，构成的装置称为孔板流量计。孔板称为节流元件。流体流经节流元件时，流体流速变化，产生压差变化，流量愈大，压差变化愈大，因而可用压差的大小指示流量。

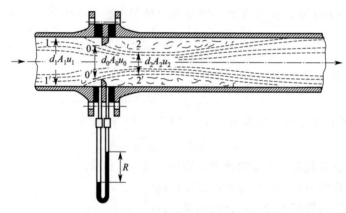

图 3-17　孔板流量计

1. 流量基本方程

由连续性方程和伯努利方程可以导出，通过流量计的流量和压差的关系方程，此方程称为流量基本方程，具体形式如下：

$$V_s = C_0 A_0 \sqrt{\frac{2gR(\rho_A - \rho)}{\rho}} \qquad (3\text{-}8)$$

式中　V_s——流体流量，m^3/s；

　　　ρ_A——指示液的密度，kg/m^3；

　　　ρ——流体密度，kg/m^3；

　　　C_0——流量系数；

　　　A_0——节流孔开孔面积，m^2。

上式适用于不可压缩流体，对可压缩流体可在该式右边乘以被测流体膨胀校正系数 ε。

流量系数一般要用实验测定，但对标准节流元件有确定的数据可查，不必进行测定。

2. 流量系数与雷诺数及 A_0/A_1 的关系

流量系数 C_0 与面积比 A_0/A_1（A_1 为孔板所在管路的横截面积）、收缩、阻力等因素有关，所以只能通过实验求取。C_0 除与 Re、A_0/A_1 有关外，还与测定压力所取的点、孔口形状、加工粗糙度、孔板厚度、管壁粗糙度等有关。这样影响因素太多，C_0 较难确定，工程上对于测压方式、结构尺寸、加工状况均作规定，规定的标准孔板的流量系数 C_0 就可以表示为

$$C_0 = f(Re, A_0/A_1) \tag{3-9}$$

实验所得 C_0 示于图 3-18。

从孔板流量计的测量原理可知，孔板流量计只能用于测定流量，不能测定速度分布。

（三）文丘里流量计

为了减少流体流经上述孔板的阻力损失，可以用一段渐缩管、一段渐扩管来代替孔板，这样构成的流量计称为文丘里流量计，如图 3-19 所示。

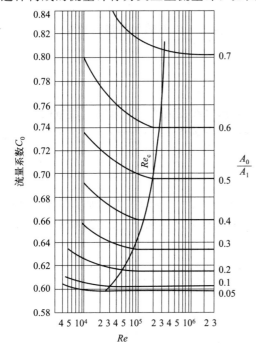

图 3-18　孔板流量计的 C_0 与 Re、$\dfrac{A_0}{A_1}$ 的关系

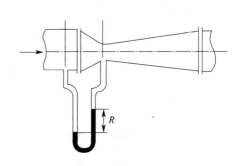

图 3-19　文丘里流量计

文丘里流量计的收缩管一般制成收缩角为 $15° \sim 25°$；扩大管的扩大角为 $5° \sim 7°$。其流量仍可用式 (3-8) 计算，只是用 C_v 代替 C_0。文丘里流量计的流量系数 C_v 一般取 $0.98 \sim 0.99$，阻力损失为：

$$h_f = 0.1 u_0^2 \tag{3-10}$$

式中　u_0——文丘里流量计最小截面（称喉孔）处的流速，m/s。

文丘里流量计的主要优点是能耗少，大多用于低压气体的输送。

（四）使用节流式流量计应注意的问题

常用的节流元件有孔板、喷嘴、文丘里管。孔板的特点是，结构简单，易加工，造价低，但能耗大。喷嘴的能耗小于孔板，但比文丘里管大，比较适合于腐蚀性大和不洁净流体的测量。文丘里管的能耗最小，基本不存在永久压降，但制造工艺复杂，成本高。

使用节流式流量计测量流量时，影响流动形态、速度分布和能量损失的各种因素都会对

流量与压差的关系产生影响，从而导致测量误差。因此使用时必须注意以下有关问题。

① 流体必须是牛顿型流体，以单相形式存在产生形变。

② 节流元件应安装在水平管道上。

③ 流体在节流元件前后必须充满整个管道截面。

④ 节流元件前后应有足够长的直管段作为稳定段，一般上游直管段长度为（30～50）d（管内径），下游直管段大于 $10d$。在稳定段中不能安装各种管件和测压、测温等测量装置。

⑤ 注意节流元件的安装方向，使用孔板时，应使锐孔朝向上游；使用喷嘴时，喇叭形曲面应朝向上游；使用文丘里管时，较短的渐缩管应装在上游。

⑥ 取压口、导压管和压差测量对流量测量精度影响很大，有关问题可参见压差测量部分。

⑦ 当被测流体密度与标准流体密度不同时，应对流量与压差的关系进行校正。

二、变截面流量计——转子流量计

转子流量计属于变收缩口、恒压头的流量计，是通过改变流通面积来指示流量的，具有结构简单、读数直观、测量范围大、使用方便、价格便宜等优点，广泛应用于化工实验和生产中。

（一）结构形式和工作原理

转子流量计的构造如图 3-20 所示，在一根截面积自下而上逐渐扩大的垂直锥形玻璃管内，装有一个能够旋转自如的由金属或其它材质制成的转子（或称浮子），被测流体从玻璃管底部进入，从顶部流出。

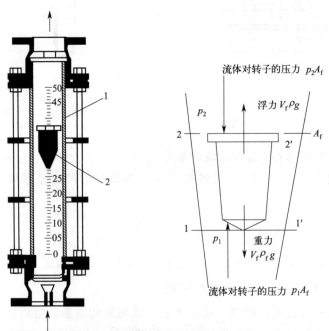

图 3-20　转子流量计

1—锥形玻璃管；2—转子

当作用于转子上的垂直向上的推力大于浸没在流体中转子的重力时，转子上浮，转子与锥形管内壁间的环隙面积增大，使流速下降，作用于转子上的垂直向上的推力也随之下降，直至推力等于转子的重力时，转子便能稳定在某一高度上，即 $(p_1 - p_2)A_f = V_f \rho_f g$。转子的平衡高度与流量大小呈一一对应的关系，可直接从锥形管刻度读出测量值。转子的流量方程为

$$V_s = C_R A_R \sqrt{\frac{2g V_f (\rho_f - \rho)}{A_f \rho}} \tag{3-11}$$

式中　ρ_f，V_f，A_f——分别为转子密度（kg/m^3）、转子体积（m^3）与转子在垂直方向上的投影面积（m^2）；

　　　　ρ——被测流体的密度，kg/m^3；

　　　　A_R——转子与玻璃管的环形截面积，m^2；

　　　　C_R——转子的孔流系数；

　　　　V_s——流过转子流量计的体积流量，m^3/s。

（二）转子流量计的刻度换算与修正

通常转子流量计出厂前，均用 20℃ 的水或 20℃、$1.013 \times 10^5 Pa$ 的空气进行标定，直接将流量值刻于玻璃管上。用转子流量计测量时，如果测量条件与标定条件不符，应进行刻度换算。在同一刻度下，假定 C_R 不变，并忽略黏度变化的影响，则被测流体与标定流体的流量关系为：

① 对液体

$$\frac{V_实}{V_标} = \sqrt{\frac{\rho_水 (\rho_f - \rho)}{\rho (\rho_f - \rho_水)}} \tag{3-12}$$

式中　$V_实$——被测流体实际流量，m^3/s；

　　　　$V_标$——转子平衡时所示流量（标定流体的流量），m^3/s；

　　　　$\rho_水$——标定条件下水的密度，kg/m^3；

　　　　ρ——被测流体密度，kg/m^3。

② 对气体

$$V_2 = V_1 \sqrt{\frac{\rho_1 p_1 T_2}{\rho_2 p_2 T_1}} \tag{3-13}$$

式中　V_2，ρ_2，p_2，T_2——被测气体在测量状态下的体积流量（m^3/s）、密度（kg/m^3）、压力（绝对压力，kPa）、温度（K）；

　　　　V_1，ρ_1，p_1，T_1——标定状态下，空气的体积流量（m^3/s）、密度（kg/m^3）、压力（绝对压力，kPa）、温度（K）。

必须注意：上述换算公式是在假定 C_R 不变的情况下推出的，当使用条件与标定条件相差较大时，则需重新标定刻度与流量的关系曲线。

同一转子流量计更换转子材料（转子几何形状不变），其流量可用下式表示

$$V_{G_2} = V_{G_1} \sqrt{\frac{G_2 - V_f \rho}{G_1 - V_f \rho}} \tag{3-14}$$

式中　V_{G_1}——转子质量为 G_1 的实际流量，m^3/s；

V_{G_2}——转子质量为 G_2 时，同一刻度表的流量，m^3/s；

V_f——转子体积，m^3；

ρ——被测流体密度，kg/m^3。

（三）安装使用时应注意的问题

① 转子流量计必须垂直安装在无振动的管道中，且流体应从下部进入。

② 转子流量计前的直管段应不少于 $5D$（D 为流量计直径）。

③ 为了便于维修应安装支路，见图 3-21。

④ 转子流量计使用时，应缓慢开闭阀门，以免流体冲力过猛，损坏锥管或将转子卡住。

⑤ 转子上附有污垢后，转子质量、环隙通道面积都会发生变化，从而引起测量误差，故要经常清洗转子和锥形管。

⑥ 选用转子流量计时，应使其正常测量值在测量上限的 $1/3\sim 2/3$ 刻度内。

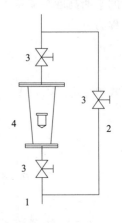

图 3-21　转子流量计的安装
1—主管道；2—分管道；
3—阀门；4—流量计

三、涡轮流量计

涡轮流量计是依据动量矩守恒原理设计的，涡轮叶片受流体的冲击而旋转，转速与流量呈一一对应关系，通过磁电转换装置，将转速转换成电脉冲信号，通过测量脉冲频率可将脉冲转换成电压或电流，从而测取流量。

涡轮流量计的优点包括：①精度高，可以做到 0.5 级以上；②反应迅速，可测脉冲流量；③量程宽，刻度线性；④耐高压，被测介质的静压可达 10MPa，且压力损失小，一般不大于 30kPa；⑤使用温度范围宽：$-200\sim +400℃$。其缺点是：制造困难，成本高，轴承易磨损，长期运转稳定性和使用寿命下降。

（一）结构与工作原理

涡轮流量计又称涡轮流量传感器，由涡轮、磁电转换装置和前置放大器三部分组成，按构造可分为切线型和轴流型，图 3-22 是轴流型涡轮流量计。

在低流体黏度和一定的流量范围内，流体的体积流量与叶轮转速间存在良好的线性关系。因此，根据叶轮转速可求出流体流量。涡轮流量计的一次仪表为涡轮变送器，叶轮是用高导磁的不锈钢制成的，叶轮的轮芯上安装着数片螺旋形叶片。导流器的作用是稳定流体的流向，避免流体在进入叶轮前自旋，以保证仪表的精度。此外，导流器上装有轴承，用以支承叶轮。磁电感应转换器由永久磁钢和感应线圈组成，安装在变送器的壳体上。当流体流过变送器时，推动叶轮旋转，导磁的叶片便周期性扫过磁钢，使磁电系统的磁阻周期性地变化，从而通过线圈的磁通量也跟着周期性地改变，因而会在线圈内感应出脉动的电信号。这一电脉冲比较微弱，经过前置放大器放大后再传送到显示仪表。

（二）涡轮流量计的特性曲线

实验证明，体积流量 V 与叶轮角速度 ω 的关系是非线性的，但当流量相当大时，ω 与 V 为近似线性关系，这一线性区间就是流量计的工作区域。线性关系可表示为

$$\omega = \xi V - a \tag{3-15}$$

式中，线性系数 ξ 为转换系数，是涡轮变送器（transmitter，输出为标准化信号的传感器）的重要特性参数。ξ 的含义是，当单位体积流量的流体流过变送器时，磁电转换器所输出的脉冲数，即

$$\xi = f/V \tag{3-16}$$

式中，f 为脉冲数，由二次仪表（secondary instrument）显示出来。在生产过程中，对测量仪表往往按换能次数来称呼，能量转换一次的称一次仪表（primary instrument），转换两次的称二次仪表。例如，对涡轮流量计，涡轮变送器是一次仪表，而显示仪表为二次仪表。所以，从脉冲数可求得体积流量，即 $V = f/\xi$。

像其他流量仪表一样，ξ 也称为流量系数，仪表出厂时，制造商取测量范围内转换系数的平均值作为仪表常数。每一个涡轮变送器都有自己的仪表常数，相互间不能混淆。并且涡轮变送器必须在其量程和所要求的流体黏度范围内使用，否则有较大的测量误差。

涡轮流量计的特性曲线有两种。

（1）ξ-V 线 即流量系数与体积流量 V 的关系曲线，见图 3-23(a)。

（2）f-V 线 即脉冲信号的频率与体积流量 V 的关系曲线，见图 3-23(b)。

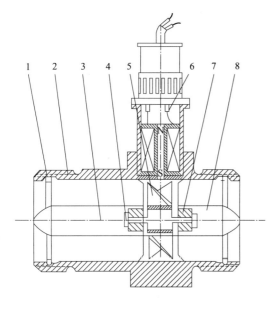

图 3-22　轴流型涡轮流量计

1—紧固件；2—壳体；3—前导流轮；
4—止推片；5—涡轮；6—电磁感应式信号检测器；
7—轴承；8—后导流轮

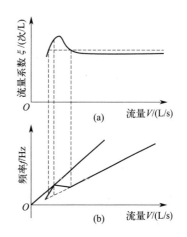

图 3-23　涡轮流量计的特性曲线

流量系数 ξ 表示流过单位体积流体对应的信号脉冲数，其单位为脉冲数/L。频率 f 表示在单位时间由于流体流动产生的脉冲数，因此 $V = f/\xi$。

一般情况下，流量系数应为常数，故流量与频率应成正比例关系，但在小流量范围内，轴承中的机械摩擦阻力和磁电转换器中的电磁反应阻力矩影响较大，使得流量系数不为常数，流量达到一定值时，流量系数才趋于常数，见图 3-23(a)，因此仅当流量达到一定值后，流量与频率才具有正比例关系。生产厂家给出的流量系数是测量范围内的平均值，是用水（或空气）作为工作介质进行标定的，该系数只适用于与水（空气）黏度相接近的流体，黏

度相差较大时，应重新标定流量系数。

（三）传感器的安装与使用

传感器的安装场所应满足其环境温度和湿度的要求，例如，LWGY-25A 型涡轮流量传感器要求环境温度为 $-20\sim +55℃$，相对湿度小于 80%；要避免有振动的场所和测量管段的振动；避免有强烈的热辐射和放射性的场所，以保护放大器；避免可能因存在外界磁场对放大器检测线路产生干扰的场所，如不能避免，应在传感器的放大器上加屏蔽罩；在有防爆要求的场所，要将放大器换成隔爆型放大器。

涡轮变送器必须水平安装，并且变送器前后要有一定长度的直管段，以消除管道内流速分布畸变或旋转流，保证仪表的测量精度。安装时应使传感器铭牌上的流向指示箭头与流体流动方向一致，流量调节阀要装在传感器的下游，且不要突然打开阀门，以避免流体对叶轮产生冲击使之突然高速旋转。

在进行测量时，一般应使上游阀门全开，以免造成流体流动状态的变化而影响测量精度。涡轮流量计工作时，必须要保证被测流体的洁净度，以减少轴承的磨损及防止涡轮被卡住。因此应在变送器前附加过滤装置，过滤器的目数为 20～60 目，并且要定期将流量计从管路上拆下进行清洗。

正常使用的传感器，一般在半年至一年内进行检修，并重新标定一次。检修时拧下传感器两端的压紧圈，从壳体中取出前导向架、后导向架、叶轮组件。要记住这些部件原来的安装位置和方向。检查传感器壳体、叶轮、轴、轴承、导向架等的磨损情况，有无异物黏附、堆积，根据需要进行清扫或更换。更换零部件后必须重新标定。

（四）智能单路数显（光柱）指示仪（MDD-2）

智能单路数显（光柱）指示仪（MDD-2）可作为涡轮流量计的二次仪表。它采用了工业仪表专用芯片和模块化设计方案，是新一代的智能化仪表。它具有数字显示和光柱显示两种显示方式，具有频率信号、热电阻各种分度、线性输入等多种输入信号。仪表所有参数及组态均通过面板按键输入，无跳线和电位器等可动部件。采用动态菜单按键操作，分为 B、C 两级菜单。B 菜单设置相关参数，并可用密码锁住；C 菜单用于现场操作。MDD-2 系列智能单路数显（光柱）指示仪的安装采用盘面式安装，安装环境不应有腐蚀性气体。

（五）安装使用时应注意的问题

① 应根据被测流体的物理性质、腐蚀性和清洁程度，选用合适的流量计类型。

② 使用时必须水平安装，否则将引起流量系数发生变化。

③ 被测流体的流动方向要与流量计所标箭头一致。

④ 流量计的工作点一般应在仪表测量范围的上限值的 50% 以上。

⑤ 流量计前应加装滤网，防止杂物进入流量计使流量计损坏。

⑥ 流量计前后应分别留出 15d（管径）和 5d 以上的直管段。

⑦ 根据流体密度和黏度考虑是否对流量计的特性进行修正。

四、体积式流量计

体积式流量计又称排量流量计（positive displacement flowmeter），简称 PD 或 PDF 流量计，在流量仪表中是精度最高的一类。它是利用具有固定容积的机械测量元件把流体连续不断地分割成一个个已知体积的部分并连续不断地排出，然后通过计数器计数单位时间或一定时间间隔内排出流体的固定容积数目而完成流量计量的体积式测量方法，又称容积式测量方法。若以 v 表示标准体积，则单位时间内由流量仪表排出 N 倍标准体积的流体的流量为：

$$V_s = Nv \tag{3-17}$$

为了提高测量精度，防止杂质进入仪表，导致转动部分被卡住或磨损，在仪表的上游管线上应安装过滤器。

（一）湿式气体流量计

湿式气体流量计（wet gas flow meter）是一种容积式流量计（volumetric flow meter），其作用原理是，当流体通过仪表时，将仪表内具有固定容积的计量室交替地充满、排空，只要测出计量室被充满的次数就可求得流体的总流量。湿式气体流量计适用于较小的工作压力及小流量下的气体计量，多用于实验室中。如图 3-24 所示，它的主要构件有圆鼓形壳体、转鼓和传动计数机构（计数器）等。固定在转轴上的转鼓是由圆筒及四个弯曲的叶片所构成的，叶片间形成四个容积相等的小室作为测量室。鼓的下半部浸没在水中，充水量由水位器指示。水作为各测量室的水封，可使它们彼此隔开。进气管位于流量计背部的中间，而出气口位于顶部。

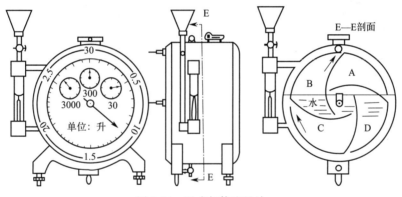

图 3-24　湿式气体流量计

在图中所示位置，B 测量室正在进气，由于气体的不断进入，B 室逐渐升起，从而带动转鼓沿顺时针方向旋转；当 B 室的左端开口转至刚离开水平位置时，B 室将开始排气。此时，D 室的右端开口则恰恰淹入水中，D 室刚刚排气结束；测量室在进气前和排气后均完全被水淹没，如此，进入测量室的一定容积的气体被排于水面上空，再由出口排出。这样气体带动转鼓周而复始地旋转，每转一周排出四个测量室容积的气体，同时由转轴带动计数器以计量其转数，从而根据转鼓转数和测量室容积可计算出气体流过的总流量。

（二）皂膜流量计

皂膜流量计是一支具有刻度线的量气管和下端盛有肥皂液的橡皮球组成的，如图 3-25 所示。当气体通过皂膜流量计的玻璃管时，肥皂液膜在气体的推动下沿管壁缓缓向上移动。在一定时间内皂膜通过上下标准体积刻度线的差值，即表示在该时间内通过的气体体积。

使用时为了保证测量精度，量气管内壁应先用肥皂液润湿，皂膜速度应小于 4cm/s，且应垂直安装。

皂膜流量计结构简单，测量精度高，可作为校准其他流量计的标准流量计使用。

（三）椭圆齿轮流量计

椭圆齿轮流量计是由两个相互啮合的椭圆形齿轮及其外壳（计量室）、计数装置构成的，如图 3-26 所示。当流体流经椭圆齿轮流量计时，由于进口和出口存在压力差，齿轮产生绕其轴旋转的力矩。每个齿轮旋转一周，则排出两倍于它和壳体所围成的弯月牙空间体积的流体，齿轮旋转的次数由计数装置计数后显示。故椭圆齿轮流量计也是一种容积式流量计。

椭圆齿轮流量计特别适合于黏度较高的流体的流量测量，如重油、润滑油及各种树脂等。

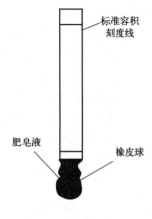

图 3-25　皂膜流量计

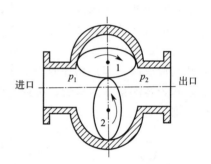

图 3-26　椭圆齿轮流量计

（四）热丝流速计

热丝流速计是以通电铂丝为传感器敏感元件的一种电测量流速的测量仪表。它主要由热丝传感元件及电路系统及显示仪表组成，如图 3-27 所示，用金属热丝测量流速，有以下两种方法：

① 使通过热丝的电流维持恒定。在此情况下，流体的流速愈大，从热丝向流动介质的传热量也愈大，因其电流保持恒定，因此热丝的温度愈低，导致金属丝的电阻愈小，达平衡后测量热丝电阻的变化就可得知流体的流速。

② 维持热丝的电阻恒定。在此情况下，当流体流速愈大时，从热丝向流动介质的传热量愈大，维持热丝温度恒定所需的电功率也愈大，因此通过热丝的电流也愈大。此时，测量电流的变化即可得知流体的流速。

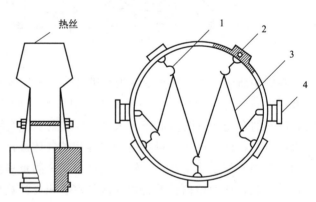

图 3-27　用铂丝制成的传感器敏感元件示意图
1—挂钩；2—绝缘材料；3—铂丝；4—连线端子

为达到以上恒定电流或恒定电阻的目的，可通过设计一定的电桥电路，用可变电阻进行调节，再在检流计上进行输出显示，最后通过有关运算，测出流速。

热丝流速计是一种非常灵敏和精确的测速仪表，特别适用于低流速的测量。

五、其他类型的流量计

（一）超声波流量计

当超声波在流体中传播时会载带流体流速的信息。因此，根据接收到的超声波信号进行分析计算，即可检测到流体的流速，进而可以得到流量值。超声波流量计由超声波换能器、电子线路和流量显示与累积系统3部分组成。超声波换能器是采用锆钛酸铅材料制成的压电元件，它利用压电材料的压电效应，采用适当的发射电路，把电能加到发射换能器的压电元件上，使其产生超声波振动，换能器一般是斜置在管壁外侧，通过声导，管道壁将声波射入被测流体。也可将管道开孔，换能器紧贴着管道斜置，换能元件通过透声膜将声波直接射入被测流体。前者无折射，后者是有折射的（也称外壁透射式），如图3-28所示。

超声波流量计的基本原理可以概括为下面3种类型。

（1）时差法　测量两个相同声波相对于流体的流速按相反方向传送所产生的时间差。

（2）声波束偏转法　测量一个波束向垂直于流体流速方向传送所产生的偏转量。

（3）多诺勒频移法　测量沿着流体流动方向传送的声波和反射的声波之间的频率差。

超声波测量不接触被测介质，尤其是在大管径测量和污水流量测量方面，其优越性尤为明显。

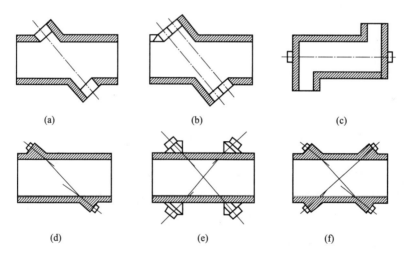

图 3-28　超声波流量计变送器的机构型式
（a）（b）（c）无折射式；（d）（e）（f）有折射式

（二）电磁流量计

电磁流量计是20世纪60年代随着电子技术的发展而产生的新型流量测量仪表，根据法拉第电磁感应定律制成，用来测量导电流体的体积流量。由于其独特的优点，目前已广泛地应用于工业上各种导电液体的测量，如各种酸、碱、盐等腐蚀性液体，各种易燃、易爆介质，各种工业污水、纸浆、泥浆等。

电磁流量计是由变送器和转换器两部分组成，被测流体的流量经变送器变换成感应电势，然后再由转换部分将感应电势转换成0～10mA统一直流标准信号作为输出，以便进行指示记录。

电磁流量计的基本原理是根据法拉第电磁感应定律，在磁感应强度为 B 的均匀磁场中，垂直于磁场方向放一个内径为 D 的不导磁管道，当导电液体在管道中以流速 u 流动时，导电流体就切割磁力线。如果在管道截面上垂直于磁场的直径两端安装一对电极（如图 3-29 所示），则可证明，只要管道内流速分布为轴对称分布，两电极之间也产生感应电动势

$$e = BD\bar{u} \qquad (3-18)$$

式中 $\bar{u}$——管道截面上的平均流速，m/s。

由此可得管道的体积流量为

$$q_V = \frac{\pi D^2}{4}\bar{u} = \frac{\pi D}{4}\frac{e}{B} \qquad (3-19)$$

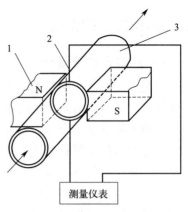

图 3-29   电磁流量计原理图
1—磁极；2—电机；3—管道

由上式可见，体积流量 q_V 与感应电势 e 和测量管内径 D 成线性关系，与磁场的磁感应强度 B 成反比，与其他物理参数无关，这就是电磁流量计的测量原理，需要说明的是，要使式(3-19)严格成立，必须使测量条件满足下列假定。

① 磁场是均匀分布的恒定磁场。

② 被测流体的流速呈轴对称分布。

③ 被测液体是非磁性的。

④ 被测液体的电导率均匀，各向同性。

电磁流量计有以下特点。

① 测量导管内无可动部件或突出于管道内部的部件，所以当流体通过时压力损失很小，同时不会产生磨损、堵塞等问题，因而特别适用于测量带有固体颗粒的矿浆、污水等液固两相流体，以及各种黏性较大的浆液等。同样，由于它结构上无运动部件，故可通过粘贴上耐腐蚀绝缘衬里和选择耐腐蚀材料制成电极，具备很好的耐腐蚀性能，使之可以测量各种具有腐蚀性的介质的流量。

② 电磁流量计是一种体积流量测量仪表，在测量过程中，它不受被测介质的温度、强度、密度以及电导率（不得低于 10^{-5}S/cm）的影响。因此，电磁流量计只需用水标定以后，就可以用来测量其他导电性液体的流量，而不需修正。

③ 电磁流量计的量程范围很宽，同一台电磁流量计的量程比可达 $1：100$。此外，电磁流量计所测流量只与被测介质的平均流速成正比，而与保证轴对称分布下的流动状态（层流，湍流）无关。它的测量口径可以从 1mm 到 2m 以上。

④ 电磁流量计无机械惯性，反应灵敏，可以测量瞬间脉动流量，而且线性好，因此，可以将测量信号直接用转换器线性地转换成标准信号输出，可就地指示，也可远距离传递。

电磁流量计也存在如下不足之处，在使用中应引起注意。

① 不能用于测量气体、含有大量气体的液体及石油制品或者有机溶剂等。

② 由于测量管内有绝缘材料衬里，受温度的限制，所以不能测量高温高压流体。

③ 电磁流量计受流速分布影响，在轴对称分布的条件下，流量信号与平均流速成正比。所以，电磁流量计前后必须有一定长度的直管段。

④ 电磁流量计易受外界电磁干扰的影响。

合理选用和正确安装电磁流量计，对保证测量的准确度，延长仪表的使用寿命都是很重

要的，选用和安装时应注意以下问题。

① 口径与量程的选择。变送器口径通常选用与管道系统相同的口径，对于电磁流量计来讲，流速以 $2\sim4m/s$ 为宜。在特殊情况下，如流体中含有固体颗粒，考虑到磨损情况，可选用流速小于或等于 $3m/s$；对于易附管壁的流体，可选用流速大于或等于 $2m/s$。变送器的量程可以根据两条原则来选择，一是仪表满量程大于预计的最大流量值；二是正常流量大于仪表满量程的 50%，以保证一定的测量精度。

② 温度和压力的选择。电磁流量计能测量的流体压力与温度是有一定限制的，选用时，使用压力必须低于该流量计规定的工作压力。目前，国内生产的电磁流量计的工作压力规格为：小于 $\phi50mm$ 口径，工作压力为 $1.6MPa$；$\phi80\sim900mm$ 口径，工作压力为 $1.0MPa$；大于 $\phi1000mm$ 口径，工作压力为 $0.6MPa$。电磁流量计的工作温度取决于所用的衬里材料，一般为 $5\sim70℃$，如做特殊处理可以超过上述范围。

③ 内衬材料与电极材料的选择。变送器的内衬材料和电极材料必须根据介质的物理化学性质来正确选择，否则仪表会由于衬里和电极的腐蚀而很快损坏。

④ 变送器的安装。应安装在室内通风干燥的地方，避免环境温度过高，不应有强大的振动，应尽量避开具有强烈磁场的设备，避免安装在有腐蚀性气体的场合。

⑤ 测量导管内必须充满液体，变送器最好垂直安装，尤其是液固两相的流体，若现场只允许水平安装，则必须保证两电极在同一水平面。电磁流量计的输出信号比较微弱，在满量程时只有 $2.5\sim8.0mV$，流量很小时，输出仅几微伏，外界略有干扰就会影响测量精度。因此，变送器的外壳、屏蔽线、测量导管以及变送器两端的管道都必须独立接地。转换部分已通过电缆线接地，切勿再行接地，以免因地电位的不同而引入干扰。

⑥ 为了避免干扰信号，变送器和转换器之间的信号必须用屏蔽导线传输，不允许把信号电缆和电源线平行放在同一电缆钢管内。

⑦ 变送器与二次仪表必须使用电源中的同一相线，否则由于检测信号和反馈信号相位差 $120°$，会使仪表工作异常。另外，如果变送器因长时间使用导管内沉积垢层，也会影响测量精度。

六、流量计的校正

对于非标准化的各种流量仪表，如涡轮流量计、转子流量计等，在出厂前都进行了流量标定，建立了流量刻度尺，或给出了流量系数、校正曲线等。需要指出的是，仪表制造厂是以空气或水为工作介质，在标定状况（对空气，$20℃$，$0.10133MPa$；对水，$20℃$）下标定得到流量数据的。在实验室或生产应用时，工作介质、压力、温度等操作条件往往和原来标定的条件不同，则在使用前需要进行校正。另外，对于自行改制（如更换转子流量计的转子）或自行制造的流量计，更需要进行流量计的标定工作。

对于流量计的标定和校正，一般采用体积法、重量法和基准流量计法。体积法或重量法是通过测量一定时间内被校正流量计排出的流体体积或质量来实现的。基准流量计法是利用一个已校正过的精度等级较高的流量计作为被校正（标定）流量计的比较基准。流量计的标定精度取决于测量体积的容器或称量的秤、测量时间的仪表以及基准流量计的精度。以上各个测量精度组成整个被标定系统的精度，即被标定流量计的精度。由此可见，若采用基准流量计法标定流量计，要提高标定的流量计的精度，即被标定流量计的精度，必须选用精度较高的流量计。

对实验而言，上述三种校正流量计的方法都可以使用。对小流量的液体流量计可以采用以量筒作为标准体积容器测量体积进行体积法标定，也可以采用天平测量质量进行标定；对大流量的流量计可以采用计量槽作为标准容器测量体积进行标定，如图 3-30 所示，或采用基准流量计法标定。对小流量的气体流量计可采用体积法标定，如图 3-31 所示。

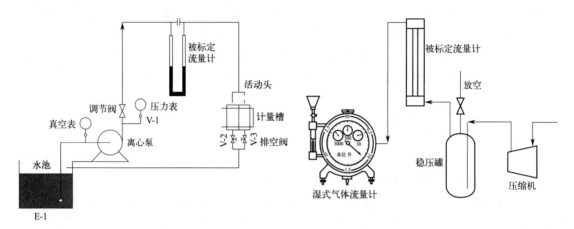

图 3-30　液体流量计的标定　　　　　　　　图 3-31　气体流量计的标定

第三节　温度测量

化工生产和科学实验中，温度是需要测量和控制的重要参数之一。通常通过不同的仪表实现对指定点温度的测量或控制，以确定流体的物性，推算物流的组成，确定相平衡数据及过程速率等。总之，温度测量和控制在化工生产和实验中占有重要地位。根据测温原理的不同，可对各种测温仪表进行分类，见表 3-2。

表 3-2　各种测温仪表的分类

	热膨胀式温度计	液体膨胀式
接触式:利用感温元件与待测物体或介质接触后,在足够长时间内达到热平衡、温度相等的特性,从而实现对物体或介质温度的测定		固体膨胀式
	压力表式温度计	充液体型
		充气体型
		充蒸汽型
	热电偶	铂铑-铂(LB)热电偶
		镍铬-考铜(EA)热电偶
		镍铬-镍硅(EU)热电偶
		铜-康铜(CK)热电偶
		特殊热电偶
	热电阻	铂热电阻
		铜热电阻
		镍热电阻
		半导体热敏电阻
非接触式:利用热辐射原理,测量仪表的感温元件不与被测物体或介质接触,常用于测量运动物体、热容量小或特高温度的场合	光学高温计	
	光电高温计	
	比色高温计	
	全辐射测温仪	

下面介绍几类常用的温度计。

一、热膨胀式温度计

(一) 玻璃管温度计

玻璃管温度计是最常用的一种测定温度的仪器，目前实验室用得最多的是水银温度计和有机液体（如乙醇）温度计。水银温度计测量范围广，刻度均匀，读数准确，但破损后会造成汞污染。有机液体（乙醇、苯等）温度计着色后读数明显，但由于膨胀系数随温度变化，故刻度不均匀，读数误差较大。玻璃管温度计又分为棒式、内标式、电接点式三种形式，见表 3-3。

在玻璃管温度计安装和使用方面，要注意以下几方面：

① 安装在没有大的振动、不易受到碰撞的设备上。特别是对有机液体玻璃温度计，如果振动很大，容易使液柱中断。

② 玻璃管温度计感温泡中心应处于温度变化最敏感处（如管道中流速最大处）。

③ 玻璃管温度计应安装在便于读数的场合，不能倒装，也尽量不要倾斜安装。

④ 为了减小读数误差，应在玻璃管温度计保护管中加入甘油、变压器油等，以排除空气等不良热导体。

⑤ 水银温度计按凸面最高点读数，有机液体温度计则按凹面最低点读数。

⑥ 为了准确测定温度，需要将玻璃管温度计的指示液柱全部没入待测物体中。

表 3-3 常用玻璃管温度计

形式	棒式	内标式	电接点式
用途规格	实验室最常用，直径 $d = 6 \sim 8$mm，长度 $l = 250$mm，280mm，300mm，420mm，480mm	工业上常用，$d_1 = 18$mm，$d_2 = 9$mm，$l_1 = 220$mm，$l_2 = 130$mm，$l_3 = 60 \sim 2000$mm	用于控制、报警等，实验室恒温槽上常用，分固定接点和可调接点两种
外形图	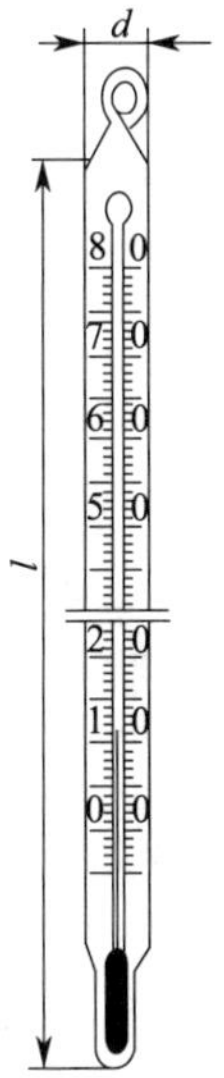	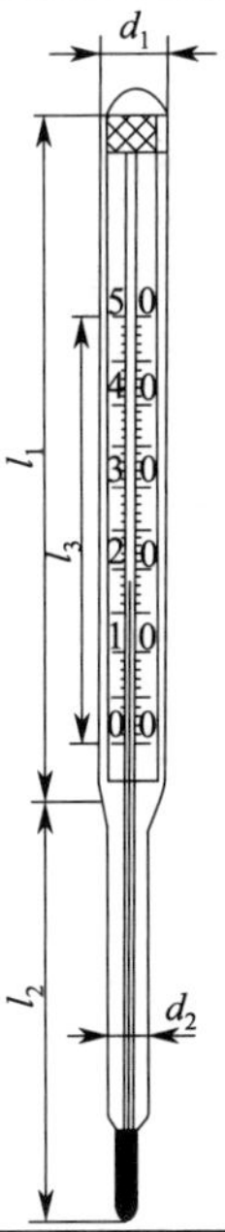	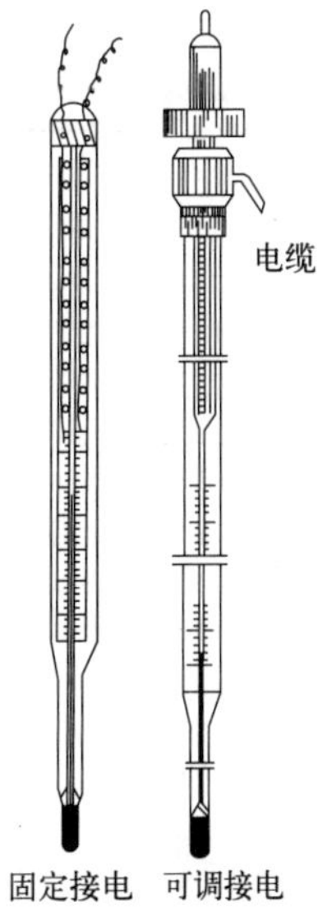 固定接电　可调接电　电缆

玻璃管温度计在进行温度精确测量时需要校正，方法有两种：与标准温度计在同一状况下进行比较；利用纯物质相变点如冰—水—水蒸气系统校正。在实验室中将被校温度计与标准温度计一同插入恒温槽中，待恒温槽温度稳定后，比较被校温度计和标准温度计的示值。如果没有标准温度计，也可使用冰—水—水蒸气的相变温度来校正温度计。

（二）双金属温度计

双金属温度计是一种固体膨胀式温度计，结构简单、牢固，可部分取代水银温度计，用于气体、液体及蒸气的温度测量。它是由两种膨胀系数不同的金属薄片叠焊在一起制成的，将双金属片一端固定，如果温度变化，则因两种金属片的膨胀系数不同而产生弯曲变形，弯曲的程度与温度变化大小成正比。

双金属温度计的常用结构如图 3-32 所示，分为两种类型：一种是轴向型，其刻度盘平面与保护管成垂直方向连接；另一种是径向型，刻度盘平面与保护管成水平方向连接。可根据操作中安装条件及观察方便来选择轴向或径向结构。双金属温度计还可以做成带上、下限接点的电接点双金属温度计，当温度达到给定值时，电接点闭合，可以发出电信号，实现温度的控制或报警功能。

目前国产的双金属温度计测量范围是 $-80 \sim +600℃$，准确度等级为 1、1.5、2.5 级，使用工作环境温度为 $-40 \sim +60℃$。

二、压力表式温度计

压力表式温度计可用于测定 $-100 \sim +500℃$ 的温度，其形式如图 3-33 所示。它利用气体、液体或低沸点液体（蒸气）作为感温物质，填充于温包 7、毛细管 6 和弹簧管 3 的密闭温度测量系统中。当温包内的感温物质受到温度作用时，密闭系统内压力变化，同时引起弹簧管弯曲率的变化，使其自由端发生位移，然后通过连杆 4 和传动机构 5 带动指针 1，在刻度盘 2 上直接显示出温度的变化值。

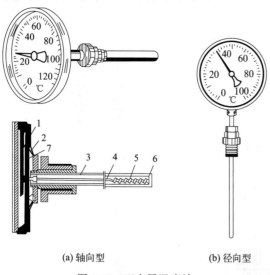

(a) 轴向型　　　　(b) 径向型

图 3-32　双金属温度计

1—指针；2—表壳；3—金属保护管；4—指针轴；
5—双金属感温元件；6—固定端；7—刻度盘

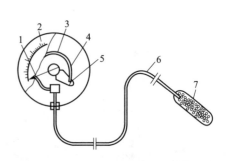

图 3-33　压力表式温度计

1—指针；2—刻度盘；3—弹簧管；4—连杆；
5—传动机构；6—毛细管；7—温包

三、热电偶温度计

（一）热电偶测温原理

把两种不同的金属丝的两端分别互相焊接，构成如图 3-34 所示的回路。如果两端的温度不同，分别为 t_1 和 t_0，则回路中就会产生热电动势。这种现象被称为热电效应。这样组成的热电偶，温度高的接头叫热端或工作端，温度低的接头叫冷端或自由端。焊接热电偶的金属丝叫偶丝。焊成的两根偶丝叫热电极，它有正极和负极之分，与仪表连接时，正极接正端，负极接负端。

热电偶产生的热电动势由两部分组成——接触电势和温差电势，其大小取决于两个热电极的材料和两端温差，与长度、直径等无关。如果热电偶冷端维持恒定（如 0℃），则热电偶的热电动势只随热端的温度变化而变化。当把热电偶连入如图 3-35 的仪表回路中，就可以用仪表读出热电动势的数值。若该热电偶是经过标准热电偶校正的，则可以直接读出准确的温度。

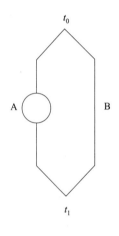

图 3-34　热电偶测温回路

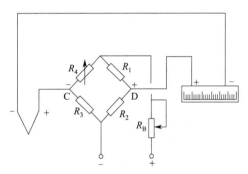

图 3-35　冷端温度补偿线路（WBC-57）

用热电偶测量温度，具有结构简单、使用方便、测量精度高、测温范围宽、热惯性小、便于远距离传送和集中检测等优点。如果将热电偶与自动检测仪表和打印记录仪表相连接，就能实现温度的控制、显示和记录。

（二）热电偶材料

各种不同材料的电偶丝可制成各类热电偶，常见的金属的热电特性见表 3-4。表中的数值是以铂作为热电偶的一极，其他材料作为另一极，保持冷端的温度为 0℃，热端的温度为 100℃时的热电动势。热电动势为正值的材料与铂组成热电偶时为正极；热电动势为负值的材料与铂组成热电偶时为负极。表中任意两种材料组成热电偶时，该热电偶的热电动势就等于这两种材料的热电动势的代数差，热电动势大的为正极。如镍铬和考铜组成热电偶，当冷端为 0℃，热端为 100℃时，热电偶的热电动势等于 6.95mV，且镍铬为正极，考铜为负极。

虽然任何两种金属导体都可以制成热电偶，用来测量温度。但是为了保证在工程技术中应用可靠，并具有足够的精度，并不是所有材料都能作为热电偶材料。一般而言，作为热电偶电极的材料应满足的要求如下：

① 在测温范围内，热电性质稳定，不随时间和被测介质变化，物理化学性质稳定，不易被氧化和被腐蚀。

② 电导率高，电阻温度系数小。

③ 由它们组成的热电偶，热电动势随温度的变化要大，并且其变化率在测温范围内接近常数。

④ 材料的机械强度高，复制性好，复制工艺简单，价格便宜。

实际上并非所有材料都能满足上述的全部要求。目前在国际上被公认的比较好的热电材料只有几种。

表 3-4　各种金属丝的热电特性

材料名称	热电动势/mV
镍铬	+2.95
铁	+1.8
铜	+0.76
镍铝	−1.2
镍	−1.94
康铜	−3.4
考铜	−4.0
铂 90%-铑 10%	−0.64

（三）标准化热电偶及常用标准化热电偶的特性

1. 标准化热电偶

所谓标准化热电偶是指由国际公认比较好的热电材料组成的热电偶，它们已被列入工业标准文件中，具有统一的分度表。标准化文件还对同一型号的标准化热电偶规定了统一的热电极材料及化学成分、热电性质和允许偏差，因此，同一型号的热电偶具有良好的互换性。表 3-5 给出了目前国际上已有的 8 种标准化热电偶的型号（或称分度号）、热电极的材料以及可测的温度范围。表 3-5 中所列的每一种型号的热电材料中前者为热电偶的正极，后者为热电偶的负极；温度测量范围是指热电偶在良好的使用环境下允许测量温度的极限，实际使用，特别是长时间使用时，一般允许测量的温度上限是极限值的 60%～80%。

表 3-5　标准化热电偶

型号标志	材料	温度范围/℃	型号标志	材料	温度范围/℃
S	铂铑$_{10}$[①]-铂	−50～1768	N	镍铬硅-镍硅	−270～1300
R	铂铑$_{13}$-铂	−50～1768	E	镍铬-镍铜合金（康铜）	−270～1000
B	铂铑$_{30}$-铂铑$_6$	0～1820	J	铁-镍铜合金（康铜）	−210～1200
K	镍铬-镍硅	−270～1372	T	铜-铜镍合金（康铜）	−270～400

① 铂铑$_{10}$ 表示铂为 90%，铑为 10%，其他依此类推。

2. 常用标准化热电偶的特性

常用的标准化热电偶有铂铑$_{10}$-铂、铂铑$_{30}$-铂铑$_6$、镍铬-镍硅、镍铬-铜镍合金（康铜）等，不同的热电偶，具有不同的特点，其性能也有所不同。

（1）铂铑$_{10}$-铂热电偶（S 型）　这是一种贵金属热电偶，由直径为 0.5mm 以下的铂铑合金丝（铂 90%，铑 10%）和纯铂丝制成。由于容易得到高纯度的铂和铂铑，因此，这种热电偶的复制精度和测量准确度都较高，可用于精密测量温度。S 型热电偶在氧化性和中性介质中具有较高的物理化学稳定性，在 1300℃ 以下的范围内可长期使用。其主要的缺点是金属材料价格昂贵；热电动势小，而且热电特性曲线的非线性较大；在高温时易受还原性介质所发出的蒸气和金属蒸气的侵害而变质，失去测量准确度。

（2）铂铑$_{30}$-铂铑$_6$热电偶（B型） 这种类型的热电偶具有S型热电偶的各种特点。由于这种热电偶的两个热电极都采用了铂铑合金，因此，提高了热电偶的抗污染能力，其长期使用温度可达1600℃。但这种热电偶产生的热电动势小，是在所有标准化的热电偶中最小的，当$t \leqslant 50$℃时，其热电动势小于$3\mu V$，因此在测量高温时基本可不考虑自由端的温度补偿。

（3）镍铬-镍硅热电偶（K型） 这是一种使用面十分广泛的贱金属热电偶，热电丝直径一般为$1.2 \sim 2.5$mm。由于热电材料具有较好的高温抗氧化性，可在氧化性或中性介质中长时间地测量900℃以下的温度。K型热电偶具有复现性好，产生的热电动势大且线性好，价格低廉等优点，虽然测量精度偏低，但完全能满足一般工业测量的要求。这种热电偶的主要缺点是在用于还原性介质中，热电极会很快被腐蚀，在此情况下，只能用于测量500℃以下的温度。

（4）镍铬-镍铜热电偶（E型） 这种热电偶在我国通称为镍铬-康铜热电偶，虽不及K型热电偶应用广泛，但它的热电动势是在所有标准化热电偶中最大的，可以测量微小变化的温度。它的另一个特点是对于高湿度气体的腐蚀不甚灵敏，宜在我国南方地区使用或环境湿度较高的工业行业中使用。镍铬-康铜热电偶的缺点是负极（铜镍合金）难以加工，热电均匀性比较差，不能用于还原介质。

用列表法表示的热电偶的热电动势与对应温度的数据表称为该热电偶的分度表。从GB/T 16839.1—2018中可以查到上述几种标准热电偶的分度表。通过对上述标准热电偶的分度表进行分析，可以得出以下结论：

① $t=0$℃时，所有型号的热电偶的热电动势均为0，当$t<0$℃时，其热电动势为负值。

② 不同型号的热电偶在相同温度下，热电动势一般相差较大，在所有标准热电偶中，B型热电偶的热电动势最小，而E型热电偶的热电动势最大。

③ 如果把温度和热电动势做成曲线，如图3-36所示，则可以得出温度与热电动势之间的关系一般为非线性；正由于热电偶的这种非线性特性，当自由端$t_0=0$℃时，则不能用测得的热电动势$E(t, t_0)$直接查分度表得t'，然后再加t_0，而应该根据

$$E(t,0)=E(t,t_0)+E(t_0,0) \quad (3-20)$$

然后再查分度表得到温度。

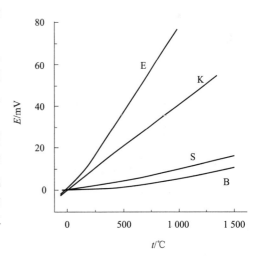

图3-36 常用热电偶的热电特性

（四）热电偶的结构形式

按热电偶的结构形式，可以将热电偶分为普通型热电偶和铠装热电偶。

普通热电偶安装的连接形式有螺纹连接、固定法兰连接、活动法兰连接和无固定装置等多种形式。虽然它们的结构和外形不尽相同，但基本组成部分大致一样，通常都是由热电

极、绝缘材料、保护套管和接线盒等主要部分组成，如图 3-37 所示。

由于实验研究要求热电偶小型化，使用灵活，寿命长，因此产生了铠装热电偶（图 3-38）。这种热电偶是用不锈钢或镍基材料作为外套管，以氧化镁、氧化铝或氧化铍作绝缘材料与热电偶结合在一起，将三者拉伸加工而成的坚实组合体。其中，采用氧化镁绝缘材料的较多，但它们都有吸湿性，易影响绝缘性能。一般常温常压下绝缘电阻应大于 20MΩ。由于铠装热电偶已实现微型化，如国际上最小的铠装热电偶直径可达 0.25mm，因此铠装热电偶的产生大大地方便了实验室的测温操作。我国统一设计的铠装热电偶规格如表 3-6 所示。

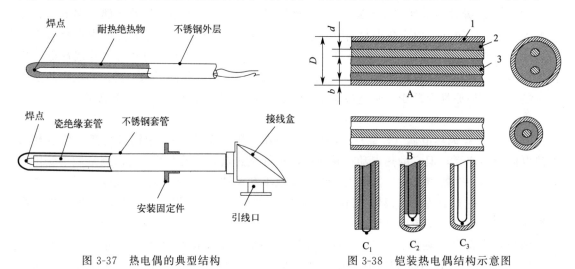

图 3-37　热电偶的典型结构

图 3-38　铠装热电偶结构示意图

1—金属外套管；2—绝缘物；3—热偶丝；A—双丝；
B—单丝；C_1—露头式；C_2—密封式；C_3—接壳式

表 3-6　铠装热电偶的规格

套管外径/mm	0.5	1.0	1.5	2.0	2.5	3.0	4.0	6.0
套管壁厚/mm	0.06	0.12	0.18	0.24	0.30	0.36	0.48	0.72
芯丝直径/mm	0.1	0.2	0.3	0.4	0.5	0.6	0.8	1.0
最大长度/m	12	30	50	80	100	150	200	250

铠装热电偶具有独特的优点，主要表现在结构紧凑、体积小、热容小、对被测温度反应快、时间常数小、有良好的机械性能、耐振动和冲击。另外，很细的铠装热电偶可绕性好，可弯曲的最小半径只有热电偶外径的 2.5 倍，能在复杂结构上测温。它的使用寿命长，又不受气氛影响，可用于化工高压装置的测温，也可将其焊接在设备各测温处。0.2~0.5mm 的铠装热电偶可以直接插入反应器内，测定反应床的温度变化。

注意：热电偶测温往往需要插入套管内。套管的导热会影响温度测量精度。在实验流程中测温应尽可能使用较细的热电偶套管。套管的安装也应考虑热传导的情况。套管外露部分应保温，避免散热。

（五）热电偶的冷端处理

热电偶的热电动势大小与材料、两接点温度有关。当材料一定，热电偶的热电动势则取决于热端和冷端的温度。因此，用热电偶测定温度时冷端的温度变化会影响测温的准确性。为了消除这种影响，将冷端温度予以处理，以得到与分度表中冷端为 0℃ 时不同热端温度所对应的热电动势值。

1. 冷端恒温法

用冰水浴将冷端保持在 0℃，这是最精确的方法。这样既能保持恒定的温度，又能消除冷端的温度变化。这种方法需要将冰和水装入保温瓶中，当冰源不方便时，也可以将冷端置于温度恒定的容器中（如 20℃ 或 30℃）。这时冷端的温度不是 0℃，必须校正。若用可调机械零点的仪表测定热电动势，应将机械零点调至恒定温度处。

2. 补偿导线法

在测温过程中，有时测温热电偶的冷端靠近热源，而且热源温度变化大，则会影响冷端温度恒定，此时可以采用补偿导线法，即采用一对热电性与热电偶相同的金属丝将热电偶相应的冷端连接起来，并将其引至另一个便于恒温的地方让冷端恒温。此时补偿导线的末端即为冷端。此法可以节约热电偶丝长度，节约贵金属材料，因而是经济的，尤其是使用贵重金属铂铑-铂热电偶时具有突出意义。表 3-7 是常用的补偿导线的技术数据。

表 3-7　常用热电偶补偿导线技术数据

热电偶	材料		绝缘层着色		100℃ 热电动势/mV	20℃ 电阻率/$10^{-6}\Omega \cdot m$ 不大于
	正极	负极	正极	负极		
铂铑$_{10}$-铂	铜	铜镍	红	绿	0.643 ± 0.023	0.0484
镍铬-镍硅	铜	康铜	红	棕	4.10 ± 0.15	0.634
镍铬-康铜	镍铬	康铜	紫	棕	6.32 ± 0.3	1.19
镍铬-考铜	镍铬	考铜	红	兰	6.95 ± 0.3	1.15

3. 冷端补偿法

在许多场合下，冷端难以保持恒温，可使用冷端补偿的方法。冷端温度虽随变化，但与某一特定的补偿器连接后可以实现自动补偿，使冷端温度保持在一恒定值。补偿为桥路，结构如图 3-35 所示，R_1、R_2、R_3 都是锰铜丝制的电阻，其温度系数很小，R_4 是铜丝制的电阻，其阻值按一定规律随温度变化。R_B 是串联在电源回路中的降压电阻，用来调整补偿电动势的大小。冷端温度补偿器的基准点是当 $R_1=R_2=R_3=R_4$ 时的温度，在此温度下 CD 两端无电位差，电桥处于平衡状态。当环境温度变化时，R_4 的阻值也随之变化，电桥不平衡，在 CD 两端产生电位差，使之正好补偿热电偶因冷端温度变化造成的热电动势变化。不同分度号的热电偶应配置不同型号的补偿器，并用补偿导线连接。在使用显示器或电子电位差计与热电偶配套测定温度时，由于这些仪表内已装有补偿装置，因此不能接补偿器。

（六）热电偶的标定

新制的热电偶或使用一定时间后的热电偶，由于氧化、腐蚀、还原、高温下再结晶等原因，造成与原分度值或标准分度表的偏差越来越大，使测量温度的精度下降，为此必须进行定期标定。

标定的方法：根据热电偶使用的测温范围，选用 4～5 种纯物质作基准物，测定热电偶在各基准物的凝固点或沸点时的热电动势，绘制温度-热电动势曲线。实验室测温范围常用的一些基准物见表 3-8。

表 3-8　常用基准物的凝固点或沸点

基准物	蒸馏水	锡	铅	锌	锑
温度/℃	100	231.97	327.3	419.58	630.74

采用基准物标定热电偶的装置如图 3-39 所示，标定热电偶时应注意以下几点。

① 控制金属熔化前的升温速度，在临近熔化温度时要以 1～2℃/min 的速度升温，直至超过凝固点停止加热；随后以 0.5℃/min 的速度降温，每 2min 记录一次电位差计的读数，其值不变时的温度即为凝固点温度。

② 基准物重复测定三次以上，取平均值。最后做出温度-热电动势曲线。

标定中若使用显示仪表，可选择基准物凝固点标定仪，并直接做出显示温度与实际温度曲线；也可以用精密的电位差计标定显示器，做出标定曲线。对分度号相同的各支热电偶应按每支标定的曲线进行实际温度测定读数，不能互换，否则就失去了标定的意义。

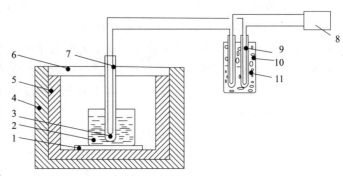

图 3-39　用基准物标定热电偶的装置

1—底座；2—坩埚与基准物；3—热电偶；4—保温层；5—炉腔与加热；6—炉盖；7—套管；8—电位差计；9—冷端连接管；10—冰浴槽；11—冰水

一般而言，热电偶适用于测量 500℃ 以上的较高温度。当温度为 500℃ 以下的中、低温时，热电偶的热电动势往往很小，对电位差计的放大器和抗干扰措施要求提高，而且在较低温度区域时冷端的温度变化和环境温度变化所引起的测量误差增大，很难得到完全补偿。

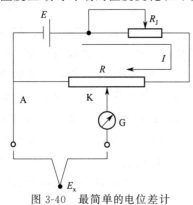

图 3-40　最简单的电位差计

（七）热电偶温度计显示仪表

热电偶温度计常采用电位差计显示。其测量原理和天平相似，利用平衡法将被测电势与已知的标准电势进行比较。最简单的电位差计参见图 3-40，图中标准电阻 R 是已知的，流过 R 的电流的大小可通过调节 R_J 使其成为一个固定值，这样 A、K 两点间的电势差 $E_{AK} = IR_{AK}$，标准电阻 R 相当于天平的砝码，检流计 G 相当于天平的指针，当被测电动势 E_x 接入线路后，G 有指示，可移动触头 K，直至 G 无指示为止，此时，$E_x = E_{AK} = IR_{AK}$，从而 E_x 与 R_{AK} 的值具有一一对应的关系。

四、热电阻温度计

（一）热电阻温度计的结构

热电阻温度计是由感温元件（热电阻）、显示仪表（不平衡电桥或平衡电桥）、连接导线等组成，如图 3-41 所示。

热电阻是热电阻温度计的测温（感温）元件，是最主要部件，是金属体。

热电阻温度计是利用金属导体的电阻值随温度的变化而变化的特性来进行温度测量的。其电阻与温度间的关系式为

$$R_t = R_{t_0}[1 + a(t - t_0)] \tag{3-21}$$

$$\Delta R_t = aR_{t_0}\Delta t \tag{3-22}$$

式中 R_t——温度为 t℃时的电阻值；

R_{t_0}——温度为 t_0℃（通常 $t_0 = 0$℃）时的
电阻值；

a——电阻温度系数；

Δt——温度的变化值，$t - t_0$；

ΔR_t——电阻值的变化量。

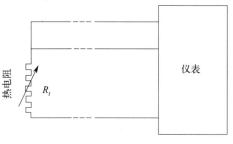

图 3-41 热电阻温度计

温度变化将导致金属导体的电阻值发生变化，因此通过测定电阻值的变化就可以达到测定温度的目的。

热电阻温度计适用于测定 $-200 \sim +500$℃范围内液体、气体以及固体表面的温度，并具有可远传、自动记录和多点测量等优点，且热电阻的输出信号大，测量准确。

（二）工业常用热电阻

虽然大多数金属导体的电阻值都随温度的变化而变化，但是它们并不都能作为测量温度的热电阻。作为热电阻的材料一般要求电阻温度系数和电阻率要大；热容要小；在整个测温范围内，应具有稳定的物理化学性质和良好的复制性；电阻值随温度的变化关系最好呈线性。但是，完全符合这些要求的热电阻材料实际上是很少的。根据具体情况，目前应用最广泛的热电阻材料是铂和铜。

1. 铂电阻（WZP 为新型号，WZB 为旧型号）

金属铂易于提纯。在氧化性介质中，甚至在高温下，其物理化学性质都非常稳定。但在还原性介质中，特别是在高温下，它很容易被污染，使铂丝变脆，并改变其电阻与温度间的关系，因此，要特别注意保护。

在 $0 \sim 650$℃的温度范围内，铂电阻与温度的关系为

$$R_t = R_0(1 + At + Bt^2 + Ct^3) \tag{3-23}$$

式中 R_t——温度为 t℃时的热电阻值；

R_0——温度为 0℃时的热电阻值；

A，B，C——常数，实验求得 $A = 3.950 \times 10^{-3}$/℃，$B = -5.850 \times 10^{-7}$/（℃)^2，$C = -4.22 \times 10^{-22}$/（℃)^3。

要确定 R_t-t 的关系，首先要确定 R_0 的大小，R_0 不同，则 R_t-t 的关系也不同，这种关系称为分度表，用分度号来表示。

铂的纯度用 R_{100}/R_0 来表示，R_{100} 代表水在沸点时铂电阻的电阻值，纯度越高，此比值越大。作为基准仪表的铂电阻，其值不得小于 1.3925。一般工业上用铂电阻温度计对铂丝纯度的要求是 R_{100}/R_0 不得小于 1.385。工业上用的铂电阻有两种，一种是 $R_0 = 10\Omega$，对应的分度号为 Pt10；另一种是 $R_0 = 100\Omega$，对应的分度号为 Pt100。

2. 铜电阻（WZC 为新型号，WZG 为旧型号）

金属铜易于加工提纯，价格便宜。它的电阻温度系数很大，且电阻与温度呈线性关系。在温度为 $-50 \sim +150$℃范围内，铜电阻具有很好的稳定性。铜电阻的缺点是当温度超过 150℃时易被氧化，氧化后失去良好的线性特性；铜的电阻率小（一般为 0.012 $\Omega \cdot mm^2/m$），为了要制得一定的电阻值，铜电阻丝必须较细，长度也要较长，从而使铜电阻的体积较大，机械性能也下降。

在$-50\sim+150℃$的温度范围内，铜电阻与温度的关系是线性的，即

$$R_t=R_0[1+a(t-t_0)] \tag{3-24}$$

式中，a 为铜的电阻温度系数，其值为 $4.25\times10^{-3}/℃$；其他符号与式（3-23）中的相同。

工业上用的铜电阻有两种：一种是 $R_0=50$，对应的分度号为 Cu50；另一种是 $R_0=100$，对应的分度号为 Cu100。它们的 $R_{100}/R_0=1.428$。

（三）热电阻的结构

热电阻的结构如图 3-42(a) 所示，它主要由感温体、保护套管和引线盒等部分组成。

感温体是由细铂丝或铜丝绕在支架上构成。由于铂的电阻率较大，而且相对机械强度较大，通常铂丝的直径在 0.05mm 以下，因此电阻丝不是太长，往往只绕一层，而且是裸丝，每匝间留有空隙以防短路。铜的机械强度较低，其电阻丝的直径较大，一般为 0.1mm，由于铜的电阻率很小，要保证 R_0，就需要很长的铜丝，因此不得不将铜丝绕成多层，这就必须用漆包铜丝或丝包铜丝。为了使电阻感温体没有电感，无论哪种热电阻都必须采用无感绕法，即先将电阻丝对折起来，如图 3-42(b) 所示那样双绕，使两个端头都处于支架的同一端。

热电阻的感温体必须防止有害气体的腐蚀，尤其是铜电阻还要防止氧化；水分浸入会造成漏电，直接影响阻值。所以工业用热电阻都要有金属保护套管。保护套管上一般附有安装固定件，以便将热电阻固定在被测设备上。

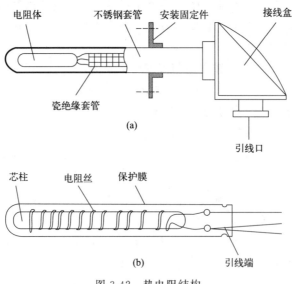

图 3-42　热电阻结构

安装热电阻时，热电阻的引线对测量结果有较大影响。目前，热电阻的引线方式有两线制、三线制和四线制三种，分别如图 3-43(a)～(c)所示。两线制是在热电阻感温体的两端各连一根导线，如图 3-43(a) 所示，这种引线方式简单、费用低，但是引线电阻及引线电阻的变化会带来附加电阻，因此两线制适用于引线不长、测量精度要求不高的场合。三线制是热电阻感温体的一端连接两根引线，另一端连接一根引线的引线方式，如图 3-43(b) 所示，当热电阻与电桥配合使用时，这种引线方式可以较好地消除引线电阻的影响，从而提高测量

精度。四线制是在热电阻感温体的两端各连接两根引线的连接方式，如图 3-43(c) 所示，其中两根引线为热电阻提供恒流源 I，在热电阻上产生电势降 $U=R_tI$，通过另两根引线引至电位差计进行测量，因此四线制完全能消除引线电阻对测量的影响，故这种引线方式主要用于高精度温度检测。但需要注意无论是三线制，还是四线制，引线必须从热电阻根部引出，而不能从热电阻的接线端子上分出。

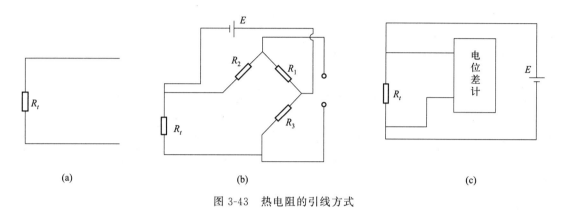

图 3-43　热电阻的引线方式

五、非接触式温度计

物体在任何温度下都有热辐射，辐射能量的大小与温度成正比，温度越高，辐射出的能量越多。辐射测温计是利用物体光谱辐射特性，即辐射能量按波长分布的特性来测量温度的。目前在辐射测温领域应用最广的是隐丝式光学高温计，其他如光电高温计、比色高温计、全辐射温度计等新型辐射测温仪器也得到了越来越多的应用。

（一）隐丝式光学高温计

光学高温计是利用物体单色辐射强度（在可见光范围内）随温度升高而增长的原理来进行高温测量的仪表。一般按黑体辐射强度来进行仪表的分度，用这样的仪表来测量灰体温度时，测出的结果将不是灰体的真正温度，而是其亮度温度（在波长 λ 的光线中，当物体在温度 T 时的亮度和黑体在温度 T_s 时的亮度相等时，则 T_s 就是该物体在波长 λ 的光线中的亮度温度）。要得到其真实温度还须修正，物体的亮度温度和真实温度有如下关系：

$$\frac{1}{T}=\frac{1}{T_s}+\frac{\lambda}{C_2}\ln\varepsilon_\lambda \tag{3-25}$$

式中　T_s——亮度温度，K；

λ——$0.65\mu m$（红光波长）；

C_2——普朗克第二辐射常数；

ε_λ——黑度系数（物体在波长 λ 下的吸收率）。

所以，在知道了物体的黑度系数 ε_λ 和高温计测得的亮度温度 T_s 后，就能用式(3-25)求出物体的真实温度。因为 $0<\varepsilon_\lambda<1$，所以测得的物体亮度温度始终低于其真实温度，且 ε_λ 越小，二者之间的差别越大。

隐丝式光学高温计由光学系统和电测系统组成，其原理如图 3-44 所示。光学系统由物镜 1 和目镜 4 构成望远系统，灯泡 3 的灯丝置于系统中物镜成像处调节目镜 4，使肉眼能清晰地看到灯丝；调整物镜1使被测物体（或辐射源）成像在灯泡3的灯丝平面上，以便比较二者的高度。目镜4和观察孔之间置有红色滤光片5，测量时移入视场，使所利用的光谱有效波长 λ 约为 $0.65\mu m$，以保证单色辐射的测温条件。从观察孔可同时看到被测物体和灯丝的隐灭过程。

由于这种光学高温计是用人眼来探测亮度平衡的，所以亮度不宜太亮或太暗，于是测温范围就会受到限制。下限取决于光学系统的孔径，通常为700℃左右，上限约为1300℃。当被测物体温度高于1400℃时，就需要降低其亮度。因此仪器的物镜1和灯泡3之间安装了灰色吸收滤光片2，当使用仪器的第二量程时，转动相应旋钮使该滤光片移入视场，以减弱被测物体的亮度，从而使光学高温计的测温范围扩展到很高的温度。

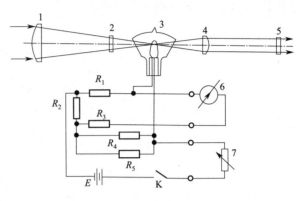

图3-44　隐丝式光学高温计原理图
1—物镜；2—吸收滤光片；3—高温计灯泡；
4—目镜；5—红色滤光片；6—测量电表；7—滑线电阻

（二）光电高温计

目测高温计以人眼作为接收器，以红色滤光片作为单色器，从而使仪器的灵敏度和测量准确度受到极大的限制。其最大的误差源为灯丝的消隐，以及不同观测者有各不相同的视觉灵敏度。

近30年来，光电探测器、干涉滤光片及单色仪的发展，使目测光学高温计在国际温标重现和工业测温中的地位逐渐下降，而更灵敏、更准确的光电高温计已取而代之，并不断发展。

光电高温计的优点如下：

① 灵敏度高。目测光学高温计的灵敏度最佳值为0.5℃，而采用光电探测器的高温计相应灵敏度可达到0.005℃，比光学高温计高两个数量级。

② 准确度高。采用干涉滤光片或单色仪后，仪器的单色性更好，所以延伸温度点的不确定度可大大降低，2000℃的不确定度可达0.25℃以下。

③ 使用的波长范围不受限制。在可见范围和红外范围均可应用，这一优点为低温辐射法测温提供了有利的条件。

④ 光电探测器响应时间短。光电倍增管可在 $10^{-6}s$ 内响应，为动态测温提供了条件。

（三）比色高温计

比色高温计有时也称为双色（多色）高温计，是利用被测对象两个不同波长（或波段）的辐射能量之比与其温度之间的关系，实现辐射测温的仪表。

双色、多色高温计的主要缺点是测量精度不高，为了保证光谱发射率 ε_λ 与波长 λ 有比较简单的关系，要求所选波长比较接近，也就是光谱辐射亮度比值相差不大，但这就影响了测量精度。

（四）全辐射温度计

热电堆全辐射温度计广泛应用于工业生产现场。它是利用物体辐射热效应测量物体表面温度的仪表。以热电堆作为探测元件，对不同波长辐射能的响应率是均匀的，因此这种仪表常称为辐射温度计或全辐射温度计。当被测物体的辐射通过光学系统聚焦于由若干对热电偶串联组成的热电堆上时，热电堆测量端上产生热电势，其大小与测量端和参考端（环境温度）的温差成正比。只要参比温度保持恒定（或予以补偿），则热电势大小就与被测物体的辐射能量成正比。

全辐射温度计的缺点是测温精度不高。但这类高温计的热电堆并非直接与高温对象接触，所以能够测量很高的温度，同时可避免有害介质对热电堆的腐蚀，延长使用寿命。与目测光学高温计相比较，它不受测量者主观（肉眼）误差影响，使用方便，价格低廉。

六、各类温度计的比较与选用

（一）各类温度计的比较

按温度计的测温原理可以将温度计分为热膨胀式、热电效应式、电阻变化式和热辐射式等多种类型。

按测量时测温元件与被测介质的接触状况，可以将温度计分为接触式和非接触式两类；接触式温度计在测温时与被测介质直接接触，而非接触式温度计在测量温度时不与被测介质接触。接触式温度计是通过感温元件与被测介质接触来实现温度测量的，由于一定时间后才能与被测介质之间达到热平衡，因此会产生测温滞后；另外，感温元件容易破坏被测对象的温度场，并有可能与被测介质发生化学反应；相对于接触式温度计而言，非接触式温度计是通过辐射来实现温度测量的，其速度比较快，无滞后现象，而且不会破坏被测对象的温度场。接触式温度计具有结构简单、测量结果可靠、测量精确的特点，但由于受材料耐高温的限制，而不能用于超过其测温上限的高温测量；而非接触式温度计由于受物体的反射率、被测对象与仪表的距离、烟尘和水蒸气等因素的影响，测量误差较大，但它没有温度上限的限制。接触式温度计测量运动物体的温度困难较大，而非接触式温度计则容易实现。

对各种温度计进行比较，其优缺点列于表 3-9。

表 3-9　各种温度计比较

形式	种类	优点	缺点
接触式	玻璃管液体温度计	结构简单，使用方便，测量准确，价格低廉	测量上限和精度受玻璃质量的限制，易碎，不能自动记录和远传
	热电偶	测温范围广，测量精度高，便于远距离、多点、集中测量和自动控制	需要冷端补偿，在低温段测量精度较低
	热电阻	测量精度高，便于远距离、多点、集中测量和自动控制	不能测量高温，由于体积大，测量点温度困难
非接触式	辐射式	感温元件不破坏被测对象的温度场，测温范围广	只能测量高温，低温段测量不准确，环境条件会影响测量准确度，对测量值进行修正后才能获得其实际温度

（二）温度计的选用

在实验研究和工业生产中，选择合适的温度计来实现温度测量和自动控制有着重要的意义。在选择和使用温度计时，必须考虑以下几个方面：

① 被测物体的温度是否需要指示、记录和自动控制。

② 是否便于读数和记录。

③ 测温范围和测量精度要求，被测温度应在温度计量程的 1/3～2/3 之间。

④ 感温元件的尺寸是否会破坏被测物体的温度场。

⑤ 被测温度不断变化时，感温元件的滞后性能（时间常数）是否符合测温要求。

⑥ 被测物体和环境条件对感温元件有无损害。

⑦ 仪表使用是否方便。

⑧ 仪表的使用寿命。

⑨ 用接触式温度计时，感温元件必须与被测物体接触良好，且与周围环境无热交换，否则温度计的示值只是"感受"到的温度，而不是真实的温度。

⑩ 感温元件在被测物体中有一定的插入深度，在气体介质中金属保护套管插入的深度应为保护套管直径的 10～20 倍，非金属保护套管的插入深度应是保护套管直径的 10～15 倍。

（三）温度计的标定

温度计标定要注意以下几点：

① 应注意温度计所感受到的温度与温度计读数之间的关系。由于仪表材料性能不同及仪表等级问题，每个温度计的精确度都不相同。另外，若随意选用一个热电偶，借用资料上同类热电偶的热电动势-温度关系来确定温度的测量值，也会带来较大误差。

② 确定温度计感受温度-仪表读数关系的唯一办法是进行实验标定。

③ 注意温度计标定所确定的是温度计感受温度和仪表读数之间的关系，这种关系与温度计实际要测量的待测温度和仪表读数之间的关系常常不同。原因是待测温度与温度计感受温度往往不相等。因此，为了提高温度测量的精确度，不仅要对温度计进行标定，而且要正确安装和使用温度计，两者缺一不可。

（四）测温元件的安装

在正确选择测温元件后，如不注意测温元件的正确安装，测量精度也得不到保证。在实验研究和工业生产中，应按如下要求来安装测温元件。

在测量管道内流体温度时，应保证测温元件与流体充分接触，以减小测量误差。因此，要求安装时测温元件应迎着被测流体流向插入，如图 3-45（a）所示，至少也须与被测流体流向正交，如图 3-45（b）所示，切勿与被测流体形成并流，如图 3-45（c）所示。

测温元件的感温点应处于管道内流速最大处。一般而言，热电偶、铂电阻、铜电阻保护套管的末端应分别越过流束中心线。

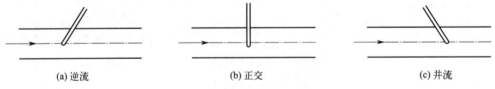

(a) 逆流　　　　　　　　　　(b) 正交　　　　　　　　　　(c) 并流

图 3-45　测温元件安装示意图之一

另外，安装测温元件时，测温元件应有足够的深度，以减小测量误差。为此，测温元件应斜插安装或在弯头处插入，如图 3-46 所示。

如果工艺管道过小（直径小于 80mm），安装测温元件应接装扩大管，如图 3-47 所示。

热电偶和热电阻的接线盒应面盖向上，以避免雨水或其他液体渗入而影响测量结果，如图 3-48 所示。

为了防止热量散失，测温元件应插在有保温层的管道或设备处。当测温元件安装在负压

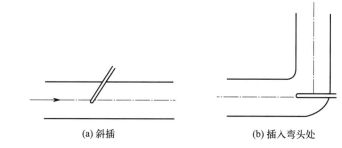

(a) 斜插　　　　　　　　(b) 插入弯头处

图 3-46　测温元件安装示意图之二

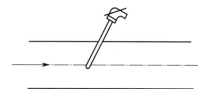

图 3-47　小工艺管道上的测温元件　　　　图 3-48　热电偶和热电阻安装示意图

管道或设备上时，必须保证其密封性，以防止外界空气进入。

第四节　功率测量

　　化工实验中，许多设备的功率在操作过程中是变化的，常需要测定功率与某个参数的变化关系（如离心泵性能测定）。测定功率的仪器常用的有：马达天平式测功器、应变电阻式转矩仪和功率表。

一、马达天平式测功器

　　马达天平式测功器是常用的测功仪表之一，具有使用可靠且准确的优点。

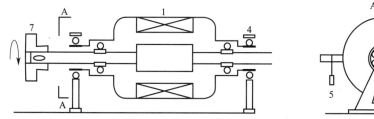

图 3-49　马达天平式测功器

1—电机定子；2—测功臂；3—砝码；4—轴承；5—平衡锤；6—准星；7—联轴节

　　装置的结构见图 3-49，在电动机外壳两端加装轴承，使外壳能自动转动，外壳连接测功臂和平衡锤，后者用以调整零位。其测量原理是电机带动水泵旋转时，反作用力会使外壳反向旋转，反向转矩大小与正向转矩相同，若在测功臂上加适当的砝码，可保持外壳不旋转，此时，所加的砝码质量乘以测功臂长度就是电机的输出转矩。电机输出功率为

$$N=\frac{2\pi}{60}Mn=0.1047Mn \tag{3-26}$$

$$M = WLg$$
$$N = 0.1047WLgn \tag{3-27}$$

式中 W——砝码质量，kg；

L——测功臂长度，m；

M——转矩，N·m；

g——重力加速度，9.8m/s²；

n——转速，r/min。

二、应变电阻式转矩仪

应变电阻式转矩仪的测量原理是电机带动水泵转动时，在空心轴的外表面与轴的母线成45°的方向产生应力，应力的大小与电机功率相对应，因此在这个位置（共4处）贴上电阻应变片，其中一对应变片 R_1、R_3〔见图3-50(a)〕，承受最大拉力，而另一对应变片承受最大压缩力，使电阻应变片阻值发生相应的变化，四片电阻应变片组成电桥，如图3-50(b)所示。电阻变化的值是 W_2、W_4 耦合输出，经放大和检波后得到输出值。

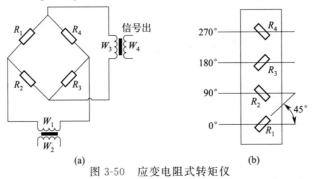

图 3-50 应变电阻式转矩仪

与马达天平式测功器相比，应变电阻式转矩仪的优点是无须增减砝码的操作且能自动记录，缺点是测试线路复杂，所用仪表较多，易出故障，准确度受仪表精度限制，不如马达天平式测功器高。

三、功率表

三相功率（瓦特）表具有两个独立的固定磁场线圈系统和两个可动元件系统，装在同一个支架上而又互相隔离，仪表实际上相当于两个单向瓦特表，如图3-51所示。两个可动元件刚性地连接在一起，并带动同一指针，仪表的测量机构采用双层高磁导率材料制的屏蔽，以减小外来磁场的影响。上下两个系统之间具有隔离屏蔽，使两个系统相互之间的影响极小。此外，固定线圈和可动线圈之间具有静电屏蔽，可以减小静电影响。仪表的可动部分用轴尖和弹簧宝石轴承支承，以减小偏转时的摩擦，并使其具有良好的抗震性能。

功率表测功法是用功率表测量电机的输入功率，然后再根据电机输入-输出功率特性曲线求出电机的输出功率。对于直接传动的泵，电机的输出功率大致等于泵的轴功率。电机的功率特性曲线示意图如图3-52所示，因此在实验前应先由实验作出电机的功率曲线，如果没有该曲线，功率表测功法只能测量出泵的机组功率。在三相功率表的使用时，仪表放在水

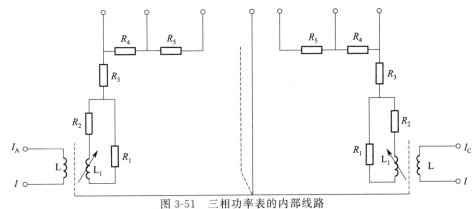

图 3-51　三相功率表的内部线路

L—固定线圈；L_1—可动线圈；R_1，R_2，R_3，R_4，R_5—电阻

平位置，并尽可能远离强电流导线或强磁场，以免仪表产生附加误差。仪表在使用前还应利用仪表盖上的零位调节器把指针调整到零位。在把仪表接入线路时应按图 3-53 所示连接；需要将功率表和电流互感器一起使用，此时实际功率为仪表指示值与电流互感器倍率的乘积，测量误差为功率误差与电流互感器的误差之和。由于电机启动时，启动功率很大，为了保护功率表，应在功率表连接线上设置开关，并在电机启动时断开功率表。

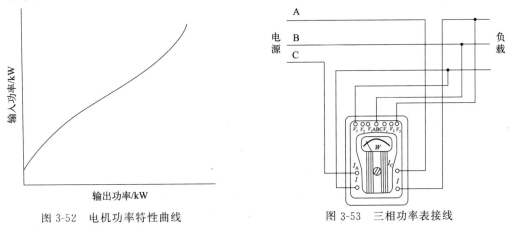

图 3-52　电机功率特性曲线　　　　　图 3-53　三相功率表接线

第五节　组成分析方法

在化工生产中，虽然可以通过控制压力、温度、液位等参数稳定生产过程，保证产品质量，但这些措施是间接的，并不能直接给出生产过程原料、中间产物、最终产物的质量情况。而且在化工实验中，往往需要确定各物料的组成情况，从而进一步确定设备的工作状态或考察设备的性能。因此，测定物料的成分对化工实验和生产过程都具有重要意义。

成分是指混合物中的各个组分，成分检测的目的是要确定某一组分或全部组分在混合物中所占的比重。从原则上说，混合物中某一组分区别于其他组分的任何特性都可以构成成分测定的基础。由于被测对象有着多种多样的性质，因此成分检测的手段也有多种。但就成分检测方法而言，主要有化学法、物理法和物理化学法三种。其中化学法和物理法是利用被测样品中待测组分的某一化学或物理性质与其他组分有较大差异而实现的，物理化学法主要是依据待测组分在特定介质中表现出来的物理化学性质不同来分析待测组分的含量。

一、化学法

在以水为溶剂吸收空气中氨的实验中，需要测定尾气中氨的含量。根据氨的化学性质，氨极易溶于水，在水中主要以 $NH_3 \cdot H_2O$ 的形式存在，而且氨能电离生成 NH_4^+ 和 OH^-，具有弱碱性。可以利用如图 3-54 所示的测定装置，采用灵敏度高且准确的化学法——酸碱滴定法测定氨的浓度，即将尾气通入分析器，当定量的硫酸被尾气中的氨刚好中和时，则

$$2NH_3 + H_2SO_4 \Longrightarrow (NH_4)_2SO_4 \tag{3-28}$$

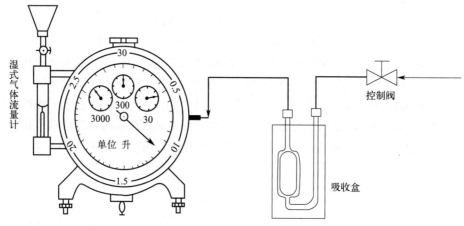

图 3-54　尾气中氨浓度测定装置

在分析前，将浓度为 $c(mol/L)$、体积为 $V_s(mL)$ 的硫酸溶液加到吸收盒内，并加入适量指示剂和水。检查尾气控制阀是否处于关闭状态，连接好吸收盒，并读出湿式气体流量计的初始值（累计值），打开尾气控制阀使尾气成单个气泡连续不断地进入吸收盒，当吸收盒内液体刚好变色时，说明吸收盒内的硫酸刚好完全与尾气中的氨反应，立即关闭尾气控制阀，并读出湿式气体流量计指针指示的累计流量，从而确定尾气中相应的空气的体积 $V_{空气}$，当吸收盒内的硫酸刚好被中和时，根据式(3-29)，参与反应的氨的物质的量在数值上与所加入的硫酸的物质的量的 2 倍相等，则尾气中氨的体积（标准状况下）为

$$V_{NH_3}(标) = 22.4 \times 2 \times V_s \times 10^{-3} \times c \tag{3-29}$$

式中　V_s——加入吸收盒的硫酸体积，mL；

　　　c——加入吸收盒中硫酸的浓度，mol/L；

　　22.4——标准状况下氨气的摩尔体积，L/mol。

根据尾气中空气流经湿式气体流量计的温度、压力，将测量流量得到的空气流量换算成标准状态下的流量

$$V_{空气}(标) = \frac{p T_0}{p_0 T} V_{空气} \tag{3-30}$$

式中　T_0——标准状态的温度，273.15K；

　　　p_0——标准状态的压力，760mmHg；

　　　T——尾气中空气流经湿式气体流量计的温度，K；

　　　p——尾气中空气流经湿式气体流量计的压力（绝压），mmHg。

则尾气中氨的浓度为 $Y = \dfrac{V_{NH_3}(标)}{V_{空气}(标)}$。

二、物理法

在混合物中，由于各组分的物理性质的差异，某一组分的含量发生变化，混合物的某一物理性质（如密度、折射率、电导率等）也随之发生改变，因此可以通过测定混合物的某一物理性质来确定某一组分的含量。使用物理法来确定混合物中某一组分的浓度时，一般用于混合物中组分数目较少的场合，且需要明确知道混合物中有哪些组分，同时，需要先将混合物中所包含组分的纯物质在一定状态下配制成一系列浓度的混合物，并在确定的状态下测出不同浓度下某一物理性质的值，绘制出浓度与该物理性质之间的回归曲线或回归方程式，以便于实际使用。

（一）比重天平

比重是指某一物质的密度与 4℃下水的密度之比，也称为相对密度。比重天平的结构如图 3-55 所示，将液体比重天平安装在平稳不受震动的水泥台上，其周围不得有强力磁源及腐蚀性气体。在横梁末端的钩子上，挂上等重砝码。调节水平调节螺丝，使横梁上的指针与托架指针成水平线相对，天平即调成水平位置，当无法调节平衡时，可将平衡调节器的定位小螺丝钉松开，然后略微轻动平衡调节器，直到平衡为止，仍将中间定位螺丝钉旋紧防止松动，再将等重砝码取下，换上整套测锤，此时天平必须保持平衡。将恒温的待测液体倒入玻璃量筒，测锤浸没于液体中时，由于受到浮力而使横梁失去平衡，此时可在横梁的 V 形槽里放置相当质量的砝码，使横梁恢复平衡，从而可求出液体比重。

使用方法：先将测锤和玻璃量筒用纯水或酒精洗净；再将支柱紧固螺钉旋松，将托架升高到适当高度；横梁置于托架的玛瑙刀座上；用等重砝码挂于横梁右端的小钩上；使水平调节器上的小螺钉松开，然后略微转动平衡调节器直至平衡为止；将等重砝码取下，换上测锤，然后将已恒温的待测液体倒入玻璃量筒内，使测锤浸入待测液体中央，要求被测溶液完全淹没测锤；由于液体浮力使横梁失去平衡，在横梁 V 形刻度槽与小钩上加放各种砝码使之平衡，根据横梁上砝码的总和按表 3-10 的比重天平读数方法读出所测液体比重的值。

比重天平操作简单，适用于组分数目少的液体混合物中某一组分的浓度测定。对液体物质而言，物质的密度会随着温度的变化而改

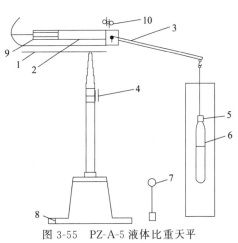

图 3-55 PZ-A-5 液体比重天平

1—托架；2—横梁；3—玛瑙刀座；4—支柱紧固螺钉；5—测锤；6—玻璃量筒；7—等重砝码；8—水平调节螺钉；9—平衡调节器；10—重心调节器

变，当然液体混合物的比重也与所处温度有关，当比重天平实际测定被测液体温度与测定浓度曲线时的测定温度不同时，会使测量误差增大。另外，采用比重天平测定需要将测锤放入被测液体中，因此取样量较大。

表 3-10　比重天平的读数方法

放在小钩上与 V 形槽砝码重	1g	100mg	10mg	1mg
V 形槽上第 1 位代表的数	0.1	0.01	0.001	0.0001
V 形槽上第 9 位代表的数	0.9	0.09	0.009	0.0009
V 形槽上第 8 位代表的数	0.8	0.08	0.008	0.0008

（二）阿贝折射仪

单色光从一种介质进入另一种介质就会发生折射现象，在定温下单色光的入射角 i 的正弦和折射角 r 的正弦之比等于它在两种介质中的传播速度 v_1、v_2 之比，即

$$\frac{\sin i}{\sin r} = \frac{v_1}{v_2} = n_{1,2} \tag{3-31}$$

式中，$n_{1,2}$ 为折射率，对给定的温度和介质为一常数。

当 $n_{1,2} > 1$ 时，则入射角 i 必定大于折射角 r，这时光线由第一种介质进入第二种介质时则折向法线。如图 3-56 所示，在一定温度下，对给定的两种介质而

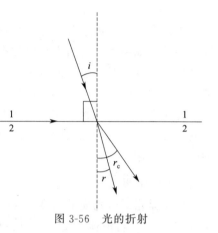

图 3-56　光的折射

言，折射率为常数，因此，当入射角 i 增大时，折射角 r 也必定相应地增大，当入射角增大到极值 90°时所得到的折射角称为临界折射角（r_c）。显然，图 3-56 中从法线左边入射的光线折射入第二种介质内时，折射线都应落在临界折射角之内。当固定一种介质时，临界折射角的大小和表征第二种介质的性质的折射率之间有简单的函数关系。阿贝折射仪正是根据这一原理而设计的。

阿贝折射仪是测量固体和液体折射率的常用仪器，同时，还可测量出不同温度时的折射率。测量范围为 1.3～1.7，可以直接读出折射率的值，操作简便，测量比较准确，精度为 0.0003。测量液体时所需样品很少，测量固体时对样品的加工要求不高。

阿贝折射仪可分为单目镜、双目镜、数字式三种。虽然结构有所不同，但其光学基本原理相同，单目镜阿贝折射仪的结构如图 3-57 所示，折射仪视场示意图如图 3-58 所示。

阿贝折射仪的使用方法如下：

（1）恒温。先将阿贝折射仪置于光线充足的位置，再将进光棱镜座和折射棱镜座上恒温的水进出口管接头与超级恒温槽用橡皮管连接好，然后将恒温水浴的温度控制装置调节到所需的测量温度。待水浴温度稳定 5min 后，即可开始使用。

（2）加样。打开进光棱镜用少量乙醚或无水乙醇清洗镜面，用擦镜纸将镜面擦干，待镜面干燥后，将被测液体用干净滴管加在折射棱镜表面，并将进光棱镜盖上，旋转手轮锁紧，使液层均匀充满视场。

（3）对光和调整。打开遮光板，合上反射镜，调节目镜视度，使十字成像清晰，此时旋转左手轮并在目镜视场中找到明暗分界线的位置，再旋转手轮使分界线不带任何彩色，微调手轮，使分界线位于十字线的中心，再适度转动聚光镜，此时目镜视场下方显示的示值即为被测液体的折射率。

（4）测量结束。先将恒温水浴的电源关掉，然后将棱镜表面擦干净。如果较长时间不用，应将与恒温水浴相连接的橡皮管卸掉，并将棱镜恒温夹套中的水放干净，然后将阿贝折射仪放到仪器箱中。

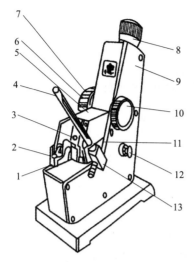

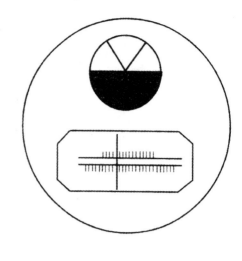

图 3-57　单目镜阿贝折射仪结构示意图　　　　　　图 3-58　折射仪视场示意图

1—反射镜；2—转轴；3—遮光板；4—温度计；5—进光棱镜座；
6—色散调节手轮；7—色散值刻度圈；8—目镜；9—盖板；10—锁紧轮；
11—折射棱镜座；12—聚光镜；13—温度计座

其他的注意事项如下：

① 应在恒温条件下测定折射率，否则会影响测试结果。

② 仪器如果长时间不用或者测量有偏差时，可在折射棱镜的抛光面上加 1～2 滴溴代萘，再贴上标准试样进行校正。

③ 保持仪器的清洁，严禁用手接触光学零件，光学零件只允许用丙酮、二甲醚等清洗，并用擦镜纸轻轻擦拭。

④ 仪器应避免强烈震动或撞击，以防止光学零件损伤影响其精度。

阿贝折射仪的仪器校正：仪器应定期进行校正，对测量数据有怀疑时也要进行校准。校准用蒸馏水或玻璃标准块。如测量数据与标准有误差，可用钟表螺丝刀通过色散校正手轮中的小孔，小心旋转里面的螺钉，使分划板上的交叉线上下移动，然后再进行测量，直到测量值符合要求为止。样品为标准块时，测量要符合标准块上所标定的数据。

思考题

1. 为什么实验前应排除管路及导压管中积存的空气？如何排除？怎样检查空气已排尽了？什么情况下流量计需要标定？

2. U 形管压差计装设的平衡阀有何作用？在什么情况下应打开？在什么情况下应关闭？

3. 测压孔大小和位置、测压管的粗细和长短对实验有无影响？为什么？

4. 如何根据测温范围和精度要求选用热电阻？

5. 热电偶测温时，如采用冰点槽进行冷端温度补偿，应如何接线？此时得到的热电动势是否需要进行计算修正？

6. 热电偶的热电特性与哪些因素有关？

7. 热电阻测温时，为什么要采用三线制接法？

8. 热电偶的结构与热电阻的结构有什么异同之处？

9. 功率表的工作原理是什么？如何正确接线、读数及测量？

第四章

单元操作实验

实验一　流体流动阻力测定实验

1. 实验目的

① 掌握测定管路流动摩擦系数和阻力系数的一般实验方法。

② 测定流体流过直管时的摩擦阻力，求摩擦系数 λ，并标绘 λ-Re 曲线。

③ 测定流体流过管件时的局部阻力，求出阻力系数 ζ。

2. 实验原理

流体在管路中流动时，由于黏性力和涡流的存在，产生流动阻力。因此，不可避免地要消耗一定的机械能，流动阻力可分为直管阻力和局部阻力两种。

（1）直管阻力系数的测定

根据伯努利方程式，流体在水平等截面直管内作稳定流动时的能量损失可用下式计算

$$h_{\mathrm{f}} = \frac{\Delta p_{\mathrm{f}}}{\rho} = \lambda \frac{l}{d} \frac{u^2}{2} \tag{4-1}$$

即

$$\lambda = \frac{2 d \Delta p_{\mathrm{f}}}{\rho l u^2} \tag{4-2}$$

式中　λ——直管阻力摩擦系数，无量纲；

　　　　d——直管内径，m；

　　　Δp_{f}——流体流经 l 米直管的压力降，Pa；

　　　h_{f}——单位质量流体流经 l 米直管的机械能损失，J/kg；

　　　ρ——流体密度，kg/m^3；

　　　l——直管长度，m；

　　　u——流体在管内流动的平均流速，m/s。

滞流（层流）时，

$$\lambda = \frac{64}{Re} \tag{4-3}$$

$$Re = \frac{d u \rho}{\mu} \tag{4-4}$$

式中　Re——雷诺准数，无量纲；

μ——流体黏度，Pa·s。

湍流时 λ 是雷诺准数 Re 和相对粗糙度（ε/d）的函数，须由实验确定。

欲测定 λ，需确定 l、d，测定 Δp_f、u、ρ、μ 等参数。l、d 为装置参数（装置参数表格中给出），ρ、μ 通过测定流体温度，再查有关手册而得，u 通过测定流体流量，再由管径计算得到。

例如本装置采用转子流量计测流量 q_V。

$$u = \frac{q_V}{\frac{\pi d^2}{4}} \tag{4-5}$$

Δp_f 可用 U 形管压差计、倒置 U 形管压差计、直管压差计等液柱压差计测定，或采用差压变送器和二次仪表显示。

① 当采用倒置 U 形管液柱压差计时

$$\Delta p_f = \rho g R \tag{4-6}$$

式中　R——水柱高度，m。

② 当采用 U 形管液柱压差计时

$$\Delta p_f = (\rho_0 - \rho) g R \tag{4-7}$$

式中　R——液柱高度，m；

　　　ρ_0——指示液密度，kg/m^3；

　　　ρ——流体密度，kg/m^3。

压降 Δp_f 可由两端与测压孔连接的压差计测出，流量 q_V 由转子流量计测得，根据实验装置结构参数 l、d，指示液密度 ρ_0、流体密度 ρ 和黏度 μ 由液体的温度查取。在管壁粗糙度、管长、管径一定的情况下，以水作物系，由调节阀控制水的流量。测定不同流速下的压降，分别计算 Re 和 λ，作出 λ-Re 的曲线图。

（2）局部阻力系数的测定

局部阻力通常有两种表示方法，即当量长度法和阻力系数法。

① 当量长度法。流体流过某管件或阀门时，因局部阻力造成的损失，相当于流体流过与其具有相当管径长度的直管的阻力损失，这个直管的长度称为当量长度，用符号 l_e 表示，即

$$h_f' = \lambda \frac{l_e}{d} \frac{u^2}{2} \tag{4-8}$$

② 阻力系数法。流体通过某一管件或阀门时的阻力损失用流体在管路中的动能系数来表示，这种计算局部阻力的方法称为阻力系数法，即

$$h_f' = \frac{\Delta p_f}{\rho} = \zeta \frac{u^2}{2} \tag{4-9}$$

式中　ζ——局部阻力系数，无量纲；

　　　u——在小截面管中流体的平均流速，m/s；

　　　ρ——流体密度，kg/m^3；

　　　Δp_f——局部压降，Pa。

待测的管件和阀门由现场指定。本实验采用阻力系数法表示管件或阀门的局部阻力损失。

根据连接管件或阀门两端管径中小管的直径 d、指示液密度 ρ_0、流体温度 t_0（查流体

物性 ρ、μ）及实验时测定的流量 q_V、液柱压差计的读数 R，通过式（4-5）、式（4-6）或式（4-7）、式（4-9）求取管件或阀门的局部阻力系数 ζ。

一般管件两侧距测压孔间的直管长度很短，引起的摩擦阻力与局部阻力相比，可以忽略不计。因此 h_f' 值可应用柏努利方程由压差计读数求取，这种测量方法存在阻力系数测量值与经验值相差较大的问题。为了提高阀门局部阻力测量的精准度，采用四点法测量。

3. 实验装置与流程

（1）实验流程

实验流程见图 4-1。

（2）实验装置

实验装置如图 4-1 所示，主要由泵、高位槽、不同管径/材质的管子、各种阀门管件、转子流量计等组成。第一、二根为不锈钢管，第三根为镀锌铁管，分别用于光滑管内湍流、层流以及粗糙管内湍流阻力的测定；第四根为不锈钢管，装有待测弯头、闸阀和孔板/文丘里流量计，用于局部阻力的测定和流量计的校正。

水流量采用转子流量计测量，光滑管湍流流动阻力、直管段层流流动阻力、粗糙管流动阻力以及孔板/文丘里流量计的压降和永久压降由五台差压变送器和数显表测得，弯头局部阻力和闸阀的四点法阻力测定采用三台倒 U 形管压差计测得。

（3）设备参数

装置结构尺寸如表 4-1 所示。

表 4-1 管路流动阻力与局部阻力实验装置结构尺寸

名称	材质规格	管内径/mm	测试段长度/m
层流管	304 不锈钢管，$\phi14mm\times2mm$	10.0	2.5
光滑管	304 不锈钢管，$\phi32mm\times3mm$	26.0	2.5
粗糙管	镀锌铁管，$\phi32mm\times3mm$	26.0	2.5
局部阻力管	304 不锈钢管，$\phi32mm\times3mm$	26.0	
孔板	304 不锈钢管，$\phi32mm\times3mm$	26.0	孔径 16.83mm
文丘里管	304 不锈钢管，$\phi32mm\times3mm$	26.0	孔径 14.92mm

4. 实验步骤及注意事项

（1）实验步骤

① 熟悉实验装置系统，确认所有阀门处于关闭状态。

② 水箱灌水：打开高位槽进水阀 VA15，打开 VA01 放水至水箱液位 2/3～4/5 处停止，关闭 VA01 及 VA15。

③ 启动泵：启动离心泵，泵正常启动后，调节离心泵转速至 2200r/min，全开 VA02。

④ 排气：全开泵出口调节阀 VA02 之后，打开阀 VA03、VA07、VA08 及 VA12，对光滑管和粗糙管进行排气，待气排尽后，对压差传感器 PDI01 及 PDI03 进行排气，然后关闭 VA07 及 VA08。打开 VA09、VA10 和 VA11，对管件所在的管路（第四根）进行排气，待气排尽后，对倒 U 形管压差计及压差传感器 PDI04 和 PDI05 进行排气，然后关闭 VA03、VA09、VA10、VA11 及 VA12。打开 VA15、VA06、VA05 及 VA13，对层流管路进行排气，待气排尽后，对压差传感器 PDI02 进行排气，然后关闭 VA06、VA05 及 VA13、VA15。排气全部结束，此时设备处于待测状态。

⑤ 实验数据测定

第一步：光滑管和粗糙管流动阻力测定，打开 VA03、VA07 及 VA08，调节 VA12 使

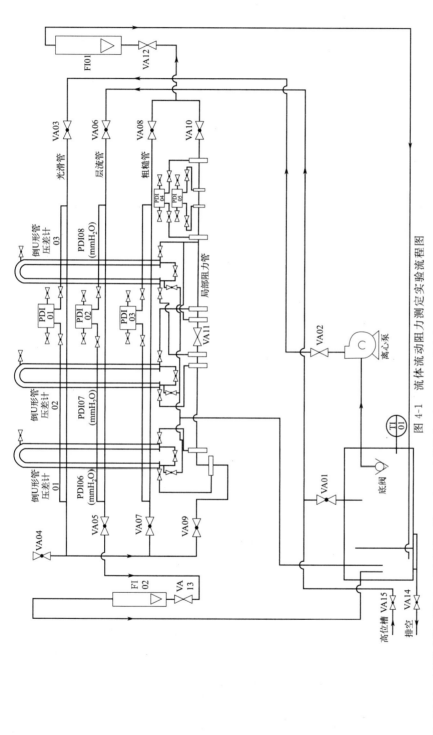

图 4-1　流体流动阻力测定实验流程图

阀门：VA01—水箱进水阀，VA02—离心泵出口阀，VA03—光滑管出口阀，VA04—排气阀，VA05—层流管进口阀，VA06—层流管出口阀，VA07—粗糙管流量调节阀，VA08—粗糙管出口阀，VA09—局部阻力管进口阀，VA10—局部阻力管出口阀，VA11—阀门阻力调节阀，VA12—光滑管/粗糙管/局部阻管流量调节阀，VA13—层流管流量调节阀，VA14—放空阀，VA15—高位槽进水阀

流量：FI01—光滑管/粗糙管/局部阻力管流体流量，FI02—层流管流体流量

压差：PDI01—光滑管压差，PDI02—层流管压差，PDI03—粗糙管压差，PDI04—孔板/文丘里流量计压差，PDI05—孔板/文丘里流量计永久损失压差，PDI06—弯头局部阻力压差，PDI07—阀门局部阻力远端压差（mmH₂O），PDI08—阀门局部阻力远端压差（mmH₂O）

温度：T01—水温

流量从 $1.0\,\mathrm{m^3/h}$ 升到 $6.0\,\mathrm{m^3/h}$，间隔 $0.5\,\mathrm{m^3/h}$，记录当下转子流量计 FI01 读数和压差传感器 PDI01 和 PDI03 的压差数值。注意每个流量测量点需要稳定 3 分钟以上。全部数据测完后，依次关闭 VA12、VA07 及 VA08。

第二步：局部阻力测定，打开 VA09、VA10，全开闸阀 VA11，调节 VA12 使流量从 $2.0\,\mathrm{m^3/h}$ 升到 $5.0\,\mathrm{m^3/h}$，间隔 $0.5\,\mathrm{m^3/h}$，记录当下转子流量计 FI01 读数和 3 个倒 U 形管压差计上的水柱高度值。注意每个流量测量点需要稳定 1~3 分钟。全部数据测完后，依次关闭 VA12、VA09、VA10、VA11、VA03 及 VA02，关闭泵。

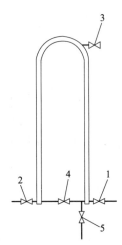

第三步：层流流动阻力测定，打开高位槽进水阀 VA15，打开 VA06 和 VA05，调节 VA13 使流量从 $10\,\mathrm{L/h}$ 升到 $50\,\mathrm{L/h}$，间隔 $5.0\,\mathrm{L/h}$，记录当下转子流量计 FI02 读数和压差传感器 PDI02 的压差数值。注意每个流量测量点需要稳定 3 分钟以上。全部数据测完后，依次关闭 VA13、VA06、VA05 及 VA15。

（2）倒 U 形管压差计的使用

倒 U 形管差压计内充空气，待测液体液柱差表示了压差大小，一般用于测量液体小压差的场合。其结构如图 4-2 所示。

使用的具体步骤如下：

① 排出系统和导压管内的气泡：关闭进气阀门 3 和出水阀门 5 以及平衡阀门 4，打开高压侧阀门 2 和低压侧阀门 1 使水经过系统管路、导压管、高压侧阀门 2、倒 U 形管、低压侧阀门 1 排出系统。

图 4-2　倒 U 形管压差计示意图
1—低压侧阀门；2—高压侧阀门；
3—进气阀门；4—平衡阀门；5—出水阀门

② 玻璃管吸入空气：排空气泡后关闭阀门 1 和阀门 2，打开平衡阀门 4、出水阀门 5 和进气阀门 3，使玻璃管内的水排净并吸入空气。

③ 平衡水位：关闭阀门 4、5、3，打开阀门 1 和 2，让水进入玻璃管至平衡水位（此时系统中的出水阀门是关闭的，管路中的水在静止时 U 形管中的水位是平衡的），如若水位不平衡，打开平衡阀使水位平衡，然后关闭平衡阀 4，压差计即处于待用状态。

（3）压差传感器的使用

图 4-3 为压差传感器的示意图。

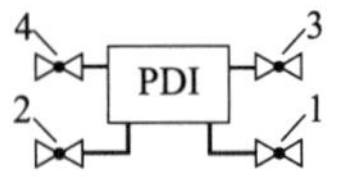

图 4-3　压差传感器示意图
1—低压侧阀门；2—高压侧阀门；
3—右侧排气阀；4—左侧排气阀

使用的具体步骤如下：

① 排出系统的气泡。方法为：打开阀门 1、2、3、4，排尽管内的气泡以后，关闭阀门 3、4。

② 关闭阀门 1、2，压差传感器即处于待使用状态。

测压差时打开阀门 1、2，即可测量压差。

（4）注意事项

① 开启、关闭管道上的各阀门及倒 U 形管压差计上的阀门时，一定要缓慢开关，切忌用力过猛过大，防止测量仪表因突然受压、减压而受损（如玻璃管断裂、阀门滑丝等）。管路系统排气，打开出口调节阀，让水流动片刻，将管路中的大部分空气排出，然后将出口阀关闭，反复 2~3 次，排气结束后，关闭平衡阀。

② 将出口控制阀开至最大，观察最大流量变化范围或最大压差变化范围，据此确定合

理的实验布点。在测试过程中，始终保持测试一根管子的 λ 或 ζ，其余管子两端阀门必须关闭，以确保流量测试的准确性。

③ 用转子流量计上的阀门调节管路中的流量，每次改变流量后，必须待流动稳定后，才能记录数据。

④ 实验结束时，先打开平衡阀，关闭出口控制阀，再关闭离心泵电源，最后关闭总电源。

5. 实验报告要求

① 列表计算直管摩擦阻力系数 λ，用坐标纸标绘 λ-Re 曲线。

② 计算流过管件时的局部阻力系数 ζ。

注意：数据处理必须列出计算示例。

③ 对实验结果进行分析讨论。

6. 思考题

① 在对装置做排气工作时，是否一定要关闭流程尾部的流量调节阀？为什么？

② 如何检验测试系统内的空气是否已经被排除干净？

③ 在不同设备（包括不同管径）上，不同水温下测定的 λ-Re 数据能否关联在同一条曲线上？

④ 若将水平直管倾斜一定的角度，其直管阻力损失关系是否变化？

⑤ 如果测压口、孔边缘有毛刺或安装不垂直，对静压的测量有何影响？

7. 数据记录表

实验装置号：_____   大气压：_____（kPa）   水温：_____（℃）

（1）层流摩擦系数

直管材质：_____   直管内径：_____（m）   直管长度：_____（m）

序号	流量 q_V/(L/h)	压差 Δp/Pa
1		
2		
3		
4		
5		
6		
7		
8		

（2）湍流摩擦系数

直管材质：_____   直管内径：_____（m）   直管长度：_____（m）

序号	流量 q_V/(m³/h)	光滑管压差 Δp/kPa	粗糙管压差 Δp/kPa
1			
2			
3			
4			
5			
6			
7			
8			

（3）弯头、阀门阻力系数

直管材质：_____   直管内径：_____（m）

序号	流量 q_V/(m³/h)	弯头压差 R/mmH₂O	阀门近端压差 R/mmH₂O	阀门远端压差 R/mmH₂O
1				
2				
3				
4				

8. 数据处理结果示例

（1）光滑管计算示例

以第二组数据为例：$q_V = 2.07\text{m}^3/\text{h}$，$\Delta p = 1.10\text{kPa} = 1100\text{Pa}$

实验水温 $t = 24℃$　　　黏度 $\mu = 9.2 \times 10^{-4}\text{Pa}\cdot\text{s}$　　　密度 $\rho = 998.009\text{kg/m}^3$

管内流速　　　　$u = \dfrac{q_V}{\dfrac{\pi}{4}d^2} = \dfrac{2.07/3600}{(\pi/4)\times0.026^2} = 1.0836\text{m/s}$

压力降　　　　$\Delta p_f = 1100\text{Pa}$

雷诺数　　　　$Re = \dfrac{du\rho}{\mu} = \dfrac{0.026\times1.0836\times998.009}{9.2\times10^{-4}} = 30562$

摩擦系数　　　　$\lambda = \dfrac{2d}{\rho l}\times\dfrac{\Delta p_f}{u^2} = \dfrac{2\times0.026}{998.009\times2.5}\times\dfrac{1100}{1.0836^2} = 0.01952$

（2）粗糙管计算示例

以第二组数据为例：$q_V = 2.07\text{m}^3/\text{h}$，$\Delta p = 1.3\text{kPa} = 1300\text{Pa}$

实验水温 $t = 24℃$　　　黏度 $\mu = 9.2 \times 10^{-4}\text{Pa}\cdot\text{s}$　　　密度 $\rho = 998.009\text{kg/m}^3$

管内流速　　　　$u = \dfrac{q_V}{\dfrac{\pi}{4}d^2} = \dfrac{2.07/3600}{(\pi/4)\times0.026^2} = 1.0836\text{m/s}$

压力降　　　　$\Delta p_f = 1300\text{Pa}$

雷诺数　　　　$Re = \dfrac{du\rho}{\mu} = \dfrac{0.026\times1.0836\times998.009}{9.2\times10^{-4}} = 30562$

摩擦系数　　　　$\lambda = \dfrac{2d}{\rho l}\times\dfrac{\Delta p_f}{u^2} = \dfrac{2\times0.026}{998.009\times2.5}\times\dfrac{1300}{1.0836^2} = 0.02307$

数据结果如表 4-2 所示。

表 4-2　流体流动阻力测定实验计算结果（光滑管、粗糙管）

序号	流量 /(m³/h)	光滑管压差 /kPa	粗糙管压差 /kPa	流量 /(m³/s)	流速/ (m/s)	Re	$\lambda_{光滑管}$	$\lambda_{粗糙管}$
1	1.50	0.80	1.00	0.00042	0.7852	22146	0.02704	0.03380
2	2.07	1.10	1.30	0.00058	1.0836	30562	0.01952	0.02307
3	2.54	1.50	1.70	0.00071	1.3296	37501	0.01768	0.02004
4	3.10	2.05	2.30	0.00086	1.6227	45768	0.01622	0.01820
5	3.54	2.60	2.90	0.00098	1.8530	52263	0.01578	0.01760
6	4.00	3.27	3.65	0.00111	2.0938	59055	0.01554	0.01735
7	5.00	4.92	5.58	0.00139	2.6173	74820	0.01497	0.01698
8	6.00	7.00	7.90	0.00167	3.1407	88582	0.01479	0.01669

在双对数坐标下绘制 λ-Re 曲线，实验结果如图 4-4 所示。

（3）层流计算示例

以第一组数据为例：$q_V = 12\text{L/h}$　　$\Delta p = 19.0\text{Pa}$

实验水温　$t = 24℃$　　　黏度 $\mu = 9.2 \times 10^{-4}\text{Pa}\cdot\text{s}$　　　密度 $\rho = 998.009\text{kg/m}^3$

管内流速　　$u = \dfrac{q_V}{\dfrac{\pi}{4}d^2} = \dfrac{12\times10^{-3}/3600}{(\pi/4)\times0.010^2} = 0.0425\text{m/s}$

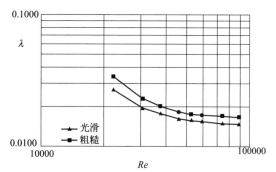

图 4-4　光滑管、粗糙管摩擦系数与雷诺数关系图

压力降　　　　$\Delta p_f = 19.0 \text{Pa}$

雷诺数　　　　$Re = \dfrac{du\rho}{\mu} = \dfrac{0.010 \times 0.0425 \times 998.009}{9.2 \times 10^{-4}} = 461$

摩擦系数　　　$\lambda = \dfrac{2d}{\rho l} \times \dfrac{\Delta p_f}{u^2} = \dfrac{2 \times 0.01}{998.009 \times 2.5} \times \dfrac{19.0}{0.0425^2} = 0.08432$

数据结果如表 4-3 所示。

表 4-3　流体流动阻力测定实验计算结果（层流）

序号	压差/Pa	流量/(L/h)	流速/(m/s)	流量/(m³/s)	Re	摩擦系数 λ
1	19.0	12	0.0425	3.333×10^{-6}	461	0.08432
2	31.0	18	0.0637	0.000005	691	0.06124
3	38.6	24	0.0849	6.66667×10^{-6}	921	0.04293
4	47.5	30	0.1062	8.333×10^{-6}	1152	0.03376
5	58.6	36	0.1274	0.00001	1382	0.02894
6	73.0	42	0.1486	1.1667×10^{-5}	1612	0.02650
7	79.0	48	0.1699	1.333×10^{-5}	1843	0.02194

在双对数坐标中绘制 λ-Re 曲线，实验结果如图 4-5 所示。

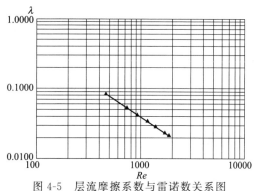

图 4-5　层流摩擦系数与雷诺数关系图

（4）弯头阻力系数计算示例

弯头所在管路直径为 0.026m，使用倒 U 形管压差计测量。

以第一组数据为例 $q_V = 2.00 \text{m}^3/\text{h}$　$\Delta p = \rho g R = 998.009 \times 9.81 \times 0.0125 = 122.38 \text{Pa}$

实验水温 $t = 24℃$　黏度 $\mu = 9.2 \times 10^{-4} \text{Pa·s}$　密度 $\rho = 998.009 \text{kg/m}^3$

管内流速　　　$u = \dfrac{q_V}{\dfrac{\pi}{4}d^2} = \dfrac{2.00/3600}{(\pi/4) \times 0.026^2} = 1.05 \text{m/s}$

阻力系数 $\qquad \zeta = \dfrac{2}{\rho} \times \dfrac{\Delta p_f}{u^2} = \dfrac{2}{998.009} \times \dfrac{122.38}{1.05^2} = 0.22$

数据结果如表 4-4 所示。

表 4-4　流体流动阻力测定实验计算结果（弯头局部阻力）

压差读数/mmH₂O	压差/Pa	管径/m	流量/(m³/h)	流量/(m³/s)	流速/(m/s)	阻力系数 ζ
12.5	122.38	0.026	2.00	0.000555556	1.05	0.22
18.5	181.12	0.026	2.49	0.000691667	1.30	0.21
26.5	259.45	0.026	3.00	0.000833333	1.57	0.21
38	372.04	0.026	3.52	0.000977778	1.84	0.22
47.5	465.05	0.026	4.01	0.001113889	2.10	0.21

弯头的阻力系数为 0.21。

（5）阀门阻力系数计算示例

阀门阻力采用四点测量法，其方法是在管件前后的稳定段内分别有两个测压点。按流向顺序分别为 1、2、3、4 点，在 1-4 点和 2-3 点分别连接两个压差计，分别测出压差为 Δp_{14}、Δp_{23}。如下所示：

2-3 点总能耗可分为直管段阻力损失 Δp_{f23} 和阀门局部阻力损失 $\Delta p_f'$，即

$$\Delta p_{23} = \Delta p_{f23} + \Delta p_f'$$

1-4 点总能耗可分为直管段阻力损失 Δp_{f14} 和阀门局部阻力损失 $\Delta p_f'$，1-2 点距离和 2 点至管件距离相等，3-4 点距离和 3 点至管件距离相等，因此

$$\Delta p_{14} = \Delta p_{f14} + \Delta p_f' = 2\Delta p_{f23} + \Delta p_f'$$
$$\text{得：} \quad \Delta p_f' = 2\Delta p_{23} - \Delta p_{14}$$

则局部阻力系数为：

$$\zeta = \dfrac{2(2\Delta p_{23} - \Delta p_{14})}{\rho u^2}$$

阀门所在管路直径 0.026m，使用倒 U 型压差计测量。

第一组数据为例，$q_V = 2\text{m}^3/\text{h}$

$$\Delta p_f' = 2\Delta p_{23} - \Delta p_{14} = \rho g (2 \times 13 - 20) \times 10^{-3} = 998.009 \times 9.81 \times 0.006 = 58.74\text{Pa}$$

实验水温 $t = 24℃$　黏度 $\mu = 9.2 \times 10^{-4}\ \text{Pa} \cdot \text{s}$　密度 $\rho = 998.009\text{kg/m}^3$

管内流速 $\qquad u = \dfrac{q_V}{\dfrac{\pi}{4}d^2} = \dfrac{2/3600}{(\pi/4) \times 0.026^2} = 1.05\text{m/s}$

阀门阻力系数 $\qquad \zeta = \dfrac{2}{\rho} \times \dfrac{\Delta p_f'}{u^2} = \dfrac{2}{998.009} \times \dfrac{58.74}{1.05^2} = 0.107$

数据结果如表 4-5 所示。

表 4-5　流体流动阻力测定实验计算结果（阀门局部阻力）

1-4 点（远端）压差/mmH₂O	2-3 点（近端）压差/mmH₂O	阀门阻力损失/Pa	管径/m	流量/(m³/h)	流量/(m³/s)	流速/(m/s)	阻力系数 ζ
20	13	58.74	0.026	2.00	0.00056	1.05	0.107
23	16	88.11	0.026	2.49	0.00069	1.30	0.104
37	25	127.28	0.026	3.00	0.00083	1.57	0.103
46	34	215.39	0.026	3.52	0.00098	1.84	0.109
55	41	264.34	0.026	4.01	0.00111	2.10	0.103

实验二　离心泵性能测定实验

1. 实验目的

① 了解离心泵的构造，学会离心泵的操作。

② 测定离心泵在一定转速下的特性曲线。

③ 掌握离心泵流量调节的方法和涡轮流量传感器的工作原理及使用方法。

2. 实验原理

在生产中，选用一台既满足生产任务又经济合理的离心泵时，总是根据生产要求，被输送的流体性质和操作条件下的压头、流量参照泵的性能来选定。离心泵性能可用特性曲线来表示，即扬程和流量特性曲线（H-Q 曲线）、功率消耗和流量特性曲线（N-Q 曲线）、效率和流量特性曲线（η-Q 曲线），这三条关系曲线只能由实验加以测定。

在离心泵进出口管装设真空表和压力表的二截面间列伯努利方程式：

$$z_1 + \frac{p_1}{\rho g} + \frac{u_1^2}{2g} + H = z_2 + \frac{p_2}{\rho g} + \frac{u_2^2}{2g} + H_f \tag{4-10}$$

① 流量

仪表盘直接显示 $Q(\mathrm{m^3/h})$。

② 扬程

$H(\mathrm{m})$ 的测定：

$$H = z_2 - z_1 + \frac{p_2 - p_1}{\rho g} + \frac{u_2^2 - u_1^2}{2g} + H_f \tag{4-11}$$

令　　　　$H_0 = z_2 - z_1$　　　　$H_1 = \frac{p_2 - p_1}{\rho g}$　　　$\frac{p_2}{\rho g} = \frac{p_a + p_{表}}{\rho g} + h$

$$\frac{p_1}{\rho g} = \frac{p_a - p_{真}}{\rho g} \qquad\qquad H_2 = \frac{u_2^2 - u_1^2}{2g}$$

由于两截面间的距离很短，阻力忽略不计，$H_f \approx 0$

所以　　　　　　　　　　　　$H = H_1 + H_2 + H_0$

式中　p_1——截面 1-1 处的绝压，Pa；

　　　p_2——截面 2-2 处的绝压，Pa；

　　　p_a——大气的压力，Pa；

　　　$p_{表}$——压力表的读数，Pa；

　　　$p_{真}$——真空表的读数，Pa；

　　　h——压力表中心点至测压口的垂直距离，m；

　　　H_0——压力表与真空表测压口之间的垂直距离，m；

　　　u_1——吸入管内水的流速，m/s；

　　　u_2——出口管内水的流速，m/s；

　　　g——重力加速度，其值为 9.81，m/s²。

③ 轴功率 N（即泵输入功率的测定）

$$N = N_{电} \times \eta_{电机} \times \eta_{传动} \tag{4-12}$$

式中　$N_{电}$——电动机的输入功率，W；

$\eta_{电机}$——电动机的效率（本设备取 0.823）；

$\eta_{传动}$——联轴节式其他装置的传动效率（本实验装置直接传动取 100％）。

④ 离心泵的效率 η

$$\eta=\frac{N_e}{N}\times100\%=\frac{QH\rho g}{N}\times100\% \tag{4-13}$$

式中　N_e——泵的有效功率，W；

ρ——被输送流体的密度，kg/m^3。

3. 实验装置与流程

（1）流程图

实验流程见图 4-6。

（2）流程说明

本实验采用离心泵进行实验，其装置如图 4-6 所示。离心泵用三相电机带动，将水从水箱中吸入，然后由排出管通过流量计循环回到水箱。在吸入管进口装有底阀以便在启动前灌水，在泵的吸入口和压出口分别装有真空表和压力表，以测定水的进出口压力。泵的出口管路设有涡轮流量计，通过阀门来调节及测定水的流量。另有功率表测定电动机的输入功率。

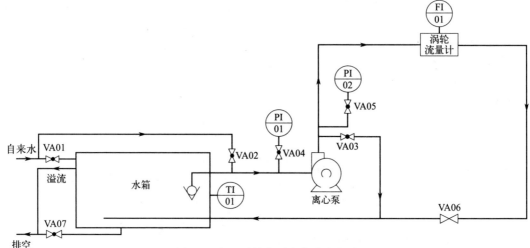

图 4-6　离心泵性能测定实验流程图

阀门：VA01—水箱进水阀，VA02—灌泵进口阀，VA03—灌泵出口阀，VA04—离心泵进口压力阀，VA05—离心泵出口压力阀，VA06—流量调节阀，VA07—放空阀

流量：FI01—流体流量

压力：PI01—离心泵入口压力，PI02—离心泵出口压力

温度：TI01—水温

（3）设备参数

泵：扬程 19m，流量 3.6～15.6m^3/h　　　压力表：0～0.4MPa，0.5％FS

涡轮流量计：2～20m^3/h，0.5％FS　　　管道直径：40mm

4. 实验步骤及注意事项

（1）实验步骤

① 熟悉实验设备的流程和掌握所用仪表的操作方法；检查泵轴能否自由转动。

② 关闭离心泵进出口压力阀门 VA04 及 VA05，依次打开灌泵出口阀 VA03 及灌泵进口阀 VA02 进行灌泵，当出水透明管内液体呈连续无气泡状时，即泵已灌满，关闭 VA02 和 VA03。

③ 打开总电源，打开离心泵进出口压力阀门 VA04 及 VA05，启动泵。泵正常启动后，

调节离心泵转速至 2900r/min。通过调节阀门 VA06 的开度来调节流量，待读数稳定后记录一系列相关数据。注意在最大流量附近多取几组数据，同时流量为零时也应读取数据，以保证性能曲线的连续性。

④ 所有数据记录完以后，先关闭 VA06，再关闭泵，最后关闭其他阀门以及总电源。

（2）注意事项

① 在启动泵之前，先检查并关闭出口调节阀，以使泵在最低负荷条件下启动，避免启动脉冲电流过大损坏电机。

② 启动泵以后，应将流量调节阀开至最大以确定实验范围，在最大的流量范围内合理布置实验点。

③ 实验结束，先关闭出口调节阀，再关闭离心泵电源，最后关闭总电源。

5. 实验报告要求

① 列表汇总原始数据和计算结果，写出计算示例。

② 绘制离心泵的性能曲线图，并标识出该泵的适宜工作范围。

6. 思考题

① 离心泵在启动前为什么要灌泵？如果已灌满，但离心泵还是启动不起来，为什么？

② 为什么调节泵的出口阀可调节流量？这种方法有什么优缺点？是否还有其他方法可以调节泵的流量？

③ 试从实验所得的数据分析离心泵启动时要关闭出口阀的原因。

④ 为什么在离心泵进口管安装底阀？从节能的观点看底阀的装设是否有利？你认为应如何改进？

⑤ 流量增加时，真空表及压力表的读数有何变化？

7. 数据记录表

实验装置号：＿＿＿＿＿＿　　大气压：＿＿＿＿＿＿（kPa）　　水温：＿＿＿＿＿＿（℃）

泵转速：＿＿＿＿＿＿（r/min）　　泵的扬程：＿＿＿＿＿＿（m）　　电机效率：＿＿＿＿＿＿（％）

吸入管内径：＿＿＿＿＿＿（m）　　排出管内径：＿＿＿＿＿＿（m）

压力表与真空表测压点高度差：＿＿＿＿＿＿（m）　　压力表与测压点高度差：＿＿＿＿＿＿（m）

序号	流量/(m³/h)	$p_表$(压力表)/kPa	$p_真$(真空表)/kPa	电机功率/kW
1				
2				
3				
4				
5				
6				
7				
8				
9				
10				
11				
12				
13				

8. 数据处理结果示例

$\Delta z = 0.4m$，$h_0 = 0.156m$，$\eta_{电机} = 0.823$，20.2℃时，$\rho = 997.581kg/m^3$。

序号	流量/(m³/h)	$p_表$(压力表)/kPa	$p_真$(真空表)/kPa	电机功率/kW
1	14.70	125.8	63.0	1.34
2	13.54	166.0	54.3	1.32
3	12.72	184.7	49.0	1.26
4	11.50	211.6	40.0	1.15

序号	流量/(m³/h)	$p_表$(压力表)/kPa	$p_真$(真空表)/kPa	电机功率/kW
5	10.60	232.5	34.0	1.10
6	9.71	251.9	29.0	1.06
7	8.73	273.2	24.0	1.02
8	7.71	295.4	19.0	0.99
9	6.72	315.1	15.0	0.95
10	5.71	334.3	11.0	0.90
11	4.75	349.0	8.1	0.85
12	2.69	386.6	4.0	0.81
13	0.00	420.0	2.5	0.66

计算示例：以第一组数据为例

$$Q = 14.7/3600 = 0.0041 \text{m}^3/\text{s}$$

$$H = \frac{p_2 - p_1}{\rho g} + \Delta z + h_0 = \frac{(125.8 + 63.0) \times 10^3}{9.81 \times 997.581} + 0.4 + 0.156 = 19.85 \text{m}$$

$$N = N_{电机} \times \eta_{电机} \times \eta_{传动} = 1.34 \times 0.823 \times 100\% = 1.10 \text{kW}$$

$$\eta = \frac{HQ\rho g}{N} = \frac{19.85 \times 0.0041 \times 997.581 \times 9.81}{1.10 \times 10^3} = 72.40\%$$

离心泵性能曲线测定实验数据处理结果见表 4-6 和图 4-7。

表 4-6 离心泵性能曲线测定实验数据处理结果

序号	流量 $Q/(\text{m}^3/\text{s})$	扬程 H/m	轴功率 N/kW	效率 η
1	0.0041	19.85	1.10	72.40%
2	0.0038	23.07	1.09	78.71%
3	0.0035	24.44	1.04	80.49%
4	0.0032	26.27	0.95	86.60%
5	0.0029	27.79	0.91	88.67%
6	0.0027	29.26	0.87	88.87%
7	0.0024	30.92	0.84	84.69%
8	0.0021	32.68	0.81	82.92%
9	0.0019	34.29	0.78	81.74%
10	0.0016	35.84	0.74	75.83%
11	0.0013	37.05	0.70	67.33%
12	0.0007	40.47	0.67	41.38%
13	0.0000	43.73	0.54	0.00%

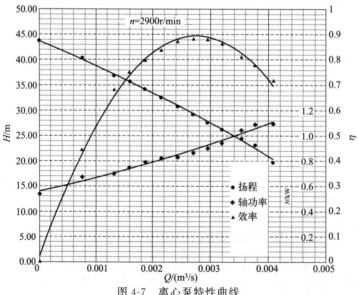

图 4-7 离心泵特性曲线

实验三　恒压过滤实验

1. 实验目的
① 了解板框过滤机的构造和操作方法，学习定值调压阀、安全阀的使用。
② 学习过滤方程式中恒压过滤常数的测定方法。
③ 测定洗涤速率与最终过滤速率的关系。
④ 了解操作压力对过滤速率的影响，并测定出比阻。

2. 实验原理
（1）恒压过滤方程式

过滤过程是将悬浮液送至过滤介质及滤饼一侧，在其上维持另一侧较高的压力，液体则通过介质而成滤液，而固体粒子则被截留逐渐形成滤饼。过滤速率由过滤介质两端的压力差及过滤介质的阻力决定。过滤介质的阻力由两部分组成，一部分为过滤介质，另一部分为滤饼（先沉积下来的滤饼成为后来的过滤介质）。因为滤饼厚度（亦即滤饼阻力）随着时间延长而增加，所以恒压过滤速率随着时间延长而降低。对于不可压缩性滤饼，在恒压过滤情况下，恒压过滤方程为：

$$V^2 + 2VV_e = KA^2\theta \tag{4-14}$$

式中　V——滤液体积，m^3；

$\quad\quad V_e$——过滤介质的当量滤液体积，m^3；

$\quad\quad K$——过滤常数，m^2/s；

$\quad\quad A$——过滤面积，m^2；

$\quad\quad \theta$——相当于得到滤液 V 所需的过滤时间，s。

上式也可以写为：

$$q^2 + 2q_e q = K\theta \tag{4-15}$$

式中，$q = V/A$，即单位过滤面积的滤液量，m^3/m^2；$q_e = V_e/A$，即单位过滤面积的虚拟液量，m^3/m^2。

（2）过滤常数 K、q_e、θ_e 的测定方法

方法一：将式（4-15）进行变形，两边同除以 Kq，得到

$$\frac{\theta}{q} = \frac{q}{K} + \frac{2q_e}{K} \tag{4-16}$$

该式表明，在恒压过滤时 $\dfrac{\theta}{q}$ 与 q 之间具有线性关系，直线的斜率为 $\dfrac{1}{K}$，截距为 $\dfrac{2q_e}{K}$。只要测出不同的过滤时间 θ 时的单位过滤面积累积滤液量 q，以 $\dfrac{\theta}{q}$ 对 q 作图，可得到一条直线，如图 4-8 所示，直线的斜率为 $\dfrac{1}{K}$，截距为 $\dfrac{2q_e}{K}$，据此计算出 K 和 q_e。

方法二：将式（4-15）微分并整理得：

$$2(q + q_e)dq = K d\theta$$

$$\frac{\mathrm{d}\theta}{\mathrm{d}q} = \frac{2q}{K} + \frac{2q_e}{K} \qquad (4\text{-}17)$$

这是一个直线方程式，以 $\mathrm{d}\theta/\mathrm{d}q$ 对 q 在直角坐标纸上标绘必得一直线，它的斜率为 $2/K$，截距为 $2q_e/K$，但是 $\mathrm{d}\theta/\mathrm{d}q$ 难以测定，故实验时可用 $\Delta\theta/\Delta q$ 代替 $\mathrm{d}\theta/\mathrm{d}q$，即

$$\frac{\Delta\theta}{\Delta q} = \frac{2q}{K} + \frac{2q_e}{K} \qquad (4\text{-}18)$$

该式表明，在恒压过滤时 $\Delta\theta/\Delta q$ 与 q 之间具有线性关系，直线的斜率为 $\dfrac{2}{K}$，截距为 $\dfrac{2q_e}{K}$。

在一定过滤面积 A 上对待测悬浮液进行恒压过滤实验，测得与一系列时刻 $\theta_i(i=1,2,\cdots)$ 对应的滤液量差 $\Delta V_i(i=1,2,\cdots)$，由此算出一系列的 Δq_i、$\Delta\theta_i$、q_i。在直角坐标系中标绘 $\Delta\theta/\Delta q\text{-}q$ 的函数关系，得一直线。由直线的斜率和截距的值便可求得 K 与 q_e。再由 $q_e^2 = K\theta_e$ 可求得 θ_e。

（3）洗涤速率与过滤终了速率关系的测定

洗涤滤饼的目的是回收滞留在颗粒缝隙间的滤液，或净化构成滤饼的颗粒。单位时间内消耗的洗水体积称为洗涤速率。在一定的压力下，洗涤速率是恒定不变的，因此测定比较容易，在水量流出正常后计量一定的时间 θ 内得到的洗水体积 V，则洗涤速率为：

$$\left(\frac{\mathrm{d}V}{\mathrm{d}\theta}\right)_w = \frac{V_w}{\theta_w} \qquad (4\text{-}19)$$

式中　V_w——洗水体积，m^3；

　　　θ_w——洗涤时间，s。

洗涤的压力与过滤操作相同，洗涤的时间可根据需要决定，一般可以测量 $2\sim3$ 次求平均值。

在实际操作中，过滤终了速率的测定比较困难，因为何时滤渣充满滤框，无法准确观察到，所以真正的过滤终点难以判断。因此为了测量比较准确，过滤操作应进行到滤液流量很小时才停止过滤。

过滤终了速率的计算：

$$\left(\frac{\mathrm{d}V}{\mathrm{d}\theta}\right)_{\text{终}} = \frac{KA^2}{2(V+V_e)} = \frac{KA}{2(q+q_e)} \qquad (4\text{-}20)$$

在一定压力下，洗涤速率是恒定不变的。它可以在水量流出正常后开始计量，计量多少也可根据需要决定，因此它的测定比较容易。至于过滤终了速率的测定则比较困难。因为它是一个变数，过滤操作要进行到滤框全部被滤渣充满。此时的过滤速率才是过滤终了速率。它可以从滤液量显著减少来估计。此时滤液出口处的液流由满管口变成线状流下。也可以利用作图法来确定，一般情况下，最后的 $\Delta\theta/\Delta q$ 对 q 在图上标绘的点会偏高，可在图中直线的延长线上取点，作为过滤终了阶段来计算过滤终了速率。至于在板框式过滤机中洗涤速率是否是过滤终了速率的四分之一，可根据实验设备和实验情况自行分析。

（4）滤饼特性常数 k 和压缩性指数 s 的测定

过滤常数 K 与滤饼特性常数 k 和压缩性指数 s 的关系为：$K = 2k\Delta p^{1-s}$，两边取对数得

$$\lg K = (1-s)\lg\Delta p + \lg(2k) \qquad (4\text{-}21)$$

该式表明，$\lg K$ 与 $\lg \Delta p$ 呈线性关系，直线的斜率为 $1-s$，截距为 $\lg(2k)$。只要测出不同的过滤压差下的过滤常数 K 值，以 $\lg K$ 对 $\lg \Delta p$ 作图，可得到一条直线，如图 4-9 所示，直线的斜率为 $1-s$，截距为 $\lg(2k)$，据此计算出 s 和 k。

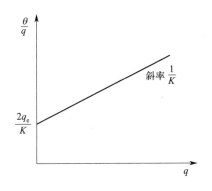

图 4-8　恒压过滤时 $\dfrac{\theta}{q}$ 与 q 的关系

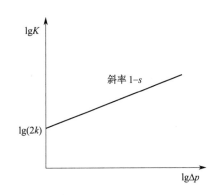

图 4-9　恒压过滤常数 K 与过滤压差的关系

3. 实验装置与流程

（1）流程图

恒压过滤实验流程见图 4-10。

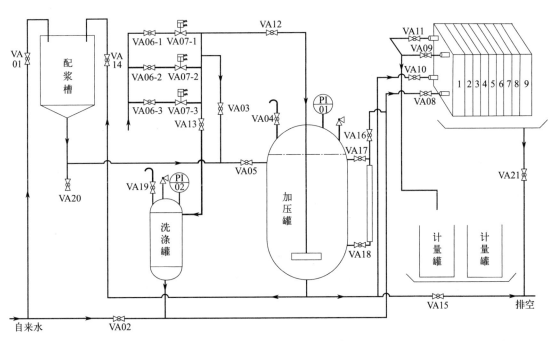

图 4-10　恒压过滤实验流程图

阀门：VA01—配浆槽上水阀，VA02—洗涤罐加水阀，VA03—气动搅拌阀，VA04—加压罐放空阀，VA05—加压罐进料阀，VA06-1—0.1MPa 进气阀，VA06-2—0.15MPa 进气阀，VA06-3—0.2MPa 进气阀，VA07-1—0.1MPa 稳压阀，VA07-2—0.15MPa 稳压阀，VA07-3—0.2MPa 稳压阀，VA08—洗涤水进口阀，VA09—滤液出口阀，VA10—滤浆进口阀，VA11—洗涤水出口阀，VA12—加压罐进气阀，VA13—洗涤罐进气阀，VA14—加压罐残液回流阀，VA15—放净阀，VA16—液位计洗水阀，VA17—液位计上口阀，VA18—液位计下口阀，VA19—洗涤罐放空阀，VA20—配浆槽放料阀，VA21—板框排污阀

压力：PI01—加压罐压力，PI02—洗涤罐压力

（2）流程说明

实验装置由空压机、配浆槽、压力槽、板框压滤机和压力定值调压阀等组成，料液在配浆槽内利用位差送入压力槽中，用压缩空气搅拌不致沉降，同时利用压缩空气的压力将料浆送入板框压滤机过滤，滤液流入量筒或液量测量仪计量。

（3）设备参数

物料加压罐：罐尺寸 $\phi 325mm \times 370mm$，总容积为 38L，液面不超过进液口位置，有效容积约 21L。

配浆槽：尺寸为 $\phi 325mm$，直筒高 370mm，锥高 150mm，锥容积 4L。

洗涤罐：尺寸为 $\phi 159mm \times 300mm$，容积为 6L。

板框压滤机的结构尺寸如下：框直径 125mm，框厚 12mm，框数 4 个，过滤面积为

$$A = \frac{\pi \times 0.125^2}{4} \times 2 \times 4 = 0.098125m^2$$

四个滤框总容积 $V = \frac{\pi \times 0.125^2}{4} \times 0.012 \times 4 = 0.58875L$。

压力表：$0 \sim 0.25MPa$。

4. 实验步骤及注意事项

（1）实验步骤

① 板框过滤机的滤布安装。按板、框的数字编号 1～9 的顺序排列过滤机的板与框（顺序、方向不能错）。把滤布用水湿透，再将湿滤布覆在滤框的两侧（滤布孔与框的孔一致，滤布侧朝向滤框），然后用压紧螺杆压紧板和框，过滤机固定头的 4 个阀均处于关闭状态。

② 加水操作。若使物料加压罐中有 17L 物料，配浆槽直筒内容积应为 21L，直筒内液体高为 210mm，因此，配浆槽内应加水至液面到上沿高为 370－210＝160mm，即配浆槽内定位点；然后在洗涤罐内加水约 3/4，为洗涤做准备。

③ 配原料滤浆。为了配制质量分数约为 5%～7% 的碳酸钙料液，按 21L 水约 21kg 计算，应称取 $CaCO_3$ 粉末约 1.5kg，并倒入配浆槽内，加盖。启动压缩机，开启 VA06-1，调节稳压阀 VA07-1 至压力为 0.1MPa，将气动搅拌阀 VA03 向开启方向旋转 90 度，气动搅拌使液相混合均匀，关闭 VA03、VA06-1、VA07-1，将物料加压罐的放空阀 VA04 打开，开 VA05 让配浆槽内配制好的滤浆自流入加压罐内，完成放料后关闭 VA04 和 VA05。

④ 加压操作。开启 VA12，先确定在什么压力下进行过滤，本实验装置可进行三个固定压力下的过滤，分别由三个定值稳压阀并联控制，从上到下分别是 0.1MPa、0.15MPa、0.2MPa。实验以 0.1MPa 为例，开启 VA06-1，调节稳压阀 VA07-1 至压力为 0.1MPa，使压缩空气进入加压罐下部的气动搅拌盘，将物料加压罐的放空阀 VA04 微开（有气流即可），气体鼓泡搅动使加压罐内的物料保持浓度均匀，同时给密封的加压罐内的料液加压，当物料加压罐内的压力 PI01 维持在 0.1MPa 时，准备过滤。

⑤ 过滤操作。开启板框过滤机上方的两个滤液出口阀，即 VA09 和 VA11，全开下方的滤浆进口阀 VA10，滤浆便被压缩空气的压力送入板框过滤机过滤。滤液流入计量槽，记录一定体积的滤液量所需要的时间（本实验建议每 2L 读取一次时间数据）。待滤渣充满全部滤框后（此时滤液流量很小，但仍呈线状流出），关闭滤浆进口阀 VA10，停止过滤。

⑥ 洗涤操作。物料洗涤时，关闭加压罐进气阀 VA12，打开连接洗涤罐的压缩空气进气阀 VA13，压缩空气进入洗涤罐，维持洗涤压力与过滤压力一致。关闭过滤机固定头滤液

出口阀 VA09，开启左下方的洗涤水进口阀 VA08，洗涤水经过滤渣层后流入量杯，每 2L 读取一次时间数据，共记录 3 组数据。

⑦ 卸料操作。洗涤完毕后，关闭洗涤水进口阀 VA08 及滤液出口阀 VA11，旋开压紧螺杆，卸出滤渣，清洗滤布，整理板框。板框及滤布重新安装后，进行另一个压力操作。

⑧ 其他压力值过滤。由于加压罐内有足够的同样浓度的料液，按以上⑤、⑥、⑦步骤，调节过滤压力，依次进行其余两个压力下的过滤操作。

⑨ 实验结束操作。全部过滤洗涤结束后，关闭洗涤罐进气阀 VA13，打开加压罐进气阀 VA12，盖住配浆槽盖，打开加压罐残液回流阀 VA14，用压缩空气将加压罐内的剩余悬浮液送回配浆槽内贮存，关闭加压罐进气阀 VA12。

⑩ 清洗加压罐及其液位计。打开加压罐放空阀 VA04，使加压罐保持常压。关闭加压罐液位计上口阀 VA17，打开洗涤罐进气阀 VA13，打开高压清水阀 VA16，用清水洗涤加压罐液位计，以免剩余悬浮液沉淀，堵塞液位计、管道和阀门等；清洗完成后，关闭洗涤罐进气阀 VA13，停压缩机。

（2）注意事项

① 实验完成后应将装置清洗干净，防止堵塞管道。

② 长期不用时，应将罐体内液体放净。

5. 实验报告要求

① 绘出 $\frac{\theta}{q}$-q 或 $\frac{\Delta\theta}{\Delta q}$-$q$ 图。

② 求出 K、q_e、θ_e、s 的值。

③ 列出完整的恒压过滤方程式。

④ 计算过滤终了速率与洗涤速率的比值。

6. 思考题

① 过滤开始时，为什么滤液是浑浊的？

② 若操作压力增加一倍，过滤常数 K 值是否也增加一倍？在得到同样多的滤液时，过滤时间是否会缩短一半？

③ 你的实验数据中第一点有无偏低或偏高的现象？怎么解释？

④ 滤浆浓度对 K 值有何影响？

7. 数据记录表

实验装置号：＿＿＿＿＿＿　　　大气压：＿＿＿＿＿＿（kPa）　　　水温：＿＿＿＿＿＿（℃）

滤框直径：＿＿＿＿＿＿（m）　　滤框厚度：＿＿＿＿＿＿（m）　　滤框数量：＿＿＿＿＿＿（个）

过滤压力：＿＿＿＿＿＿（MPa）　洗涤压力：＿＿＿＿＿＿（MPa）

（1）过滤数据记录表

序号	过滤时间/s	滤液量/L
1		
2		
3		
4		
5		
6		

（2）洗涤数据记录表

序号	洗涤时间/s	洗涤水量/L
1		
2		
3		

8. 数据处理结果示例

不同压力条件下的实验数据见表 4-7。

表 4-7　不同压力条件下的实验数据

实验序号	压力 0.10MPa		压力 0.15MPa		压力 0.20MPa	
	滤液量/L	时间/s	滤液量/L	时间/s	滤液量/L	时间/s
1	0.5	6.43	0.5	4.81	0.5	3.50
2	1.0	13.95	1.0	10.59	1.0	7.93
3	1.5	23.78	1.5	17.46	1.5	14.00
4	2.0	34.68	2.0	25.45	2.0	20.72
5	2.5	47.03	2.5	34.24	2.5	28.50
6	3.0	60.25	3.0	44.23	3.0	36.70
7	3.5	74.38	3.5	54.89	3.5	45.50

以压力 0.10MPa 下的实验数据计算示例：

已知：板框直径 $D=125$mm，框厚度 $\delta=12$mm，框数量 4 个，洗涤板数量 2 个，$\Delta p=0.1$MPa，加入的 $CaCO_3$ 的质量 $w_{物料}=1.3$kg，加水体积数为 $V_{水}=23.0$L。

可得：框容积 $V_{框}=\pi(D^2/4)\times\delta\times$框数$=3.14\times(1.25\times1.25\div4)\times0.12\times4=0.58875$L；

洗涤面积 $A_{板}=\pi(D^2/4)\times$洗涤板数$\times2=3.14\times(0.125\times0.125\div4)\times2\times2=0.0490625$m^2；

过滤面积 $A_{框}=\pi(D^2/4)\times$框数$\times2=3.14\times(0.125\times0.125\div4)\times4\times2=0.098125$m^2；

$$\Delta V_1=0.5\times10^{-3}\text{m}^3$$

$$\Delta q_1=\Delta V_1/A=0.5\times10^{-3}/0.098125=0.0051\text{m}^3/\text{m}^2$$

$$\Delta\theta_1=6.43-0=6.43\text{s}$$

$$\frac{\Delta\theta_1}{\Delta q_1}=6.43/0.0051=1260.78\text{s}\cdot\text{m}^2/\text{m}^3$$

$$q_1=0+\Delta q_1=0.0051\text{m}^3/\text{m}^2$$

$$q_2=q_1+\Delta q_2=0.0051+0.0051=0.0102\text{m}^3/\text{m}^2$$

在直角坐标系中绘制 $\dfrac{\Delta\theta}{\Delta q}$-$q$ 关系曲线，如图 4-11 所示，从图中读出斜率可求得 K。

从 $\dfrac{\Delta\theta}{\Delta q}$-$q$ 关系图得：

斜率：$2/K=50978$，$K=3.9232\times10^{-5}$m^2/s

截距：$2q_e/K=1048$，$q_e=0.02056$m^3/m^2

$$\theta_e=\frac{q_e^2}{K}=\frac{0.02056^2}{3.9232\times10^{-5}}=10.77\text{s}$$

则恒压过滤方程为：$q^2+0.04112q=3.9232\times10^{-5}\theta$

将不同压力下测得的 K 值作 $\lg K$-$\lg\Delta p$ 直线，斜率为 $1-s$，可以计算压缩性指数 s。

$$K=2k\,\Delta p^{1-s}\qquad\text{则：}\qquad\lg K=(1-s)\lg\Delta p+\lg(2k)$$

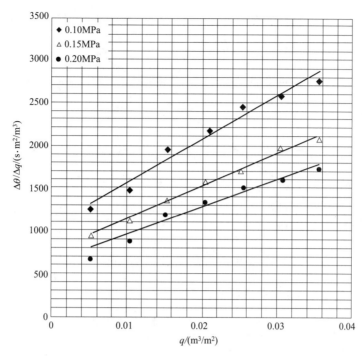

图 4-11 $\Delta\theta/\Delta q$-q 关系图

不同压力条件下的实验数据计算结果见表 4-8 和表 4-9。

表 4-8 不同压力条件下的实验数据计算结果

实验序号	$\Delta p = 0.10\text{MPa}$			$\Delta p = 0.15\text{MPa}$			$\Delta p = 0.20\text{MPa}$		
	Δq /(m³/m²)	$\Delta\theta/\Delta q$ /(s·m²/m³)	q /(m³/m²)	Δq /(m³/m²)	$\Delta\theta/\Delta q$ /(s·m²/m³)	q /(m³/m²)	Δq /(m³/m²)	$\Delta\theta/\Delta q$ /(s·m²/m³)	q /(m³/m²)
1	0.0051	1260.78	0.0051	0.0051	943.14	0.0051	0.0051	686.27	0.0051
2	0.0051	1474.51	0.0102	0.0051	1133.33	0.0102	0.0051	868.63	0.0102
3	0.0051	1927.45	0.0153	0.0051	1347.06	0.0153	0.0051	1190.20	0.0153
4	0.0051	2137.25	0.0204	0.0051	1566.67	0.0204	0.0051	1317.65	0.0204
5	0.0051	2421.57	0.0255	0.0051	1723.53	0.0255	0.0051	1525.49	0.0255
6	0.0051	2592.16	0.0306	0.0051	1958.82	0.0306	0.0051	1607.84	0.0306
7	0.0051	2770.59	0.0357	0.0051	2090.20	0.0357	0.0051	1725.49	0.0357
K /(m²/s)	3.9232×10^{-5}			5.2076×10^{-5}			6.1962×10^{-5}		
q_e /(m³/m²)	0.02056			0.01972			0.01967		

表 4-9 $\lg K$ 与 $\lg \Delta p$ 的计算结果

$K/(\text{m}^2/\text{s})$	$\Delta p/\text{Pa}$	$\lg K$	$\lg \Delta p$
3.9232×10^{-5}	100000	-4.40636	5.00000
5.2076×10^{-5}	150000	-4.28336	5.17609
6.1962×10^{-5}	200000	-4.20787	5.30103

将三次实验的 $\lg K$-$\lg \Delta p$ 数据标绘于坐标上，得一直线如图 4-12 所示。

读取直线得斜率和截距，可求得 s 和 k，即斜率 $(1-s) = 0.6619$，$s = 0.3381$，$k = 9.65 \times 10^{-9}\,\text{m}^2/(\text{Pa·s})$。

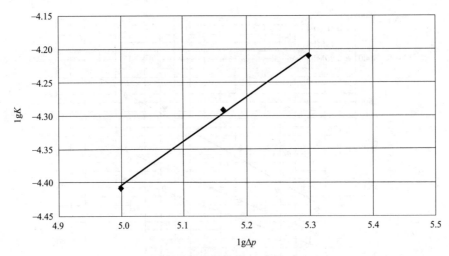

图 4-12　$\lg K$ 与 $\lg \Delta p$ 关系图

压力为 0.10MPa 下洗涤实验数据见表 4-10。

表 4-10　0.10MPa 下洗涤实验数据

序号	洗涤时间/s	洗涤水量/L
1	260	2
2	510	4
3	760	6

过滤终了时的速率：$\left(\dfrac{\mathrm{d}V}{\mathrm{d}\theta}\right)_{\text{终}}=\dfrac{KA^2}{2(V+V_{\mathrm{e}})}=\dfrac{KA}{2(q+q_{\mathrm{e}})}=\dfrac{3.9232\times10^{-5}\times0.098125}{2\times(0.0357+0.02056)}=3.42\times$
$10^{-5}\,\mathrm{m^3/s}$。

洗涤速率：$\left(\dfrac{\mathrm{d}V}{\mathrm{d}\theta}\right)_{\mathrm{w}}=\dfrac{(2+4+6)\times10^{-3}}{260+510+760}=7.84\times10^{-6}\,\mathrm{m^3/s}$。

速率之比：$\dfrac{\left(\dfrac{\mathrm{d}V}{\mathrm{d}\theta}\right)_{\text{终}}}{\left(\dfrac{\mathrm{d}V}{\mathrm{d}\theta}\right)_{\mathrm{w}}}=\dfrac{3.42\times10^{-5}}{7.84\times10^{-6}}=4.36$。

实验四　三管传热实验

1. 实验目的
① 了解实验流程及各设备（风机、蒸汽发生器、套管换热器）结构。
② 测定空气在套管内强制湍流时的对流传热系数，并确定 Nu、Re、Pr 之间的关系。
③ 测定饱和水蒸气在管外冷凝时的传热系数。
④ 测定空气和水蒸气在套管换热器中的总传热系数。

2. 实验原理
在工业生产和科学研究中经常采用间壁式换热装置来实现物料的加热或冷却。这种换热过程系冷热流体通过传热设备中传热元件的固体壁面进行热量交换。传热设备的能力通常用传热速率方程表示：

$$Q = KS\Delta t_{\mathrm{m}} \tag{4-22}$$

式中　Q——换热器单位时间内传递的热量，W；

$\quad\quad S$——换热器所提供的总传热面积，m^2；

$\quad\Delta t_{\mathrm{m}}$——换热器中冷热流体的对数平均传热温度差，℃。

无论是对于换热器设备的设计或是核算换热器的传热能力，都需要知道传热系数 K。

对于间壁传热过程，可以将其看成是由下述三个传热子过程串联而成：

① 热流体与固体壁面之间的对流传热过程；

② 热量通过固体壁面的热传导过程；

③ 固体壁面与冷流体之间的对流传热过程。

达到传热稳定时，根据传热学基本原理，可以写出各个子过程的传热速率方程：

$$Q_{\mathrm{h}} = \alpha_{\mathrm{h}} S_{\mathrm{h}} \Delta t_{\mathrm{mh}} = \frac{\Delta t_{\mathrm{mh}}}{\dfrac{1}{\alpha_{\mathrm{h}} S_{\mathrm{h}}}} \tag{4-23}$$

$$Q_{\mathrm{c}} = \alpha_{\mathrm{c}} S_{\mathrm{c}} \Delta t_{\mathrm{mc}} = \frac{\Delta t_{\mathrm{mc}}}{\dfrac{1}{\alpha_{\mathrm{c}} S_{\mathrm{c}}}} \tag{4-24}$$

$$Q_{\mathrm{w}} = \frac{\lambda}{b} S_{\mathrm{w}} \Delta t_{\mathrm{mw}} = \frac{\Delta t_{\mathrm{mw}}}{\dfrac{b}{\lambda S_{\mathrm{w}}}} \tag{4-25}$$

式中　Q——传热速率，W；

$\quad\quad \alpha$——对流传热系数，$\mathrm{W/(m^2 \cdot ℃)}$；

$\quad\quad S$——传热面积，m^2；

$\quad\Delta t_{\mathrm{m}}$——对数平均传热温差，℃；

$\quad\quad \lambda$——固体热导率，$\mathrm{W/(m \cdot ℃)}$；

$\quad\quad b$——固体壁面厚度，m；

下标 h——热流体；

下标 c——冷流体；

下标 w——壁面。

对稳态传热，忽略热损失，传热速率在理论上应该等于热流体的放热速率，也等于冷流体的吸热速率，即：

$$Q = Q_{\mathrm{h}} = Q_{\mathrm{c}} = Q_{\mathrm{w}} \tag{4-26}$$

由式(4-22)～式(4-26)得

$$\frac{1}{KS} = \frac{1}{\alpha_{\mathrm{h}} S_{\mathrm{h}}} + \frac{b}{\lambda S_{\mathrm{w}}} + \frac{1}{\alpha_{\mathrm{c}} S_{\mathrm{c}}} \tag{4-27}$$

$$\frac{1}{K} = \frac{S}{\alpha_{\mathrm{h}} S_{\mathrm{h}}} + \frac{bS}{\lambda S_{\mathrm{w}}} + \frac{S}{\alpha_{\mathrm{c}} S_{\mathrm{c}}} \tag{4-28}$$

可以对传热子过程进行研究，分别求出 α_{c}、α_{h}，即可计算出 K。

在本实验中空气走管程，几乎可以不用考虑热损失的影响，故在本实验中，选择测定空气的吸热速率作为换热器的传热速率，即：

$$Q=Q_c=W_c c_p (t_2-t_1) \tag{4-29}$$

式中 W_c——冷流体的质量流量，kg/s；

c_p——冷流体的平均恒压比热容，kJ/(kg·℃)；

t_1——冷流体的进口温度，℃；

t_2——冷流体的出口温度，℃。

由于固定壁面一般采用传热性能良好的金属，其热导率 λ 较大，且壁厚 b 较小，通常热传导的热阻力要较对流传热热阻小得多，系统看作平壁换热，则式（4-28）可以简化为

$$\frac{1}{K} \approx \frac{1}{\alpha_h}+\frac{1}{\alpha_c} \tag{4-30}$$

由于对流传热过程十分复杂，影响因素很多，目前尚不能通过解析法得到对流传热系数的关联式，通常是在大量实验的基础上找到影响对流传热系数的主要因素，再通过量纲分析得到准数关联式的一般式。

当流体无相变时，圆管内强制湍流时，流体对流传热系数准数方程的一般形式为：

$$Nu=ARe^B Pr^n \tag{4-31}$$

式中 Nu——$Nu=\dfrac{\alpha d_i}{\lambda}$，努塞尔数，无量纲；

Re——$Re=\dfrac{d_i u \rho}{\mu}$，雷诺准数，无量纲；

λ——流体热导率，W/(m·℃)；

d_i——圆管内径，m；

μ——流体黏度，Pa·s；

Pr——流体的普兰德准数，无量纲。

流体的物性 μ、λ、Pr 等由定性温度确定，定性温度等于换热器进出口流体的温度平均值。流体被冷却时，$n=0.3$；被加热时，$n=0.4$。

在本实验中，空气被加热，$n=0.4$。实验中，变换空气的流量，测定系列空气流量下的 Re、Nu，以 $\dfrac{Nu}{Pr^{0.4}}$ 对 Re 在双对数坐标图中作图，得到一条直线，直线的斜率为 B，截距为 A，从而确定 Nu 与 Re 的关系。

(1) 管内 Nu、α_c 的测定计算

① 管内空气质量流量的计算 W_c(kg/s)。使用状态时空气密度：(kg/m³)

$$\rho_1 = \frac{p_1}{p_0} \frac{T_0}{T_1} \rho_0$$

式中，$p_0=101325\text{Pa}$；$T_0=273+20=293\text{K}$；$\rho_0=1.205\text{kg/m}^3$（20℃时，空气密度）；$p_1=p_0+\text{PI01}$，PI01 为流量计前风压（Pa）；$T_1=273+\text{TI01}$，TI01 为进气温度（℃）。

则实际风量为：V_1(m³/h)

$$V_1=C_0 \cdot A_0 \sqrt{\frac{2\Delta p}{\rho_1}}=C_0 \cdot A_0 \sqrt{\frac{2\text{PDI01}}{\rho_1}} \times 3600 \tag{4-32}$$

式中 C_0——孔流系数，0.995；

A_0——孔口面积，$d_0=0.01717\text{m}$；

PDI01——压差，Pa；

ρ_1——空气实际密度。

管内空气的质量流量为：$W_c = \dfrac{V_1 \rho_1}{3600}(\text{kg/s})$。

② 管内雷诺数 Re 的计算。因为空气在管内流动时，其温度、密度、速度均发生变化，而质量流量却为定值，因此，其雷诺数的计算按下式进行：

$$Re = \frac{du\rho}{\mu} = \frac{4W_c}{\pi d \mu} \tag{4-33}$$

上式中的物性数据 μ 可按管内定性温度 $t_定 = (\text{TI}21 + \text{TI}23)/2$ 求出（以下计算均以光滑管为例）。

③ 热负荷计算。套管换热器在管外蒸汽和管内空气的换热过程中，管外蒸汽冷凝释放出潜热传递给管内空气，以空气为衡算物料进行换热器的热负荷计算，根据热量衡算式：

$$Q = W_c c_p \Delta t \tag{4-34}$$

式中　Δt——空气的温升，$\Delta t = \text{TI}21 - \text{TI}23$，℃；

　　　c_p——定性温度下的空气恒压比热容，kJ/(kg·℃)，管内流体定性温度 $t_定 = (\text{TI}21 + \text{TI}23)/2$；

　　　W_c——空气的质量流量，kg/s。

④ α_c、努塞尔数 Nu。由传热速度方程 $Q = \alpha_c S_i \Delta t_m$ 得

$$\alpha_c = \frac{Q}{\Delta t_m S_i} \tag{4-35}$$

式中　S_i——管内表面积 $S_i = d_i \pi L$，m^2，$d_i = 26\text{mm}$，$L = 1380\text{mm}$。

　　　Δt_m——管内平均温度差，$\Delta t_m = \dfrac{\Delta t_A - \Delta t_B}{\ln \dfrac{\Delta t_A}{\Delta t_B}}$，$\Delta t_A = \text{TI}24 - \text{TI}23$，$\Delta t_B = \text{TI}22 - \text{TI}21$。

$$Nu = \frac{\alpha_c d_i}{\lambda} \tag{4-36}$$

（2）管外 α_h 的测定计算

已知管内热负荷 Q，管外蒸汽冷凝传热速率方程为 $Q = \alpha_h S_o \Delta t_m$，可求得

$$\alpha_h = \frac{Q}{\Delta t_m S_o} \tag{4-37}$$

式中　S_o——管外表面积，$S = d_o \pi L$，m^2，$d_o = 30\text{mm}$，$L = 1380\text{mm}$。

　　　Δt_m——管外平均温度差。

$$\Delta t_m = \frac{\Delta t_A - \Delta t_B}{\ln(\Delta t_A / \Delta t_B)} \tag{4-38}$$

$$\Delta t_A = \text{TI}25 - \text{TI}24$$

$$\Delta t_B = \text{TI}25 - \text{TI}22$$

（3）总传热系数 K 的测定

① K_o 测定值。已知管内热负荷 Q，总传热方程 $Q = K_o S_o \Delta t_m$，可求得

$$K_o = \frac{Q}{S_o \Delta t_m} \tag{4-39}$$

式中 S_o——管外表面积，$S = d_o \pi L$，m^2；

Δt_m——平均温度差，℃。

$$\Delta t_m = \frac{\Delta t_A - \Delta t_B}{\ln(\Delta t_A / \Delta t_B)}$$

$$\Delta t_A = TI25 - TI23$$

$$\Delta t_B = TI25 - TI21$$

② K_o 计算值（以管外表面积为基准）。计算公式如下：

$$\frac{1}{K_{o计}} = \frac{d_o}{d_i} \cdot \frac{1}{\alpha_c} + \frac{d_o}{d_i} R_i + \frac{d_o}{d_m} \cdot \frac{b}{\lambda} + R_o + \frac{1}{\alpha_h} \tag{4-40}$$

式中 R_i，R_o——管内外污垢热阻，可忽略不计。

λ——铜的热导率，380W/(m·℃)。

由于污垢热阻可忽略，铜管管壁热阻也可忽略（铜的热导率很大且铜不厚），上式可简化为：

$$\frac{1}{K_{o计}} = \frac{d_o}{d_i} \cdot \frac{1}{\alpha_c} + \frac{1}{\alpha_h} \tag{4-41}$$

3. 实验装置与流程

（1）实验流程

三管传热实验流程见图 4-13。

（2）实验装置

本装置主体套管换热器内为一根紫铜管，外套管为不锈钢管。两端法兰连接，外套管设置有两对视镜，方便观察管内蒸汽冷凝情况。管内铜管测点间有效长度 1380mm。

空气由风机送出，经文丘里流量计后进入被加热铜管进行换热，自另一端排出放空。在空气进出口铜管管壁上分别装有 2 支热电阻，可分别测出两个截面上的壁温；空气管路前端分别设置一个测压点 PI01 和一个测温点 TI01，用于文丘里流量计算时对空气密度的校正。

蒸汽进入套管换热器，冷凝释放潜热。为防止蒸汽内有不凝气体，本装置设置有不凝气放空口，不凝气排空口排出的蒸汽经过风冷器冷却后，冷凝液则回流到蒸汽发生器内再利用。

（3）设备参数

套管换热器：内加热紫铜管，ϕ30mm×2mm，有效加热管长 1380mm；抛光不锈钢套管，ϕ76mm×2mm。

循环气泵：风压 27kPa，风量 210m^3/h，功率 2200W。

蒸汽发生器：容积 20L，电加热功率 9kW。

文丘里流量计：孔径 $d_0 = 17.17$mm，$C_0 = 0.995$。

热电阻传感器：Pt100，精度 0.1℃。

压差传感器 PDI01～PDI03：量程为 0～10kPa，使用介质为空气，使用温度为 0～85℃。

压力传感器 PI01：量程为 0～50kPa，使用介质为空气，使用温度为常温。

压力传感器 PIC01：量程为 0～10kPa，使用介质为水蒸气，使用温度为耐高温 120℃。

压力表 PI02：量程为 0～10kPa。

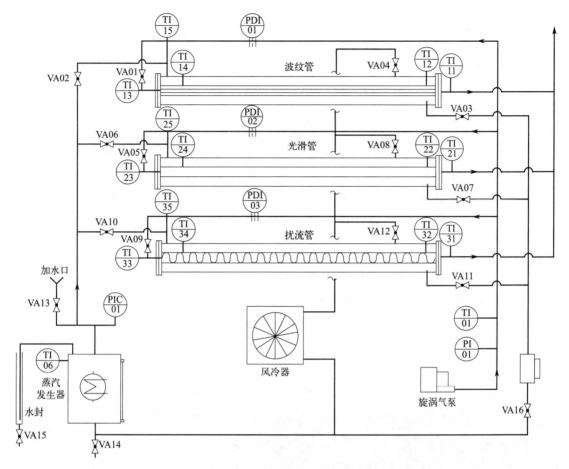

图 4-13　三管传热实验流程图

温度：TI01—风机出口气温（校正用），TI06—蒸汽发生器温度，TI11—波纹管出口温度，TI13—波纹管进气温度，TI14—波纹管进口截面壁温，TI12—波纹管出口截面壁温，TI15—波纹管夹套蒸汽温度，TI21—光滑管出口温度，TI23—光滑管空气进气温度，TI24—光滑管进口截面壁温，TI22—光滑管出口截面壁温，TI25—光滑管夹套蒸汽温度，TI31—扰流管空气出口温度，TI33—扰流管空气进气温度，TI34—扰流管进口截面壁温，TI32—扰流管出口截面壁温，TI35—扰流管夹套蒸汽温度

阀门：VA01—波纹管进气阀门，VA02—波纹管蒸汽进口阀，VA03—波纹管冷凝液排出阀，VA04—波纹管不凝气排出阀，VA05—光滑管进气阀门，VA06—光滑管蒸汽进口阀，VA07—光滑管冷凝液排出阀，VA08—光滑管不凝气排出阀，VA09—扰流管进气阀门，VA10—扰流管蒸汽进口阀，VA11—扰流管冷凝液排出阀，VA12—扰流管不凝气排出阀，VA13—蒸汽发生器进水阀，VA14—蒸汽发生器排水阀，VA15—安全液封排水阀，VA16—冷凝水储罐排水阀

压力：PI01—进气压力传感器（校正流量用），PIC01—蒸汽发生器压力

压差：PDI01—波纹管文丘里流量计压差传感器，PDI02—光滑管文丘里流量计压差传感器，PDI03—扰流管文丘里流量计压差传感器

4. 实验步骤及注意事项

（1）实验步骤

① 检查设备。检查蒸汽发生器中去离子水的液位，应保证液位在管 2/3 高度以上，防止加热时烧坏电加热棒，补水时需开启 VA13，通过加水口补充去离子水，玻璃安全液封液位保持在 10cm 左右；检查装置外供电是否正常供电；启动风机前，确保风机管路出口阀门

处于开启状态。

② 点击装置控制柜上面的总电源和控制电源按钮，打开触控一体机，检查触摸屏上温度、压力等检测点是否显示正常。

③ 打开 VA16 冷凝水储罐排水阀，打开三根管的蒸汽进出口阀门 VA02、VA06、VA10、VA03、VA04、VA07、VA08、VA11 及 VA12，点击蒸汽发生器，加热控制器为自动模式，压力设定值为 1kPa，点击启动，蒸汽发生器开始加热。

④ 待蒸汽发生器压力稳定在 1kPa 左右后，打开三根管的空气进口阀门 VA01、VA05 及 VA09，点击循环气泵，启动气泵（启动风机前，一定确保风机管路出口阀门处于开启状态，实验时三管阀门同时开启）。

⑤ 当换热管壁温≥98℃时，微调波纹管及光滑管进气阀门开度，使三根管文丘里压差计 PDI 大致相等，通过调节风机转速（风机最大转速为 2850r/min），分别记录压差计 PDI 为 0.10kPa、0.20kPa、0.40kPa、0.60kPa、0.80kPa、1.60kPa 及最大时的相关数据，每个数据点稳定五分钟左右，点击触屏记录数据即可记录实验数据。

⑥ 实验结束时，点击蒸汽发生器按钮，关闭电加热；保持冷空气继续流动 10 分钟左右，点击风机按钮关闭旋涡气泵电源。实验退出系统，关闭电脑，关闭控制电源，关闭总电源，关闭装置阀门（三管蒸汽进口阀、冷凝液排出阀、不凝气体排出阀和 VA16 冷凝水储罐排水阀必须等到冷却到室温才能关闭）。

三管传热实验软件操作界面见图 4-14。

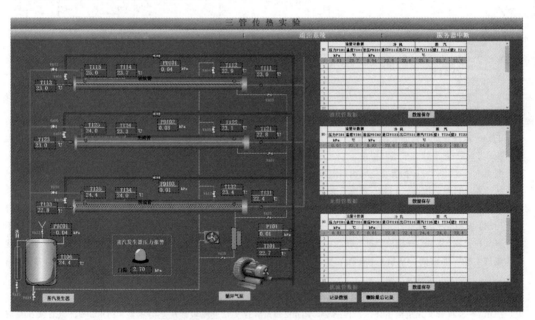

图 4-14　三管传热实验软件操作界面

（2）注意事项

① 在启动风机前，应检查三相动力电是否正常，缺相容易烧坏电机；同时为保证安全，实验前检查接地是否正常；确保风机管路出口阀门处于开启状态，实验时三管阀门同时开启。

② 每组实验前应检查蒸汽发生器内的水位是否合适，水位过低或无水，电加热会烧坏。

电加热是湿式电加热，严禁干烧。

③ 每改变一次空气流量，都要稳定 5 分钟以上等空气出口温度不变时，方可记录一组实验数据。

④ 实验结束时，先关闭加热电源，以便冷却套管换热器及管壁，保护热电偶接触正常。

5. 实验报告要求

① 列出原始数据表、整理数据表（换热量、对流传热系数、各准数以及重要的中间计算结果）并以其中一组数据为例进行计算。

② 利用图解法确定关联式 $Nu = ARe^B Pr^n$ 中 B 的数值。

③ 分析传热过程的总传热系数 K 与对流传热系数 α_i 的关系，明确其控制步骤，提出强化传热的途径。

6. 思考题

① 实验中冷流体和蒸汽的流向对传热效果有何影响？

② 蒸汽冷凝过程中，若存在不冷凝气体，对传热有何影响？应采取什么措施？

③ 实验过程中，冷凝水不及时排走，会产生什么影响？如何及时排走冷凝水？

④ 实验中，所测定的壁温是靠近蒸汽侧还是冷流体侧的温度？为什么？

⑤ 如果采用不同压力的蒸汽进行实验，对 α 关联式有何影响？

7. 数据记录表

实验装置号：＿＿＿＿＿　　　大气压：＿＿＿＿＿（kPa）　　　室温：＿＿＿＿＿（℃）

管内径：＿＿＿＿＿（mm）　　　管外径：＿＿＿＿＿（mm）　　　管长：＿＿＿＿＿（mm）

（1）波纹管

序号	流量计前风压 PI01/kPa	流量计前风温 TI01/℃	文丘里压差 PDI/kPa	进口风温 TI13/℃	出口风温 TI11/℃	出口壁温 TI12/℃	进口壁温 TI14/℃	蒸汽温度 TI15/℃
1								
2								
3								
4								
5								
6								
7								
8								

（2）光滑管

序号	流量计前风压 PI01/kPa	流量计前风温 TI01/℃	文丘里压差 PDI/kPa	进口风温 TI23/℃	出口风温 TI21/℃	出口壁温 TI22/℃	进口壁温 TI24/℃	蒸汽温度 TI25/℃
1								
2								
3								
4								
5								
6								
7								
8								

（3）扰流管

序号	流量计前风压 PI01/kPa	流量计前风温 TI01/℃	文丘里压差 PDI/kPa	进口风温 TI33/℃	出口风温 TI31/℃	出口壁温 TI32/℃	进口壁温 TI34/℃	蒸汽温度 TI35/℃
1								
2								
3								
4								
5								
6								
7								
8								

8. 数据处理结果示例

文丘里流量计孔径为 17.17mm，孔流系数为 $C_0 = 0.995$；铜管的内径为 26mm，外径为 30mm，管长 1.38m；大气压为 101.325kPa，铜的热导率 λ 取 380W/(m·℃)。

（1）光滑管套管换热器管内 α_c 的计算

实验数据计算举例（以表 4-11 中第 1 组数据为例）。

表 4-11　光滑管套管换热器实验数据

序号	PI01 /kPa	TI01 /℃	PDI01 /kPa	空气密度 /(kg/m³)	空气质量 流量 /(kg/s)	定性温度 /℃	TI23 /℃	TI21 /℃	TI25 /℃	TI24 /℃	TI22 /℃
1	0.2	29.3	0.15	1.170	0.00431	49.5	29.0	70.0	100.1	99.5	98.8
2	0.6	29.7	0.28	1.173	0.00589	48.8	29.4	68.1	100.1	99.4	98.4
3	1.2	30.6	0.45	1.177	0.00748	48.3	29.8	66.7	100.1	99.2	97.8
4	2.0	31.7	0.70	1.182	0.00935	48.3	30.6	65.9	100.1	99.0	97.5
5	2.9	33.1	1.10	1.186	0.01174	48.6	31.7	65.4	100.1	98.8	97.5
6	3.9	35.0	1.70	1.190	0.01462	49.3	33.4	65.1	100.1	99.0	97.2
7	4.9	36.9	2.40	1.194	0.01740	49.0	33.4	64.5	100.1	98.8	97.6

序号	传热量/W	Δt_A/℃	Δt_B/℃	Δt_m/℃	α_c测定 /[W/(m²·℃)]	Re	$Nu/Pr^{0.4}$
1	177.6	70.5	28.8	46.6	33.82	10774.0	35.92
2	229.1	70.0	30.3	47.4	42.88	14723.7	45.53
3	277.4	69.4	31.1	47.7	51.70	18698.3	54.79
4	331.7	68.4	31.6	47.7	61.90	23372.9	65.52
5	397.6	67.1	32.1	47.5	74.52	29347.4	78.86
6	465.8	65.6	32.1	46.9	88.40	36546.7	93.58
7	543.8	65.4	33.1	47.4	102.00	43496.1	108.10

序号	Δt_A /℃	Δt_B /℃	Δt_m /℃	α_h测定 /[W/(m²·℃)]	Δt_A /℃	Δt_B /℃	Δt_m /℃	K_o测定 /[W/(m²·℃)]	K_o计算 /[W/(m²·℃)]
1	0.6	1.3	0.9	1517.95	71.1	30.1	47.7	28.64	28.75
2	0.7	1.7	1.1	1602.10	70.7	32.0	48.8	36.11	36.32
3	0.9	2.3	1.5	1422.56	70.3	33.4	49.6	43.02	43.35
4	1.1	2.6	1.7	1500.90	69.5	34.2	49.8	51.24	51.63
5	1.3	2.6	1.9	1609.72	68.4	34.7	49.7	61.54	61.88
6	1.1	2.9	1.9	1885.83	66.7	35.0	49.2	72.83	73.39
7	1.3	2.5	1.8	2323.93	66.7	35.6	49.5	84.51	84.98

空气文丘里流量计压差 PDI01＝0.15kPa，流量计前风压，PI01＝0.2kPa

进口温度 TI23＝29.0℃，出口温度 TI21＝70.0℃

传热管内径 d_i＝26.0mm＝0.026m；

传热管有效长度 L（m）及传热面积 S_i（m^2）：L＝1.38m；

S_i＝$\pi L d_i$＝3.14×1.38×0.026＝0.1127m^2。

传热管测量段上空气平均物性常数的确定：

$$\bar{t}=\frac{TI21+TI23}{2}=\frac{29.0+70.0}{2}=49.5℃$$

据此查得：管内空气的平均比热容 c_p＝1005J/（kg·℃）；

管内空气的平均热导率 λ＝0.0283W/（m·℃）；

管内空气的平均黏度 μ＝1.96×10^{-5}Pa·s；

$$V_1=C_0A_0\sqrt{\frac{2\times\Delta p}{\rho_1}}=C_0A_0\sqrt{\frac{2\times(PDI01)}{\rho_1}}$$

流体的实际密度为

$$\rho_1=\frac{p_1T_0}{p_0T_1}\rho_0=\frac{(101.325+0.2)}{101.325}\times\frac{273+20}{273+29.3}\times1.205=1.170kg/m^3$$

孔口的截面积 $A_0=\frac{\pi}{4}d_0^2=\frac{3.14}{4}\times0.01717^2=0.000231m^2$

流体的质量为

$$W_c=V_1\rho_1=C_0A_0\rho_1\sqrt{\frac{2\times\Delta p}{\rho_1}}=C_0A_0\sqrt{2\times(PDI01)\rho_1}$$

$$=0.995\times0.000231\times\sqrt{2\times0.15\times1000\times1.170}=0.00431kg/s$$

传热速率为

$Q=W_cc_p\Delta t=0.00431\times1.005\times(70.0-29.0)=0.1776kJ/s=177.6W$

$\Delta t_A=TI24-TI23=99.5-29.0=70.5℃$ $\Delta t_B=TI22-TI21=98.8-70.0=28.8℃$

$$\Delta t_m=\frac{\Delta t_A-\Delta t_B}{\ln\frac{\Delta t_A}{\Delta t_B}}=\frac{70.5-28.8}{\ln\frac{70.5}{28.8}}=46.6℃$$

$$\alpha_c=\frac{Q}{\Delta t_mS_i}=\frac{177.6}{46.6\times0.1127}=33.82W/（m^2·℃）$$

传热准数 $Nu=\frac{\alpha_cd_i}{\lambda}=\frac{33.81\times0.026}{0.0283}=31.07$

$$Pr=\frac{c_p\mu}{\lambda}=\frac{1005\times1.96\times10^{-5}}{0.0283}=0.696$$

雷诺准数 $Re_i=\frac{u_id_i\rho}{\mu}=\frac{d_i}{\mu}\frac{W_c}{\frac{\pi d_i^2}{4}}=\frac{4W_c}{\pi d_i\mu}=\frac{4\times0.00431}{\pi\times0.026\times1.96\times10^{-5}}=10774.0$

$$\frac{Nu}{Pr^{0.4}}=\frac{31.06}{0.696^{0.4}}=35.92$$

在双对数坐标中，以 $\frac{Nu}{Pr^{0.4}}$ 对 Re 作图（图 4-15），回归得到准数关联式 $Nu=$

$ARe^{B}Pr^{0.4}$ 中的系数。

$A=0.023$、$B=0.7911$。Nu 与 Re 的关系如下：

$$Nu=0.023Re^{0.7911}Pr^{0.4}$$

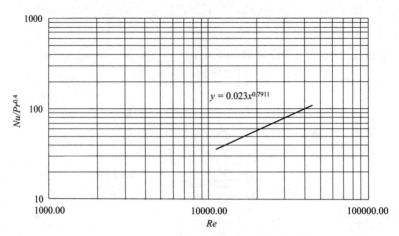

图 4-15　$Nu/Pr^{0.4}\text{-}Re$ 关系图

（2）管外 α_{h} 的测定计算

已知管内热负荷 Q，管外蒸汽冷凝传热速率方程为 $Q=\alpha_{h}S_{o}\Delta t_{m}$，可求得

$$\alpha_{h}=\frac{Q}{\Delta t_{m}S_{o}}$$

式中　S_{o}——管外表面积，$S_{o}=d_{o}\pi L$，$d_{o}=30\text{mm}$，$L=1380\text{mm}$；

　　Δt_{m}——管外平均温度差。

忽略管壁热阻，内外壁温一致：

$$\Delta t_{m}=\frac{\Delta t_{A}-\Delta t_{B}}{\ln(\Delta t_{A}/\Delta t_{B})}$$

$$\Delta t_{A}=TI25-TI24$$

$$\Delta t_{B}=TI25-TI22$$

$$\Delta t_{A}=TI25-TI24=100.1-99.5=0.6℃$$

$$\Delta t_{B}=TI25-TI22=100.1-98.8=1.3℃$$

$$\Delta t_{m}=\frac{\Delta t_{A}-\Delta t_{B}}{\ln(\Delta t_{A}/\Delta t_{B})}=\frac{0.6-1.3}{\ln0.6/1.3}=0.9℃$$

$$S_{o}=\pi L d_{o}=3.14×1.38×0.03=0.1300\text{m}^{2}$$

$$Q=W_{c}×c_{p}×\Delta t=0.00431×1.005×(70.0-29.0)=0.1776\text{kJ/s}=177.6\text{W}$$

$$\alpha_{h}=\frac{Q}{\Delta t_{m}S_{o}}=\frac{177.6}{0.9×0.1300}=1517.95\text{W}/(\text{m}^{2}\cdot℃)$$

（3）总传热系数 K 的测定

已知管内热负荷 Q，总传热方程 $Q=K_{o}S_{o}\Delta t_{m}$，可求得

$$K_{o}=\frac{Q}{S_{o}\Delta t_{m}}$$

式中　S_{o}——管外表面积，$S_{o}=d_{o}\pi L$。

Δt_m——平均温度差。

$$\Delta t_\mathrm{m} = \frac{\Delta t_\mathrm{A} - \Delta t_\mathrm{B}}{\ln(\Delta t_\mathrm{A}/\Delta t_\mathrm{B})}$$

$$\Delta t_\mathrm{A} = TI25 - TI23$$

$$\Delta t_\mathrm{B} = TI25 - TI21$$

$$S_\mathrm{o} = \pi L d_\mathrm{o} = 3.14 \times 1.38 \times 0.03 = 0.1300 \mathrm{m}^2$$

$$\Delta t_\mathrm{A} = TI25 - TI23 = 100.1 - 29.0 = 71.1℃$$

$$\Delta t_\mathrm{B} = TI25 - TI21 = 100.1 - 70.0 = 30.1℃$$

$$\Delta t_\mathrm{m} = \frac{\Delta t_\mathrm{A} - \Delta t_\mathrm{B}}{\ln(\Delta t_\mathrm{A}/\Delta t_\mathrm{B})} = \frac{71.1 - 30.1}{\ln(71.1/30.1)} = 47.7℃$$

$$K_\mathrm{o} = \frac{Q}{S_\mathrm{o}\Delta t_\mathrm{m}} = \frac{177.6}{0.1300 \times 47.7} = 28.64 \mathrm{W}/(\mathrm{m}^2 \cdot ℃)$$

K_o 计算值（以管外表面积为基准）

$$\frac{1}{K_\mathrm{o计}} = \frac{d_\mathrm{o}}{d_\mathrm{i}} \cdot \frac{1}{\alpha_\mathrm{c}} + \frac{d_\mathrm{o}}{d_\mathrm{i}}R_\mathrm{i} + \frac{d_\mathrm{o}}{d_\mathrm{m}} \cdot \frac{b}{\lambda} + R_\mathrm{o} + \frac{1}{\alpha_\mathrm{h}}$$

式中 R_i, R_o——管内外污垢热阻，可忽略不计；

λ——铜的热导率，380W/(m·℃)。

由于污垢热阻可忽略，铜管管壁热阻也可忽略（铜的热导率很大且铜不厚），上式可简化为：

$$\frac{1}{K_\mathrm{o计}} = \frac{d_\mathrm{o}}{d_\mathrm{i}\alpha_\mathrm{c}} + \frac{1}{\alpha_\mathrm{h}}$$

$$\frac{1}{K_\mathrm{o计}} = \frac{d_\mathrm{o}}{d_\mathrm{i}\alpha_\mathrm{c}} + \frac{1}{\alpha_\mathrm{h}} = \frac{30}{26 \times 33.82} + \frac{1}{1517.95} = 0.03478$$

$$K_\mathrm{o计} = 28.75 \mathrm{W}/(\mathrm{m}^2 \cdot ℃)$$

实验五　综合传热实验

1. 实验目的

① 了解实验流程及各设备结构（风机、蒸汽发生器、套管换热器）。

② 用实测法和理论计算法计算出管内传热膜系数 $\alpha_测$、$\alpha_计$、$Nu_测$、$Nu_计$ 及总传热系数 $K_测$、$K_计$，分别比较不同的计算值与实测值；并对光滑管与螺纹管的结果进行比较。

③ 在双对数坐标纸上标出 $Nu_测$ 与 Re 的关系，最后用计算机回归出 $Nu_测$ 与 Re 的关系，并给出回归的精度（相关系数 R）；并对光滑管与螺纹管的结果进行比较。

④ 比较两个 K 值与 α_i、α_o 的关系。

⑤ 了解列管换热器的内部结构和总传热系数 K 的测定方法。

2. 实验原理

冷流体空气与热流体水蒸气通过套管换热器的内管管壁发生热量交换的过程可分为三步：

① 套管环隙内的水蒸气通过冷凝给热将热量传给圆直水平管的外表面（S_o）；

② 热量从圆直水平管的外壁面以热传导的方式传至内壁面（S_i）；

③ 内壁面通过对流给热的方式将热量传给冷流体。

具体数据的计算如下：

（1）套管内空气的 Nu、α 的测定计算

① 管内空气质量流量的计算 W_c（kg/s）

使用状态时空气密度：

$$\rho_1 = \frac{p_1}{p_0} \frac{T_0}{T_1} \rho_0 \tag{4-42}$$

式中，$p_0 = 101325\text{Pa}$；$T_0 = 273 + 20 = 293\text{K}$；$\rho_0 = 1.205\text{kg/m}^3$（20℃时，空气密度）；$p_1 = p_0 + \text{PI01}$，PI01 为流量计前风压（Pa）；$T_1 = 273 + \text{TI01}$，TI01 为进气温度（℃）。

则实际风量为：V_1（m^3/h）

$$V_1 = C_0 A_0 \sqrt{\frac{2\Delta p}{\rho_1}} = C_0 A_0 \sqrt{\frac{2\text{PI01}}{\rho_1}} \times 3600 \tag{4-43}$$

式中 C_0——孔流系数，0.7；

        A_0——孔口面积；$d_0 = 0.01549\text{m}$；

    PI01——压差，Pa；

        ρ_1——空气实际密度。

管内空气的质量流量为：

$$W_c = \frac{V_1 \rho_1}{3600} \tag{4-44}$$

② 管内雷诺数 Re 的计算。因为空气在管内流动时，其温度、密度、速度均发生变化，而质量流量却为定值，因此，其雷诺数的计算按下式进行：

$$Re = \frac{du\rho}{\mu} = \frac{4W_c}{\pi d \mu} \tag{4-45}$$

上式中的物性数据 μ 可按管内定性温度 $t_定 = (\text{TI12} + \text{TI14})/2$ 求出（以下计算均以光滑管为例）。

③ 热负荷计算。套管换热器在管外蒸汽和管内空气的换热过程中，管外蒸汽冷凝释放出潜热传递给管内空气，以空气为衡算物料进行换热器的热负荷计算，根据热量衡算式：

$$Q = W_c c_p \Delta t \tag{4-46}$$

式中 Δt——空气的温升，$\Delta t = \text{TI14} - \text{TI12}$，℃；

      c_p——定性温度下的空气恒压比热容，kJ/(kg·℃)；管内流体定性温度 $t_定 = (\text{TI12} + \text{TI14})/2$；

    W_c——空气的质量流量，kg/s。

④ $\alpha_{i测}$、努塞尔特准数 $Nu_{i测}$。由传热速度方程 $Q = \alpha_i S_i \Delta t_m$ 可求得

$$\alpha_{i测} = \frac{Q}{\Delta t_m S_i} \tag{4-47}$$

式中 S_i——管内表面积，$S_i = d_i \pi L$，$d_i = 18\text{mm}$，$L = 1000\text{mm}$。

    Δt_m——管内平均温度差。

$$\Delta t_m = \frac{\Delta t_A - \Delta t_B}{\ln(\Delta t_A / \Delta t_B)}$$

$$\Delta t_A = TI15 - TI14$$

$$\Delta t_B = TI13 - TI12$$

$$Nu_{i测} = \frac{\alpha_{i测} d_i}{\lambda} \tag{4-48}$$

⑤ $\alpha_{i计}$、努塞尔特准数 $Nu_{i计}$

$$a_{i计} = 0.023 \frac{\lambda}{d} Re^{0.8} Pr^{0.4} \tag{4-49}$$

上式中的物性数据 λ、Pr 均按管内定性温度求出。

$$Nu_{i计} = 0.023 Re^{0.8} Pr^{0.4} \tag{4-50}$$

⑥ 普朗特数计算值

$$Pr = \frac{c_p \mu}{\lambda} \tag{4-51}$$

（2）管外 α_o 的计算

① 管外 $\alpha_{o测}$。已知管内热负荷 Q，管外蒸汽冷凝传热速率方程为 $Q = \alpha_o S_o \Delta t_m$，可求得

$$\alpha_{o测} = \frac{Q}{\Delta t_m S_o} \tag{4-52}$$

式中 S_o——管外表面积，$S = d_o \pi L$，$d_o = 22mm$，$L = 1000mm$；

Δt_m——管外平均温度差。

$$\Delta t_m = \frac{\Delta t_A - \Delta t_B}{\ln(\Delta t_A / \Delta t_B)} \tag{4-53}$$

$$\Delta t_A = TI25 - TI24$$

$$\Delta t_B = TI25 - TI22$$

② 管外 $\alpha_{o计}$。根据蒸汽在单根水平圆管外按膜状冷凝传热膜系数计算公式计算出：

$$\alpha_{o计} = 0.725 \left(\frac{\rho^2 \cdot g \cdot \lambda^3 \cdot r}{d_o \cdot \Delta t \cdot \mu} \right)^{\frac{1}{4}} \tag{4-54}$$

上式中有关水的物性数据均按管外膜平均温度查取。

$$t_定 = \frac{TI06 + t_W}{2} \qquad t_W = \frac{TI13 + TI15}{2} \qquad \Delta t = TI06 - t_W$$

（3）总传热系数 K 的测定

① K_o 测定值。已知管内热负荷 Q，总传热方程 $Q = K_o S_o \Delta t_m$，可求得

$$K_{o测} = \frac{Q}{S_o \Delta t_m} \tag{4-55}$$

式中 S_o——管外表面积，$S = d_o \pi L$，m^2；

Δt_m——平均温度差，℃。

$$\Delta t_m = \frac{\Delta t_A - \Delta t_B}{\ln(\Delta t_A / \Delta t_B)} \tag{4-56}$$

$$\Delta t_A = TI06 - TI12$$

$$\Delta t_B = TI06 - TI14$$

② K_o 计算值（以管外表面积为基准）

$$\frac{1}{K_{o\text{计}}} = \frac{d_o}{d_i} \cdot \frac{1}{\alpha_i} + \frac{d_o}{d_i}R_i + \frac{d_o}{d_m} \cdot \frac{b}{\lambda} + R_o + \frac{1}{\alpha_o} \tag{4-57}$$

式中　R_i，R_o——管内外污垢热阻，可忽略不计；

　　　　λ——铜的热导率，380W/(m·℃)。

由于污垢热阻可忽略，铜管管壁热阻也可忽略（铜的热导率很大且铜不厚），上式可简化为：

$$\frac{1}{K_{o\text{计}}} = \frac{d_o}{d_i} \cdot \frac{1}{\alpha_i} + \frac{1}{\alpha_o} \tag{4-58}$$

（4）列管换热器的计算

列管式换热器是工业生产中广泛使用的间壁式换热设备，由壳体、管束、管板、封头、挡板等主要部件组成。冷、热流体分别流过换热器的管程和壳程，通过管束的侧面积进行热量交换而完成加热或冷却任务。衡量一个换热过程传热性能好坏的指标是换热器的总传热系数（K 值）。

换热器的总传热系数可以通过实验测定。根据传热基本方程，换热器的传热速率等于其总传热系数 K、总传热面积 S 和平均传热温度差 Δt_m 的乘积：

$$Q = KS\Delta t_m \tag{4-59}$$

式中　Q——换热器单位时间内传递的热量，W；

　　　　S——换热器所提供的总传热面积，m^2；

　　　Δt_m——换热器中冷热流体的平均传热温度差，℃。

所以，只要测定了一个换热器的传热速率 Q、传热面积 S 和平均传热温度差 Δt_m，就可以计算出该换热器的总传热系数（K 值）。而在换热器中，如果忽略热损失，环隙内通水蒸气，管内通冷空气，在传热过程达到稳定时，有如下关系式：

$$Q_c = W_c c_{pc}(t_2 - t_1) = Q = KS\Delta t_m \tag{4-60}$$

式中　W_c——冷流体的质量流量，kg/s；$W_c = V\rho$；

　　　c_{pc}——冷流体的平均恒压比热容，kJ/(kg·℃)；

　　　　t_1——冷流体的进口温度，℃；

　　　　t_2——冷流体的出口温度，℃。

在本实验中冷空气走管程，几乎可以不用考虑热损失的影响，故在本实验中，选择测定冷空气的吸热速率来作为换热器的传热速率，总传热系数的计算公式为：

$$K = \frac{W_c c_{pc}(t_2 - t_1)}{S\Delta t_m} \tag{4-61}$$

① 热负荷计算。根据热量衡算式进行计算：

$$Q = W_c c_p \Delta t$$

式中　Δt——空气的温升，$\Delta t = \text{TI}34 - \text{TI}32$，℃；

　　　c_p——定性温度下的空气恒压比热容，kJ/(kg·℃)；管内定性温度 $t_{\text{定}} = (\text{TI}32 + \text{TI}34)/2$；

　　　W_c——空气的质量流量，kg/s。

② 总传热系数 K 的测定。已知管内热负荷 Q，总传热方程 $Q = K_o S_o \Delta t_m$，可求得

$$K_o = \frac{Q}{S_o \Delta t_m}$$

式中 S_o——管外表面积，$S_o = 15d_o\pi L$，$d_o = 19mm$，$L = 600mm$；

　　　Δt_m——平均温度差。

$$\Delta t_m = \frac{\Delta t_A - \Delta t_B}{\ln(\Delta t_A / \Delta t_B)} \quad \begin{array}{l} \Delta t_A = TI06 - TI32 \\ \Delta t_B = TI06 - TI34 \end{array}$$

（5）管内外物性参数计算

① 管内空气物性参数

空气的热导率与温度的关系式：$\lambda = (0.0753t_{定} + 24.45)/1000[W/(m \cdot ℃)]$

管内空气黏度与温度的关系式：$\mu = (0.0492t_{定} + 17.15)/10^6(Pa \cdot s)$

空气的比热容与温度的关系式：60℃以下 $c_p = 1005J/(kg \cdot ℃)$

　　　　　　　　　　　　　　　70℃以上 $c_p = 1009J/(kg \cdot ℃)$

② 管外冷凝水物性参数

密度与温度的关系：$\rho = 0.00002t_{定}^3 - 0.0059t_{定}^2 + 0.0191t_{定} + 999.99(kg/m^3)$

热导率与温度的关系：$\lambda = -0.00001t_{定}^2 + 0.0023t_{定} + 0.5565[W/(m \cdot ℃)]$

黏度与温度的关系：$\mu = (0.0418t_{定}^2 - 11.14t_{定} + 979.02)/10^6(Pa \cdot s)$

汽化热与温度的关系：$r = -0.0019t_{定}^2 - 2.1265t_{定} + 2489.3(kJ/kg)$

3. 实验装置与流程

（1）实验流程

综合传热实验流程见图 4-16。

（2）实验装置

本装置主体套管换热器内为一根紫铜管，外套管为不锈钢管。两端法兰连接，外套管设置有一对视镜，方便观察管内蒸汽冷凝情况。管内铜管测点间有效长度1000mm。螺纹管换热器内有弹簧螺纹，作为管内强化传热，与光滑管内无强化传热进行比较。列管换热器总长600mm，换热管共15根。

空气由风机送出，经孔板流量计后进入被加热铜管进行加热升温，自另一端排出放空。在进出口两个截面上铜管管壁内和管内空气中心分别装有2支热电阻，可分别测出两个截面上的壁温和管中心的温度；一个热电阻TI01可将孔板流量计前进口的气温测出，另一热电阻可将蒸汽发生器内温度TI06测出。

蒸汽来自蒸汽发生器，发生器内装有一组6kW加热源，由调压器控制加热电压以便控制加热蒸汽量。蒸汽进入套管换热器的壳程，冷凝释放潜热，为防止蒸汽内有不凝气体，本装置设置有放空口，不凝气体经风冷器冷凝后和冷凝液回流到蒸汽发生器内再利用。

（3）设备参数

套管换热器：内加热紫铜管，$\phi22mm \times 2mm$，有效加热管长1000mm；外抛光不锈钢套管，$\phi76mm \times 2mm$。

列管换热器：不锈钢管，$\phi19mm \times 1.5mm$，总长600mm，共15根。

循环气泵：风压16kPa，风量145m^3/h，850W。

蒸汽发生器：容积20L，电加热功率6kW。

压力传感器PIC01：量程为0~10kPa，使用介质为水蒸气，使用温度为耐高温120℃。

压力传感器PI01：量程为0~20kPa，使用介质为水蒸气，使用温度为常温。

差压传感器PDI01：量程为0~5kPa，使用介质为空气，使用温度为常温。

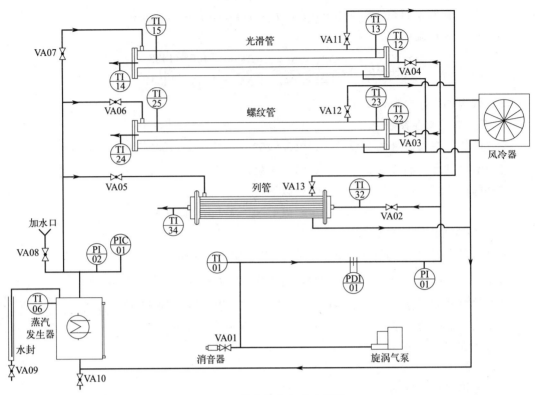

图 4-16　综合传热实验流程图

温度：TI01—风机出口气温（校正用），TI12—光滑管冷空气进气温度，TI22—螺纹管冷空气进气温度，TI13—光
　　　滑管冷空气进口截面壁温，TI23—螺纹管冷空气进口截面壁温，TI14—光滑管冷空气出气温度，TI24—螺
　　　纹管冷空气出气温度，TI15—光滑管冷空气出口截面壁温，TI25—螺纹管冷空气出口截面壁温，TI32—列
　　　管冷空气进气温度，TI34—列管冷空气出气温度，TI06—蒸汽发生器内水温＝管外蒸汽温度（因蒸汽与大
　　　气相通，蒸汽发生器内接近常压，故 TI06 也可看作管外饱和蒸汽温度）

阀门：VA01—旁路阀，VA02—列管冷空气进口阀，VA03—螺纹管冷空气进口阀，VA04—光滑管冷空气进口阀，
　　　VA05—列管蒸汽进口阀，VA06—螺纹管蒸汽进口阀，VA07—光滑管蒸汽进口阀，VA08—加水口阀，
　　　VA09 液封排水口阀门，VA10—蒸汽发生器排水口阀门，VA11—光滑管出口蒸汽截止阀，VA12—螺纹管出
　　　口蒸汽截止阀，VA13—列管出口蒸汽截止阀

压力：PIC01、PI02—蒸汽发生器压力（控制蒸汽量用），PI01—进气压力传感器（校正流量用）

压差：PDI01—孔板流量计压差传感器

压力表 PI02：量程为 0～10kPa。

孔板流量计：孔径 $d_0 = 15.49$mm，$C_0 = 0.7$。

热电阻传感器：Pt100，精度 0.1℃。

4. 实验步骤及注意事项

（1）实验步骤

① 检查设备：检查蒸汽发生器中去离子水的液位，应保证液位在管 2/3 高度以上，防
止加热时烧坏电加热棒，通过加水口补充去离子水，玻璃安全液封液位保持在 10cm 左右；
检查装置外供电是否正常供电；启动风机前，确保风机管路旁路阀门 VA01 处于全开状态。

② 点击装置控制柜上面的总电源和控制电源按钮，打开触控一体机，检查触摸屏上温
度、压力等检测点是否显示正常。

③ 打开光滑管的蒸汽进口阀门 VA07，点击加热控制，选择自动模式，压力设定值为

1kPa，点击启动，蒸汽发生器开始加热。

④ 待蒸汽发生器压力稳定在 1kPa 左右后，全开光滑管的蒸汽出口阀门 VA11 及空气进口阀门 VA04，启动循环气泵（启动气泵前，一定确保风机管路旁路阀门处于全开状态）。点击屏幕上的光滑管选项卡，通过调节旁路阀门 VA01，分别记录压差计 PDI01 为 0.4kPa、0.5kPa、0.65kPa、0.85kPa、1.15kPa、1.5kPa、2.0kPa 时的相关数据，每个数据点稳定五分钟左右，点击触屏记录数据即可记录实验数据。

⑤ 点击屏幕上的螺纹管选项卡进行螺纹管实验，关闭 VA04、VA07 及 VA11，全开 VA03 及 VA06，等待两分钟后，全开 VA12，通过调节旁路阀门 VA01，分别记录压差计 PDI01 为 0.4kPa、0.5kPa、0.65kPa、0.85kPa、1.15kPa、1.5kPa、2.0kPa 时的相关数据，每个数据点稳定五分钟左右，点击屏幕记录数据即可记录实验数据。

⑥ 点击屏幕上的列管选项卡进行列管实验，关闭 VA03、VA06 及 VA12，全开 VA02 及 VA05，等待两分钟后，全开 VA13，通过调节旁路阀门 VA01，分别记录压差计 PDI01 为 0.4kPa、0.5kPa、0.65kPa、0.85kPa、1.15kPa、1.5kPa、2.0kPa 时的相关数据，每个数据点稳定五分钟左右，点击屏幕记录数据即可记录实验数据。列管换热器调节换热面积实验：如需做列管换热器不同换热面积实验，可将进风端快装卡盘打开，根据实验设计使用橡胶塞将若干列管进行堵塞即可，实验可根据堵塞列管根数（0 根、3 根、6 根、9 根）依次进行设计，数据记录按照上述实验步骤进行操作，记录数据后进行手动计算。

⑦ 实验结束时，点击加热控制按钮，停止加热；保持冷空气继续流动 10 分钟左右，点击循环气泵按钮，停止气泵。点击退出系统，一体机关机，关闭控制电源，关闭总电源，关闭装置阀门。

综合传热实验软件操作界面如图 4-17 所示。

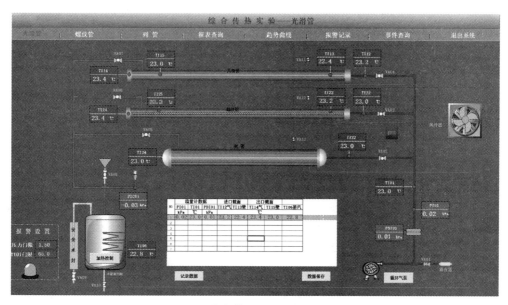

图 4-17　综合传热实验软件操作界面

（2）注意事项

① 在启动风机前，应检查三相动力电是否正常，缺相容易烧坏电机；同时为保证安全，实验前检查接地是否正常；确保风机管路旁路阀门处于全开状态。

② 每组实验前应检查蒸汽发生器内的水位是否合适，水位过低或无水，电加热会烧坏。电加热是湿式电加热，严禁干烧。

③ 每改变一次空气流量，都要稳定 5 分钟以上等空气出口温度不变时，方可记录一组实验数据。

④ 实验结束时，先关闭加热电源，以便冷却套管换热器及管壁，保护热电偶接触正常。

5. 实验报告要求

① 将光滑管与螺纹管换热器测得的冷流体传热系数的实验值进行比较，并分析讨论。

② 按冷流体传热系数的模型式 $Nu/Pr^{0.4}=ARe^{B}$，在双对数坐标纸上标出 $Nu_{i测}/Pr^{0.4}$ 与 Re 的关系，确定式中常数 A 及 B。

③ 计算列管换热器的总传热系数。

6. 思考题

① 蒸汽冷凝过程中，若存在不冷凝气体，对传热有何影响？应采取什么措施？

② 实验过程中，冷凝水不及时排走，会产生什么影响？如何及时排走冷凝水？

③ 实验中，所测定的壁温是靠近蒸汽侧还是冷流体侧的温度？为什么？

④ 如果采用不同压力的蒸汽进行实验，对 α 关联式有何影响？

7. 数据记录表

实验装置号：_____   大气压：_____（kPa）   室温：_____（℃）

（1）光滑管数据

直管内径：_____（m）   直管长度：_____（m）

序号	流量计前风压 PI01/kPa	流量计前风温 TI01/℃	孔板压差 PDI01/kPa	进口风温 TI12/℃	进口壁温 TI13/℃	出口风温 TI14/℃	出口壁温 TI15/℃	蒸汽温度 TI06/℃
1								
2								
3								
4								
5								
6								
7								
8								

（2）螺纹管数据

直管内径：_____（m）   直管长度：_____（m）

序号	流量计前风压 PI01/kPa	流量计前风温 TI01/℃	孔板压差 PDI01/kPa	进口风温 TI22/℃	进口壁温 TI23/℃	出口风温 TI24/℃	出口壁温 TI25/℃	蒸汽温度 TI06/℃
1								
2								
3								
4								
5								
6								
7								
8								

（3）列管数据

列管直管外径：_____（m）　　列管长度：_____（m）　　列管数量：_____（根）

堵塞根数	换热面积/m²	流量计数据			冷流体		蒸汽
		PI01/kPa	TI01/℃	PDI01/kPa	TI32/℃	TI34/℃	TI06/℃
0							
3							
6							
9							

8. 数据处理结果示例

（1）光滑管内 α 的计算

表 4-12　光滑管套管换热器实验数据

序号	流量计前风压 PI01/kPa	流量计前风温 TI01/℃	孔板压差 PDI01/kPa	进口风温 TI12/℃	进口壁温 TI13/℃	出口风温 TI14/℃	出口壁温 TI15/℃	蒸汽温度 TI06/℃
1	0.86	15.4	0.46	14.5	95.4	61.0	98.4	100.0
2	0.90	15.6	0.55	15.0	95.2	60.4	98.4	100.0
3	1.19	15.7	0.66	14.6	94.8	59.4	98.4	100.0
4	1.51	15.6	0.84	14.8	94.6	58.8	98.2	100.0
5	2.09	16.7	1.17	15.8	94.0	58.2	98.1	100.0
6	2.74	18.0	1.53	17.0	93.6	58.0	98.0	100.0
7	3.59	21.0	2.00	18.6	93.0	58.0	97.8	100.0

以表 4-12 中第 1 组数据为例。

孔板流量计孔径 15.49mm，孔流系数 $C_0=0.7$；铜管内径 18mm，外径 22mm，管长 1.0m；大气压 101.325kPa；铜的热导率 λ 取 380W/(m·℃)。

风机空气出口气温 TI01＝15.4℃，流量计前风压 PI01＝0.86kPa，孔板流量计压差 PDI01＝0.46kPa。套管进口温度 TI12＝14.5℃，出口温度 TI14＝61.0℃

传热管内径 $d_i=0.018$m，传热管有效长度 $L=1.0$m，传热面积 $S_i=\pi L d_i=3.14\times1.0\times0.018=0.05652$m²

管内空气平均物性常数的确定

$$t_{定}=\frac{TI12+TI14}{2}=\frac{14.5+61.0}{2}=37.8℃$$

查得：管内空气的平均比热容 $c_p=1005$J/(kg·℃)；

管内空气的平均热导率 $\lambda=0.0283$W/(m·℃)；

管内空气的平均黏度 $\mu=1.96\times10^{-5}$Pa·s；

$$V_1=C_0 A_0\sqrt{\frac{2\Delta p}{\rho_1}}=C_0 A_0\sqrt{\frac{2\times(PDI01)}{\rho_1}}$$

空气的实际密度为

$$\rho_1=\frac{p_1 T_0}{p_0 T_1}\rho_0=\frac{(101.325+0.86)}{101.325}\times\frac{273+20}{273+15.4}\times1.205=1.235\text{kg/m}^3$$

孔口的截面积 $A_0=\frac{\pi}{4}d_0^2=\frac{3.14}{4}\times0.01549^2=0.000188$m²

空气的质量流量为

$$W_c = V_1\rho_1 = C_0 A_0 \rho_1 \sqrt{\frac{2\Delta p}{\rho_1}} = C_0 A_0 \sqrt{2(\text{PDI01})\rho_1}$$

$$= 0.7 \times 0.000188 \times \sqrt{2 \times 0.46 \times 1000 \times 1.235} = 0.004436 \text{kg/s}$$

传热速率 $Q = W_c c_p \Delta t = 0.004436 \times 1.005 \times (61.0 - 14.5) = 0.2073 \text{kJ/s} = 207.3 \text{W}$

$\Delta t_A = \text{TI13} - \text{TI12} = 95.4 - 14.5 = 80.9 ℃ \qquad \Delta t_B = \text{TI15} - \text{TI14} = 98.4 - 61.0 = 37.4 ℃$

$$\Delta t_m = \frac{\Delta t_A - \Delta t_B}{\ln \dfrac{\Delta t_A}{\Delta t_B}} = \frac{80.9 - 37.4}{\ln \dfrac{80.9}{37.4}} = 56.4 ℃$$

$$\alpha_{i测} = \frac{Q}{\Delta t_m S_i} = \frac{207.3}{56.4 \times 0.05652} = 65.03 \text{W/(m}^2 \cdot ℃)$$

管内努塞尔数 $Nu_{i测} = \dfrac{\alpha_i d_i}{\lambda_i} = \dfrac{65.03 \times 0.018}{0.0283} = 41.36$

$$Re = \frac{du\rho}{\mu} = \frac{4W_c}{\pi d\mu} = \frac{4 \times 0.004436}{3.14 \times 0.018 \times 1.96 \times 10^{-5}} = 16017.4$$

$$Pr = \frac{c_p \mu}{\lambda} = \frac{1005 \times 1.96 \times 10^{-5}}{0.0283} = 0.696$$

$$\frac{Nu_{i测}}{Pr^{0.4}} = \frac{41.36}{0.696^{0.4}} = 47.81$$

以 $\dfrac{Nu_{i测}}{Pr^{0.4}}$-$Re$ 作图，光滑管 $Nu_{i测}/Pr^{0.4}$-Re 的关系图如图 4-18 所示，回归得到准数关联式 $Nu = ARe^B Pr^{0.4}$ 中的系数。

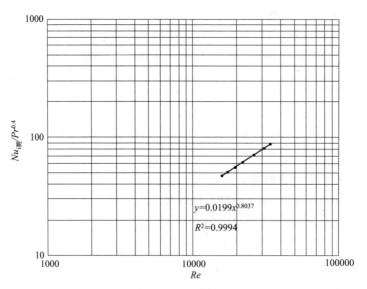

图 4-18　光滑管 $Nu_{i测}/Pr^{0.4}$ 与 Re 的关系图

$A = 0.0199$、$B = 0.8037$，则 $Nu = 0.0199Re^{0.8037} Pr^{0.4}$

α 的经验计算，努塞尔数分别为：

$$\alpha_{i计} = 0.023 \frac{\lambda}{d} Re^{0.8} Pr^{0.4} = 0.023 \times \frac{0.0283}{0.018} \times 16017.4^{0.8} \times 0.696^{0.4} = 72.27 \text{W/(m}^2 \cdot ℃)$$

$$Nu_{计} = 0.023Re^{0.8}Pr^{0.4} = 0.023 \times 16017.4^{0.8} \times 0.696^{0.4} = 45.97$$

（2）光滑管外 α_o 的计算

① 管外 $\alpha_{o测}$ 值。已知管内热负荷 Q，管外蒸汽冷凝传热速率方程为 $Q = \alpha_o S_o \Delta t_m$，可求得

$$\alpha_{o测} = \frac{Q}{\Delta t_m S_o}$$

式中　S_o——管外表面积，$S = d_o \pi L$，$d_o = 22\text{mm}$，$L = 1000\text{mm}$；

　　　Δt_m——管外平均温度差。

$$\Delta t_m = \frac{\Delta t_A - \Delta t_B}{\ln(\Delta t_A / \Delta t_B)} = \frac{\Delta t_A + \Delta t_B}{2}$$

$$\Delta t_A = \text{TI06} - \text{TI13}$$

$$\Delta t_B = \text{TI06} - \text{TI15}$$

$$\Delta t_A = \text{TI06} - \text{TI13} = 100.0 - 95.4 = 4.6\text{℃}$$

$$\Delta t_B = \text{TI06} - \text{TI15} = 100.0 - 98.4 = 1.6\text{℃}$$

$$\Delta t_m = \frac{\Delta t_A - \Delta t_B}{\ln(\Delta t_A / \Delta t_B)} = \frac{4.6 - 1.6}{\ln\dfrac{4.6}{1.6}} = 2.8\text{℃}$$

$$S_o = \pi L d_o = 3.14 \times 1.0 \times 0.022 = 0.0691\text{m}^2$$

$$Q = W_c c_p \Delta t = 0.004436 \times 1.005 \times (61.0 - 14.5) = 0.2073\text{kJ/s} = 207.3\text{W}$$

$$\alpha_{o测} = \frac{Q}{\Delta t_m S_o} = \frac{207.3}{2.8 \times 0.0691} = 1071.43\text{W/(m}^2 \cdot \text{℃)}$$

② 管外 $\alpha_{o计}$ 值。根据蒸汽在单根水平圆管外按膜状冷凝传热膜系数计算公式计算出：

$$\alpha_o = 0.725\left(\frac{\rho^2 \cdot g \cdot \lambda^3 \cdot r}{d_o \cdot \Delta t \cdot \mu}\right)^{1/4}$$

上式中有关水的物性数据均按管外膜平均温度查取物性数据

$$t_w = \frac{\text{TI13} + \text{TI15}}{2} = \frac{95.4 + 98.4}{2} = 96.9\text{℃}$$

$$t_{定} = \frac{\text{TI06} + t_w}{2} = \frac{100.0 + 96.9}{2} = 98.45\text{℃}$$

$$\Delta t = \text{TI06} - t_w = 100.0 - 96.9 = 3.1\text{℃}$$

管外 $t_{定} = (\text{TI06} + t_w)/2 = (100.0 + 96.9)/2 = 98.4\text{℃}$

密度 $\rho = 0.00002t_{定}^3 - 0.0059t_{定}^2 + 0.0191t_{定} + 999.99 = 963.8\text{kg/m}^3$

热导率 $\lambda = -0.00001t_{定}^2 + 0.0023t_{定} + 0.5565 = 0.686\text{W/(m} \cdot \text{℃)}$

黏度 $\mu = (0.0418t_{定}^2 - 11.14t_{定} + 979.02)/10^6 = 2.874 \times 10^{-4}\text{Pa} \cdot \text{s}$

汽化热 $r = -0.0019t_{定}^2 - 2.1265t_{定} + 2489.3 = 2261.5\text{kJ/kg}$

$$\alpha_{o计} = 0.725\left(\frac{\rho^2 \cdot g \cdot \lambda^3 \cdot r}{d_o \cdot \Delta t \cdot \mu}\right)^{1/4}$$

$$= 0.725 \times \left(\frac{963.8^2 \times 9.81 \times 0.686^3 \times 2.2615 \times 10^6}{0.022 \times 3.1 \times 2.874 \times 10^{-4}}\right)^{1/4} = 17499.40\text{W/(m}^2 \cdot \text{℃)}$$

（3）光滑套管总传热系数 K 的计算

① $K_{o测}$ 值。已知管内热负荷 Q，总传热方程 $Q = K_o S_o \Delta t_m$，可求得

$$K_o = \frac{Q}{S_o \Delta t_m}$$

式中 S_o——管外表面积，$S_o=d_o\pi L$；

Δt_m——平均温度差。

$$\Delta t_m = \frac{\Delta t_A - \Delta t_B}{\ln(\Delta t_A/\Delta t_B)} = \frac{\Delta t_A + \Delta t_B}{2}$$

$$\Delta t_A = TI06 - TI12$$

$$\Delta t_B = TI06 - TI14$$

$$S_o = \pi L d_o = 3.14 \times 1.0 \times 0.022 = 0.0691 \text{m}^2$$

$$\Delta t_A = TI06 - TI12 = 100.0 - 14.5 = 85.5℃$$

$$\Delta t_B = TI06 - TI14 = 100.0 - 61.0 = 39.0℃$$

$$\Delta t_m = \frac{\Delta t_A - \Delta t_B}{\ln(\Delta t_A/\Delta t_B)} = \frac{85.5 - 39.0}{\ln\dfrac{85.5}{39.0}} = 59.2℃$$

$$K_{o测} = \frac{Q}{S_o \Delta t_m} = \frac{207.3}{0.0691 \times 59.2} = 50.68 \text{W/(m}^2 \cdot ℃)$$

② $K_{o计}$ 值（以管外表面积为基准）

$$\frac{1}{K_{o计}} = \frac{d_o}{d_i} \cdot \frac{1}{\alpha_i} + \frac{d_o}{d_i}R_i + \frac{d_o}{d_m} \cdot \frac{b}{\lambda} + R_o + \frac{1}{\alpha_o}$$

式中 R_i，R_o——管内外污垢热阻，可忽略不计；

λ——铜的热导率，$380\text{W/(m}\cdot℃)$。

由于污垢热阻可忽略，铜管的管壁热阻也可忽略（铜的热导率很大且铜不厚），上式可简化为：

$$\frac{1}{K_{o计}} = \frac{d_o}{d_i} \cdot \frac{1}{\alpha_i} + \frac{1}{\alpha_o}$$

$$K_{o测计} = 1/(\frac{d_o}{d_i} \cdot \frac{1}{\alpha_i} + \frac{1}{\alpha_o}) = 1/(\frac{22}{18} \times \frac{1}{65.03} + \frac{1}{1071.43}) = 50.69 \text{W/(m}^2 \cdot ℃)$$

$$K_{o计} = 1/(\frac{d_o}{d_i} \cdot \frac{1}{\alpha_{i计}} + \frac{1}{\alpha_{o计}}) = 1/(\frac{22}{18} \times \frac{1}{72.27} + \frac{1}{17499.40}) = 58.93 \text{W/(m}^2 \cdot ℃)$$

光滑管套管换热器实验数据计算结果见表 4-13。

表 4-13 光滑管套管换热器实验数据计算结果

序号	Re	管内有关计算结果		管外结果		总传热系数		
		$\alpha_{i测}$	$\alpha_{i计}$	$\alpha_{o计}$	$\alpha_{o测}$	$K_{o测}$	$K_{o计}$	$K_{o测计}$
		/[W/(m^2·℃)]		/[W/(m^2·℃)]		/[W/(m^2·℃)]		
1	16017.4	65.03	72.27	17499.40	1071.43	50.68	58.93	50.69
2	17508.7	69.65	77.60	17367.10	1113.83	54.20	63.26	54.21
3	19202.2	74.18	83.55	17105.87	1117.59	57.55	68.09	57.57
4	21704.4	82.22	92.16	16863.17	1165.64	63.48	75.07	63.60
5	25636.6	94.06	105.29	16476.52	1216.03	72.36	85.70	72.38
6	29341.2	105.21	117.29	16225.66	1275.04	80.48	95.40	80.64

（4）列管总传热系数 K 的计算

以表 4-14 第 1 行数据为例。

列管换热器内部圆管外径 $D=19\text{mm}$，$n=15$ 根，$L=600\text{mm}$，最大换热面积为

$$S_o = n\pi L d_o = 15 \times 3.14 \times 0.6 \times 0.019 = 0.53694 \text{m}^2$$

$$\Delta t_A = TI06 - TI32 = 100.0 - 13.8 = 86.2 ℃$$

$$\Delta t_B = TI06 - TI34 = 100.0 - 75.2 = 24.8 ℃$$

$$\Delta t_m = (\Delta t_A - \Delta t_B)/\ln(\Delta t_A/\Delta t_B) = 49.3 ℃$$

管内空气 $t_{定} = (TI32 + TI34)/2 = (13.8 + 75.2)/2 = 44.5 ℃$

管内空气黏度 $\mu = (0.0492 t_{定} + 17.15)/10^6 = 19.34 \times 10^{-6} \text{Pa} \cdot \text{s}$

管内空气热导率 $\lambda = (0.0753 t_{定} + 24.45)/1000 = 0.0278 \text{W}/(\text{m} \cdot ℃)$

普朗特数 $Pr = c_p \mu/\lambda = 1.005 \times 10^3 \times 19.34 \times 10^{-6}/0.0278 = 0.6992$ [其中 c_p 为空气比热容，以 $1.005 \text{kJ}/(\text{kg} \cdot ℃)$ 计]

空气密度为

$$\rho_1 = \frac{p_1 T_0}{p_0 T_1} \rho_0 = \frac{(101.325 + 2.15)}{101.325} \times \frac{273 + 20}{273 + 40} \times 1.205 = 1.152 \text{kg/m}^3$$

$$W_c = V_1 \rho_1 = C_0 A_0 \rho_1 \sqrt{\frac{2\Delta p}{\rho_1}} = C_0 A_0 \sqrt{2 \ (PDI01) \ \rho_1}$$

$$= 0.7 \times 0.000188 \times \sqrt{2 \times 1.42 \times 1000 \times 1.152} = 0.007527 \text{kg/s}$$

热负荷为

$$Q = W_c c_p \Delta t = 0.007527 \times 1.005 \times (75.2 - 13.8) = 0.4645 \text{kJ/s} = 464.5 \text{W}$$

$$K_{测} = Q/(S_o \Delta t_m) = 464.5/(0.53694 \times 49.3) = 17.55 \text{W}/(\text{m}^2 \cdot ℃)$$

表 4-14　列管数据及实验结果

堵塞根数	换热面积 /m²	流量计数据			冷流体		蒸汽	热负荷 Q /W	温差 Δt_m /℃	$K_{测}$ /[W/(m²·℃)]
		PI01 /kPa	TI01 /℃	PDI01 /kPa	TI32	TI34 /℃	TI06			
0	0.53694	2.15	40.0	1.42	13.8	75.2	100.0	464.5	49.3	17.55
3	0.42955	2.16	40.0	1.42	13.7	74.6	100.2	460.7	50.0	21.45
6	0.32216	2.16	40.0	1.42	13.9	73.4	100.2	450.0	50.9	27.44
9	0.21478	2.17	40.0	1.41	14.2	72.0	100.2	437.2	51.8	39.30

实验六　蒸发实验

1. 实验目的

① 了解蒸发系统的流程和结构，掌握蒸发器的操作。

② 测定蒸发器的传热系数。

2. 实验原理

蒸发属于间壁传热过程，一般用饱和水蒸气作热源，在管外壁冷凝，被蒸发的溶液则在管内沸腾。根据传热方程有：

$$Q = KS(T - t) \tag{4-62}$$

已知传热速率 Q、传热面积 S、加热蒸汽温度 T 和溶液沸点 t，可以由上式计算传热系数 K。其中传热面积 S 根据蒸发器几何尺寸计算；加热蒸汽温度 T 可根据其压力和饱和水蒸气的 p-T 关系确定；沸点可以根据二次蒸汽温度和溶液的沸点升高计算，如果沸点升高可以忽略，沸点就等于二次蒸汽温度。传热速率 Q 则可根据蒸发器的热平衡计算。

$$Q = Dr = Wr' + Fc_p(t - t_0) + Q_L \tag{4-63}$$

式中　W——二次蒸汽的流量，kg/s；

　　　r'——二次蒸汽的潜热，J/kg；

　　　F——进料流量，kg/s；

　　　c_p——进料比热容，J/(kg·℃)；

　　　t_0——进料温度，℃；

　　　Q_L——热损失，W，当蒸发器保温良好时，Q_L 可忽略不计。

3. 实验装置与流程

（1）实验流程

蒸发实验流程见图 4-19。

（2）实验装置

蒸发器是降膜式蒸发器。降膜式蒸发器是一种单程蒸发器，被蒸发溶液在上方进入，由成膜装置分配成膜，沿管壁流下，同时被加热蒸发，至下端即为完成液。料液在高位槽内被加热到接近沸点的温度，借重力流入蒸发器，由一针形阀调节流量，用热水表测定料液流量。加热蒸汽由电加热蒸汽发生器产生，蒸汽发生器出口装有压力表。蒸发器下端排出的气液混合物先在气液分离器内分离，二次蒸汽在冷凝器内冷凝，完成液则排出。二次蒸汽冷凝液的流量用量筒和秒表测定。在仪表板上同时显示进料温度，冷却水进出口温度和高位槽内料液温度。

（3）设备参数

降膜式蒸发器：管长 2m，管径 0.015m。

蒸汽发生器：容积 25L，电加热功率 18kW。

热电阻传感器：Pt100，精度 0.1℃。

热水电加热：12kW，自动控温。

压力表 PI01 量程：0～0.6MPa。

压力传感器 PIC01 量程：0～0.6MPa。

流量计：转子流量计。

4. 实验步骤及注意事项

（1）实验步骤

① 打开 VA01，往高位槽注水至规定值（进水阀会自动关闭），开启电源使槽内温度控制值定在 99℃。打开 VA02，打开蒸汽发生器电源，蒸汽发生器自动进水至合适水位后开始加热，PIC01 设置至 0.2MPa。

② 当高位槽内温度达到控制值，同时蒸汽发生器内压力 PIC01 达到 0.2MPa 后，缓缓开启进料阀 VA05，将热水流量 FI01 调节至 1L/min；然后通过调节 VA03 控制进入蒸发器内蒸汽压力 PI01 稳定至 0.1MPa；最后打开冷却水阀门 VA08，使冷却水进入冷凝器。

③ 打开冷凝液出口阀 VA07，当进料温度稳定后，测定并记录相关数据。

④ 保持蒸汽压力 PI01 不变，通过 VA05 调节热水流量 FI01 分别至 2L/min 及 3L/min，测定并记录相关数据。

⑤ 实验结束后，关闭高温槽加热，关闭所有阀门，关闭蒸汽发生器和控制柜电源。

（2）注意事项

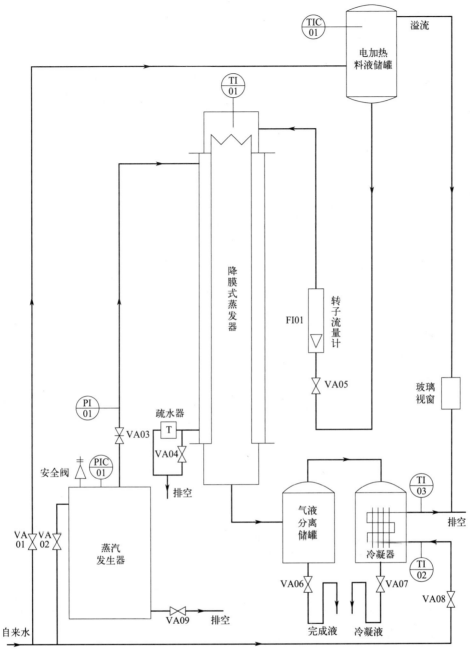

图 4-19　蒸发实验流程图

阀门：VA01—电加热储罐进水阀，VA02—蒸汽发生器进水阀，VA03—蒸汽进口阀，VA04—蒸汽排放阀，VA05—热水进口阀，VA06—完成液出口阀，VA07—冷凝液出口阀，VA08—冷凝水进口阀，VA09—蒸汽发生器放空阀

流量：FI01—热水流量

压力：PIC01—蒸汽发生器压力，PI01—蒸汽进塔压力

温度：TIC01—储罐热水温度，TI01—热水进塔温度，TI02—冷凝水进口温度，TI03—冷凝水出口温度

① 调节蒸汽压力时，请佩戴手套，以防烫伤。

② 实验结束时，打开疏水阀，放空蒸发器内的蒸汽，系统达到常压后，再关闭阀门。

5. 实验报告要求

① 列表说明所测参数。

② 计算蒸发器的传热系数。

6. 思考题

① 为什么高位槽内水温控制在99℃？

② 本实验为常压操作，加热蒸汽应选择在什么范围为宜？

③ 若疏水器发生故障，冷凝液不能及时排出，会对实验产生怎样的影响？

7. 数据记录表

实验装置号：_____ 大气压：_____ （kPa） 室温：_____ （℃）

管径：_____ （m） 管长：_____ （m）

序号	水箱温度/℃	进料温度/℃	蒸汽压力/MPa	冷凝液		料液	
				体积/L	时间/s	体积/L	时间/s
1							
2							
3							

8. 数据处理结果示例

设备参数：管长0.015m，蒸汽表压0.1MPa。

蒸发实验数据及计算结果见表4-15。

表4-15 蒸发实验数据及计算结果

序号	料液				冷凝液				
	温度/℃	体积流量/(L/min)	密度/(kg/m³)	质量流量/(kg/s)	体积/L	时间/s	温度/℃	密度/(kg/m³)	质量流量/(kg/s)
1	88.9	1	966.0	0.01610	0.40	241	27	996.5	0.001654
2	90.8	2	964.6	0.03408	0.30	253	23	997.5	0.001183

序号	料液比热容/[kJ/(kg·℃)]	料液流量/(kg/s)	料液吸收热量/(J/s)	冷凝液流量/(kg/s)	汽化潜热/(kJ/kg)	吸收热量/(J/s)	蒸汽温度/℃	传热系数/[W/(m²·℃)]
1	4.2054	0.0161	751.55	0.00165	2259.5	3737.1	120.2	2358.92
2	4.2077	0.0341	1319.3	0.00118	2259.5	2672.6	120.2	2097.83

以第1组数据为例，料液吸收的热量：

$$Q_1 = F c_p (t - t_0) = \frac{1 \times 10^{-3}}{60} \times 966.0 \times 4.2054 \times 10^3 \times (100 - 88.9) = 751.55 \text{J/s}$$

蒸发水分吸收的热量：

$$Q_2 = W r' = \frac{0.4 \times 10^{-3}}{241} \times 996.5 \times 2259.5 \times 10^3 = 3737.1 \text{J/s}$$

蒸发器面积：$S = \pi D L = 3.14 \times 0.015 \times 2 = 0.0942 \text{m}^2$

传热系数计算：

$$K = \frac{Q}{S(T-t)} = \frac{Q_1 + Q_2}{S(T-t)} = \frac{751.55 + 3737.1}{0.0942 \times (120.2 - 100)} = 2358.92 \text{W/(m}^2 \cdot \text{℃)}$$

实验七　精馏塔的操作与板效率的测定实验

1. 实验目的

① 了解精馏单元操作的工作原理、精馏塔结构及精馏流程。

② 测定精馏塔在全回流条件下，稳定操作后的全塔理论板数、总板效率以及液相单板效率。

③ 学会部分回流选取最佳回流比的方法。

2. 实验原理

精馏是利用液体混合物中各组分的挥发度不同使之分离的单元操作。精馏过程在精馏塔内完成。根据精馏塔内构件不同，可将精馏塔分为板式塔和填料塔两大类。根据塔内气液接触方式不同，亦可将前者称为级式接触传质设备，后者称为微分式接触传质设备。在板式精馏塔中，蒸气逐板上升，回流液逐板下降，气液二相在塔板上接触。各组分挥发度不同，在塔内多次部分汽化与多次部分冷凝的过程中进行传热和传质，达到分离的目的。

塔板是板式精馏塔的主要构件，工业上常用的塔板有筛板、浮阀塔板、泡罩塔板等。气液两相在实际板上接触时，一般不能达到平衡状态。因此，实际塔板数总是比理论板数要多，实际板和理论板在分离效果上的差异用板效率来衡量，因而板效率的高低是评定某种塔板传质性能好坏的主要参数。板效率有几种不同的表示方法：全塔效率、单板效率及点效率等。影响塔板效率的因素有很多，迄今为止，塔板效率的计算问题尚未得到很好的解决，一般还是通过实验的方法测定。由于众多复杂因素的影响，精馏塔内各板和板上各点的效率不尽相同，工程上有实际意义的是在全回流条件下测定全塔效率。

（1）全塔效率

本实验采用乙醇-水体系，已知其气液平衡数据，则根据精馏塔的原料液组成、进料热状况、操作回流比及塔顶馏出液组成、塔底釜液组成可以求出该塔的理论板数 N_T。按照式（4-64）可以得到全塔效率 E_T，其中 N_P 为实际塔板数。

$$E_T = \frac{N_T}{N_P} \times 100\% \tag{4-64}$$

当板式精馏塔处于全回流稳定状态时，取塔顶、塔底产品样品分析得到塔顶、塔底产品的摩尔分数 x_D、x_W，用作图法求出 N_T，而实际塔板数 N_P 已知，把 N_T 代入即可求出全塔效率。

部分回流时，进料热状况参数的计算式为

$$q = \frac{c_{pm}(t_e - t_F) + r_m}{r_m} \tag{4-65}$$

式中　t_F——进料温度，℃；

t_e——进料的泡点温度，℃；

c_{pm}——进料液体在平均温度 $\dfrac{t_e - t_F}{2}$ 下的比热容，kJ/(kmol·℃)；

r_m——进料液体在其组成和泡点温度下的汽化潜热，kJ/kmol。

$$c_{pm} = c_{p1}x_1 + c_{p2}x_2 \ [\text{kJ/(kmol·℃)}] \tag{4-66}$$

$$r_m = r_1 x_1 + r_2 x_2 [\text{kJ/kmol}] \qquad (4-67)$$

式中 c_{p1}, c_{p2}——分别为纯组分 1 和组分 2 在平均温度下的比热容，kJ/(kmol·℃)；

r_1, r_2——分别为纯组分 1 和组分 2 在泡点温度下的汽化潜热，kJ/kmol；

x_1, x_2——分别为纯组分 1 和组分 2 在进料中的摩尔分数。

（2）单板效率

全塔效率只是反映了塔内全部塔板的平均效率，所以有时也叫总板效率，但它不能反映具体每一块塔板的效率。单板效率有两种表示方法，一种是用经过某塔板的气相浓度变化来表示的单板效率，称为气相默弗里单板效率（E_{mV}），计算公式如下：

$$E_{mV} = \frac{y_n - y_{n+1}}{y_n^* - y_{n+1}} \qquad (4-68)$$

式(4-68) 中 y_n 为离开第 n 块板的气相组成，y_{n+1} 为离开第 $(n+1)$ 块、到达第 n 块板的气相组成，y_n^* 为与离开第 n 块板液相组成 x_n 成平衡关系的气相组成，以上气、液相浓度均为摩尔分数。因此，只要测出 x_n、y_n、y_{n+1}，通过平衡关系由 x_n 计算出 y_n^*，则根据式(4-68) 就可计算第 n 块塔板的气相默弗里单板效率 E_{mV}。

单板效率的另一种表示方法是，用经过某块塔板液相浓度的变化来表示，称为液相默弗里单板效率，用 E_{mL} 来表示，计算公式如下：

$$E_{mL} = \frac{x_{n-1} - x_n}{x_{n-1} - x_n^*} \qquad (4-69)$$

式(4-69) 中，x_{n-1} 为离开第 $n-1$ 块板到达第 n 块板的液相组成，x_n 为离开第 n 块板的液相组成，x_n^* 为与离开第 n 块板气相组成 y_n 成平衡关系的液相组成，以上气、液相浓度均为摩尔分数。因此，只要测出 x_{n-1}、x_n、y_n，通过平衡关系由 y_n 计算出 x_n^*，则根据式(4-69) 就可计算第 n 块板的液相默弗里单板效率 E_{mL}。

（3）灵敏板

当操作压力一定时，塔顶、塔底产品组成和塔内各板上的气液相组成与板上温度存在一定的对应关系。通常情况下，精馏塔内各板的温度并不是线性分布，而是呈"S"形分布。一个正常操作的精馏塔当受到某一外界因素的干扰（如回流比、进料组成发生波动等）时，全塔各板的组成将发生变动，全塔的温度分布也将发生相应的变化。仔细分析塔内操作条件变动前后沿塔高的温度变化可以看出（如图 4-20 所示），在精馏段或提馏段的某些塔板上温度变化最显著，这些板的温度对外界的干扰反应最为灵敏，通常称为灵敏板。生产上常用测量和控制灵敏板的温度来保证产品的质量，灵敏板一般靠近进料口。在操作过程中，通过灵敏板温度的早期变化，可以预测塔顶和塔底产品组成的变化趋势，从而可以及早采取有效的调节措施，纠正不正常的操作，保证产品质量。

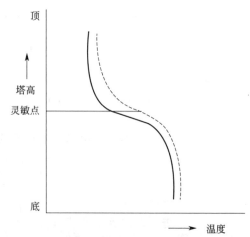

图 4-20 全塔温度分布的变化

（4）塔板上气液两相接触状态

① 鼓泡状态。气速较小时，气体以小气泡的形式通过液层，此时塔板上存在明显的清液层，且由于气泡少，相界面积小，液层湍动不剧烈，因而传质阻力大。

② 泡沫状态。当气速继续增加，气泡的数量急剧增加，此时塔板上的液体大部分以液膜的形式存在于气泡之间，在板上只能看见较薄的一层清液。由于气泡不断发生碰撞和分裂，表面不断更新，传质和传热的效果好。

③ 喷射状态。当气速继续增加，由于气体的动能很大，将液体分散成液滴群，导致泡沫被破坏，气相转变为连续相，液相转变为分散相。在此状态下，被分散的液滴表面为传质面，液相横穿塔板时，多次被分散和凝聚，表面不断地被更新，从而为气液两相传质创造了较好的条件。

3. 实验装置与流程

（1）实验装置

精馏塔的操作与效率的测定实验装置见图 4-21。

（2）实验流程

精馏实验流程如图 4-21 所示。精馏塔内径为 70mm，实际塔板数为 16 块筛板塔。全回流时，原料由原料泵从原料罐通过阀 VA03 进入塔釜再沸器内。部分回流时，原料由原料泵从原料罐经过转子流量计 FI04 计量后，通过阀 VA06 或阀 VA07 进入精馏塔第十三块或第十五块塔板上。再沸器内液体经过电加热后产生的蒸汽穿过塔内的塔板最终到达塔顶，蒸汽经塔顶冷凝器全凝后变成冷凝液，流经回流缓冲罐，一部分由回流泵通过调节阀 VA12 经过转子流量计 FI03 计量后回到塔内，另一部分由采出泵通过调节阀 VA15 经过转子流量计 FI02 计量后到达塔顶产品罐。塔釜液体经过塔底冷却器冷却，通过调节阀 VA18 经流量计 FI05 计量后流入塔釜残液罐内。全凝器冷却水通过调节阀 VA01 经转子流量计 FI01 计量后进入塔顶冷凝器，再进入塔底冷却器，最后流入地沟。

（3）设备参数

本实验装置为筛板精馏塔，特征数据如下：

塔体：材质不锈钢，塔内径为 70mm，塔板数 N_P 为 16，塔间距为 111mm。

塔釜再沸器：材质不锈钢，容积 20L，加热功率 5kW。

4. 实验步骤及注意事项

（1）实验启动准备

① 检查水、电、仪、阀、泵、储罐是否处于正常状态。

② 开启仪表面板总电源，查看仪表面板上各仪表数字显示是否处于正常状态。

（2）全回流实验操作

① 配制浓度为 15%（体积分数）左右的乙醇溶液，加入塔釜中，至塔釜容积的 2/3 处。

② 检查各阀门位置，启动仪表电源。

③ 将加热电压设置在 160V，给釜液缓慢升温，若发现液雾沫夹带过量，电压适当调小。

④ 塔釜加热开始后，打开塔顶冷凝水流量调节阀 VA01，调节流量计 FI01 至 250L/h 左右，使蒸汽全部冷凝实现全回流。

⑤ 待釜液沸腾，塔顶回流罐积存一定液层（2/3 高度）后，打开 VA12 及 VA13，在控制面板上点击回流泵的 RUN 键，启动回流泵，通过调节 VA13 维持回流罐液层至一半高度。

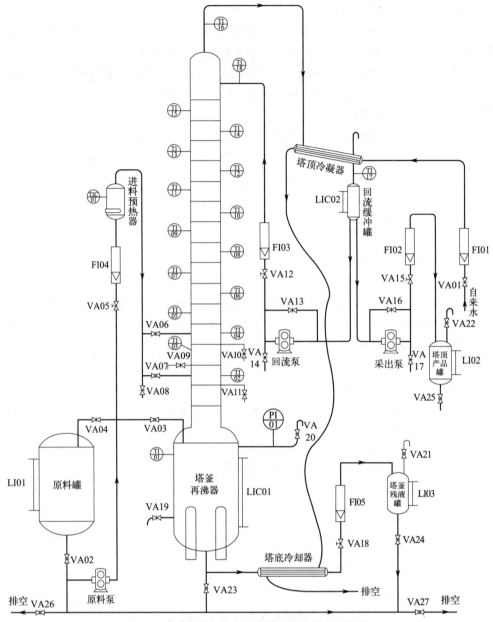

图 4-21 精馏塔的操作与效率的测定实验流程图

阀门：VA01—冷凝水流量调节阀，VA02/03—原料进料阀，VA04—原料泵回流阀，VA05—部分回流进料调节
阀，VA06/07—部分回流进料阀，VA08—部分回流进料取样阀，VA09/10/11—单板取样阀，VA12—回
流调节阀，VA13—回流泵旁路阀，VA14—回流取样阀，VA15—采出调节阀，VA16—采出泵旁路阀，
VA17—采出取样阀，VA18—残液调节阀，VA19—塔釜取样阀，VA20/21/22—排气阀，VA23/24/
25/26/27—放空阀

流量：FI01—冷凝水流量，FI02—采出流量，FI03—回流流量，FI04—进料流量，FI05—残液流量

压力：PI01—塔釜压力

温度：TI01—塔釜温度，TI02～15—第十五至第二块板的温度，TI16—塔顶温度，TI17—冷凝液温度，TI18—回
流液温度，TIC01—进料温度

液位：LI01—原料罐液位，LI02—产品罐液位，LI03—残液罐液位，LIC01—塔釜再沸器液位，LIC02—回流
缓冲罐液位

⑥ 根据塔釜压力变化或通过塔体视镜观察塔板上的漏液或雾沫夹带情况，适当调节塔釜加热电压，使塔板上气液两相保持正常流体力学状态。

⑦ 待精馏塔稳定操作 15～20min 后，于塔釜再沸器取样口 VA19 及塔顶取样口 VA14 处同时取样，用阿贝折射仪测定样品折射率。

（3）部分回流实验操作

① 打开 VA02、VA04 及 VA07，在控制面板上点击原料泵的 RUN 键，启动原料泵，通过调节 VA05 使进料流量至实验期望的进料量（6～10L/h），从进料取样口 VA08 处取样分析。进料温度为室温，不需开启预热器加热电源对进料预热。

② 保持塔釜再沸器加热电压稳定，打开 VA15 及 VA16，在控制面板上点击采出泵的 RUN 键，启动塔顶产品采出泵，通过调节 VA12 及 VA15 来控制回流比 R（R 取 3～4），同时通过调节 VA13 及 VA16 维持回流罐液层至一半高度。

③ 记录塔釜液位高度，液位过高时，通过调节塔釜再沸器出料阀 VA18 使 FI05 至合适流量，保持塔釜液位基本恒定。

④ 根据精馏操作原理分析实验现象产生的原因并采取正确的操作措施，通过调节再沸器加热功率、回流比及塔顶塔底的采出率（流量）来保证精馏塔在连续、稳定的状态下正常操作运行。在此阶段要求保持进料流量计流量稳定，同时密切注意观察灵敏板温度、塔釜液位、塔底压力以及塔板上气液两相流动接触的变化情况。

⑤ 部分回流操作稳定一段时间后，于塔釜再沸器取样口 VA19 及塔顶取样口 VA14 处同时取样，用阿贝折射仪测定样品折射率。

（4）实验结束

① 关闭加热电源，停止塔釜再沸器加热。

② 关闭进料泵，关闭 VA02、VA04、VA05 及 VA07。

③ 待回流罐内没有回流液后，关闭回流泵及采出泵，关闭 VA12、VA13、VA15、VA16 及 VA18。

④ 待塔内塔板上没有气液流体力学状态后，关闭 VA01，关闭设备总电源。

（5）注意事项

① 由于实验所用物质属易燃物品，实验中应特别注意安全，操作过程中避免洒落，以免发生危险。

② 塔釜液位一定要到塔釜高度 2/3 以上方可打开加热开关，否则液位过低会使电加热器露出干烧致坏。

③ 进料泵、回流泵及塔顶产品采出泵均采用出口压力较高的齿轮泵，因此泵在启动前应全开吸入和排出管路中的阀门，严禁阀门关闭时启动泵；停车时应先关闭泵，再关闭泵的进、出口相关阀门。

5. 实验报告要求

① 将塔顶、塔底温度和组成的原始数据列表。

② 求全回流下的理论板数，并计算全塔效率。

③ 分析并讨论实验过程中观察到的现象。

6. 思考题

① 什么是最小回流比？精馏塔能否在最小回流比下操作？

② 在本实验的操作条件下，增加塔板数目，能否在塔顶得到纯乙醇产品？为什么？

③ 为什么要控制塔釜液面？它与物料、热量和相平衡有什么关系？

④ 用转子流量计来测定乙醇-水溶液流量，计算时应怎么校正？

⑤ 本实验是常压精馏，精馏塔的常压操作是怎样实现的？

⑥ 在精馏塔操作过程中，塔釜压力为什么是一个重要操作参数？塔釜压力与哪些因素有关？

7. 数据记录表

实验装置号：_____　　大气压：_____（kPa）　　水温：_____（℃）

塔釜温度/℃	灵敏板温度/℃	塔顶温度/℃	塔釜压力/kPa	塔釜原料浓度	x_D	x_w

8. 数据处理结果示例

（1）全回流

30℃下，塔顶 $x_D = 94.5\%$（体积分数，下同），$x_w = 5.0\%$；$p = 101.3$kPa。

将实验测得的塔顶产品组成和残液组成换算成摩尔分数，利用图解法求理论板数 N_T。

30℃下，$\rho_{乙醇} = 780.97$kg/m^3，$\rho_水 = 995.70$kg/m^3，则

$$x_D = \frac{0.945 \times 780.97/46}{0.945 \times 780.97/46 + (1-0.945) \times 995.70/18} = 0.840$$

$$x_w = \frac{0.05 \times 780.97/46}{0.05 \times 780.97/46 + (1-0.05) \times 995.70/18} = 0.016$$

本实验的不锈钢筛板塔的实际塔板数 $N_P = 16$ 块，实验结果如图 4-22 所示，$N_T = 9$。

则全塔效率：$E_T = \dfrac{N_T - 1}{N_P} \times 100\% = \dfrac{9-1}{16} \times 100\% = 50\%$

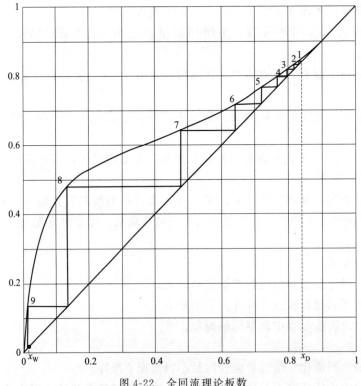

图 4-22　全回流理论板数

（2）部分回流

回流比为 4，进料温度为 19.8℃，$x_D=92\%$（体积分数，下同），$x_W=4\%$，$x_F=20\%$，$p=101.3\text{kPa}$。将实验测得的塔顶产品组成和残液组成换算成摩尔分数。

$$x_D=\frac{0.92\times780.97/46}{0.92\times780.97/46+(1-0.92)\times995.70/18}=0.7792$$

$$x_W=\frac{0.04\times780.97/46}{0.04\times780.97/46+(1-0.04)\times995.70/18}=0.01263$$

$$x_F=\frac{0.20\times780.97/46}{0.20\times780.97/46+(1-0.20)\times995.70/18}=0.07126$$

$$\frac{x_D}{R+1}=\frac{0.7792}{4+1}=0.15584$$

（3）q 的求取

进料温度为 19.8℃，$x_F=0.20$（体积分数）时，泡点温度为 88.2℃，平均温度为 54℃，定性温度为 54℃。

第一种方法：

进料质量分数为

$$w_F=\frac{0.20\times780.97}{0.20\times780.97+(1-0.20)\times995.70}=0.1639$$

查得：乙醇，$r_1=778.438\text{kJ/kg}$，$c_p=2.7308\text{kJ/(kg·℃)}$

水，$r_2=2300.288\text{kJ/kg}$，$c_p=4.1781\text{kJ/(kg·℃)}$

$r=0.1639\times778.438+(1-0.1639)\times2300.288=2050.86\text{kJ/kg}$

$c_p=0.1639\times2.7308+(1-0.1639)\times4.1781=3.9409\text{kJ/(kg·℃)}$

$q=1+c_p\Delta t/r=1+3.9409\times(83.1-24.9)/2050.86=1.1118$

第二种方法：

$x_F=0.20$（体积分数），泡点为 88.2℃，平均温度为 54℃，则进料摩尔分数 $x_F=0.07126$，$1-x_F=0.92874$

$c_p=0.07126\times2.7308\times46+0.92874\times4.1781\times18=78.7981\text{kJ/(kmol·℃)}$

$r=0.07126\times778.438\times46+0.92874\times18\times2300.288=41006.3\text{kJ/kmol}$

$q=1+c_p\Delta t/r=1+78.7981\times(83.1-24.9)/41006.3=1.1118$

则精馏段操作线方程：$y=Rx/(R+1)+x_D/(R+1)$

$$y=\frac{4}{5}x+\frac{0.7792}{5}=0.8x+0.15584$$

q 线方程　$y=\dfrac{1.1118}{1.1118-1}x-\dfrac{0.07126}{1.1118-1}=9.94x-0.637$

精馏段操作线方程与 q 线方程联立求解得

$x=0.08678；y=0.22526$

由（0.08674，0.22523）与（0.01263，0.01263）两点求提馏段操作线方程。

提馏段操作线方程为：$y=2.8687x-0.0236$

在 y-x 图上作平衡线，同时作对角线。在横轴上定出 $x_D=0.7792$，作垂直线与对角线交于 a 点。在横轴上定出 $x_W=0.01263$，作垂直线与对角线交于 c 点。在横轴上定出 $x_F=0.07126$，作垂直线与对角线交于 e 点，由（0.08674，0.22523）找到 d 点，连接 ed 得 q

线，连接 ad 得精馏段操作线，连接 cd 即得提馏段操作线。最后在两操作线与平衡线之间作梯级得理论板数为 7（包括釜），实验结果如图 4-23 所示。

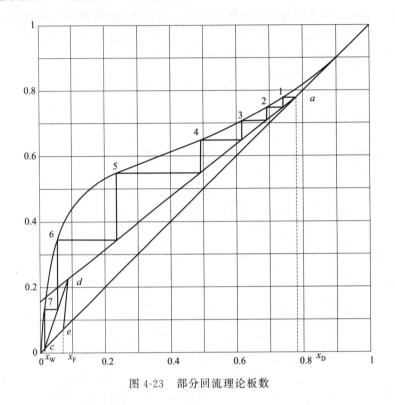

图 4-23　部分回流理论板数

实验八　吸收与解吸实验

1. 实验目的

① 了解吸收与解吸装置的设备结构、流程和操作。
② 学会填料吸收塔流体力学性能的测定方法；了解影响填料塔流体力学性能的因素。
③ 学会吸收塔传质系数的测定方法；了解气速和喷淋密度对吸收总传质系数的影响。
④ 学会解吸塔传质系数的测定方法；了解影响解吸传质系数的因素。
⑤ 练习吸收解吸联合操作，观察塔内液泛现象。

2. 实验原理

（1）填料塔流体力学性能测定实验

气体在填料层内的流动一般处于湍流状态。在干填料层内，气体通过填料层的压降与流速（或风量）成正比。

当气液两相逆流流动时，液膜占去了一部分气体流动的空间。在相同的气体流量下，填料空隙间的实际气速有所增加，压降也有所增加。同理，在气体流量相同的情况下，液体流量越大，液膜越厚，填料空间越小，压降也越大。因此，当气液两相逆流流动时，气体通过填料层的压降要比干填料层大。

当气液两相逆流流动时，低气速操作，膜厚随气速变化不大，液膜增厚所造成的附加压降并不显著。此时压降曲线基本与干填料层的压降曲线平行。气速提高到一定值时，由于液膜增厚对压降影响显著，此时压降曲线开始变陡，这个点称为载点。不难看出，载点的位置不是十分明确的，但它提示人们，自载点开始，气液两相流动的交互影响已不容忽视。

自载点以后，气液两相的交互作用越来越强，当气液流量达到一定值时，两相的交互作用恶性发展，将出现液泛现象，在压降曲线上压降急剧升高，此点称为泛点。

吸收塔中填料的作用主要是增加气液两相的接触面积，而气体在通过填料层时，由于有局部阻力和摩擦阻力而产生压降。压降是塔设计中的重要参数，气体通过填料层压降的大小决定了塔的动力消耗。压降与气、液流量有关，不同液体喷淋量下填料层的压降 Δp 与气速 u 的关系（双对数坐标）如图 4-24 所示。

气速计算：

$$u = \frac{V_{s空}}{\Omega} = \frac{4V_{s空}}{\pi d^2} \qquad (4\text{-}70)$$

式中　u——风速，m/s；

　　　$V_{s空}$——空气流量，m^3/h；

　　　Ω——填料塔截面积，m^2。

其中：d 为填料塔内径，取 $d = 0.1m$。

当无液体喷淋即喷淋量 $L_0 = 0$ 时，干填料的 $\Delta p/Z$-u 的关系是直线，如图 4-24 中的直线 0。当有一定的喷淋量时，$\Delta p/Z$-u 关系变成折线，并存在两个转折点，下转折点称为"载点"，上转折点称为"泛点"。这两个转折点将 $\Delta p/Z$-u 关系分为三个区段：恒持液量区、载液区与液泛区。

本装置采用恒定水量，测出不同风量下的压降。

（2）吸收实验

吸收流程见图 4-25。

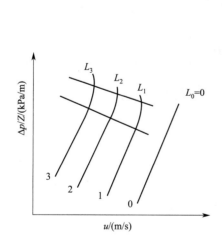

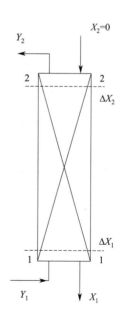

图 4-24　填料层的 $\Delta p/Z$-u 关系　　　　　图 4-25　吸收流程图

根据传质速率方程，在假定 $K_X a$ 为常数、等温、低吸收率（或低浓、难溶等）条件下推导得出吸收速率方程：

$$G_a = K_X a V_{s填料} \Delta X_m \quad (4-71)$$

则：

$$K_X a = \frac{G_a}{V_{s填料} \Delta X_m} \quad (4-72)$$

式中　G_a——填料吸收塔的吸收量，kmol CO_2/h；

$K_X a$——体积传质系数，kmol CO_2/($m^3 \cdot$ h)；

$V_{s填料}$——填料层的体积，m^3；

ΔX_m——填料吸收塔的平均推动力。

① G_a 的计算。本实验采用涡轮流量计和质量流量计分别测得水流量 $V_{s水}$（m^3/h）和空气流量 $V_{s空}$（m^3/h）（20℃、101.325kPa 状态下的流量），并根据公式换算成水和空气的摩尔流量。

吸收塔的体积分数 y_1 及 y_2 可由 CO_2 分析仪直接读出。

$$L = \frac{V_{s水} \times \rho_水}{M_水} \quad (4-73)$$

$$V = \frac{V_{s空} \times \rho_0}{M_{空气}} \quad (4-74)$$

标定状态下 $\rho_0 = 1.205$kg/m^3，$M_{空气} = 29$kg/kmol。

认为吸收剂去离子水中不含 CO_2，则 $X_2 = 0$，则可由全塔物料衡算计算出 G_a 和 X_1。

$$G_a = L(X_1 - X_2) = V(Y_1 - Y_2) \quad (4-75)$$

其中：

$$Y_1 = \frac{y_1}{1 - y_1} \qquad Y_2 = \frac{y_2}{1 - y_2}$$

其中 y_1 及 y_2 由二氧化碳检测仪直接读出，认为吸收剂自来水中不含 CO_2，则 $X_2 = 0$。

$$X_1 = \frac{V(Y_1 - Y_2)}{L} \quad (4-76)$$

由此可计算出 G_a 和 X_1。

② ΔX_m 的计算。根据测出的水温可插值求出亨利常数 E(atm)，本实验为 $p = 1$(atm)，则 $m = E/p$，不同温度下 CO_2-H_2O 的相平衡常数见表 4-16。

表 4-16　不同温度下 CO_2-H_2O 的相平衡常数

温度(t)/℃	5	10	15	20	25	30	35	40
m	877	1040	1220	1420	1640	1860	2083	2297

由下式计算出 ΔX_m

$$\Delta X_m = \frac{\Delta X_2 - \Delta X_1}{\ln \dfrac{\Delta X_2}{\Delta X_1}} \quad (4-77)$$

$$\Delta X_1 = X_{e1} - X_1, \Delta X_2 = X_{e2} - X_2$$

$$X_{e1} = \frac{Y_1}{m}, X_{e2} = \frac{Y_2}{m}$$

（3）解吸实验

解吸流程见图 4-26。

根据传质速率方程，在假定 K_Ya 为常数、等温、低解吸率（或低浓、难溶等）条件下推导得出解吸速率方程：

$$G_a = K_Ya V_{s填料} \Delta Y_m \qquad (4\text{-}78)$$

则：

$$K_Ya = \frac{G_a}{V_{s填料} \Delta Y_m} \qquad (4\text{-}79)$$

式中　K_Ya——体积解吸系数，$kmol\ CO_2/(m^3 \cdot h)$；

　　　G_a——解吸塔的解吸量，$kmol\ CO_2/h$；

　　　$V_{s填料}$——解吸塔填料层的体积，m^3；

　　　ΔY_m——解吸塔的平均推动力。

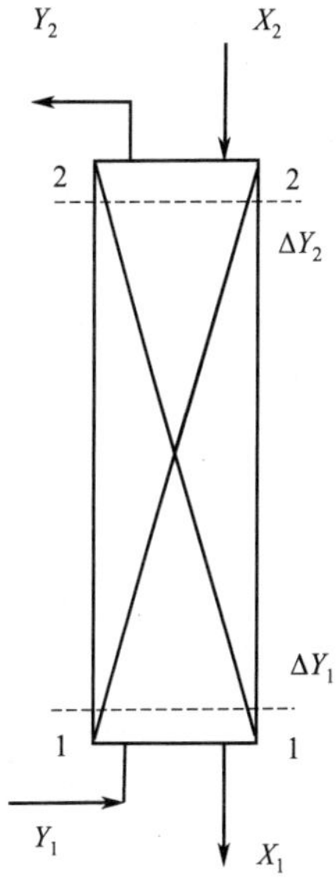

① G_a 的计算。由流量计分别测得水溶液和空气的流量 $V_{s水}$ (m^3/h)、$V_{s空}(m^3/h)$，解吸塔的 y_1 及 y_2 可由二氧化碳分析仪直接读出。

$$L = \frac{V_{s水}\ \rho_水}{M_水} \qquad (4\text{-}80)$$

$$V = \frac{V_{s空}\ \rho_0}{M_{空气}} \qquad (4\text{-}81)$$

图 4-26　解吸流程图

标准状态下 $\rho_0 = 1.205\ kg/m^3$，$M_{空气} = 29kg/kmol$。

因为解吸塔是直接将吸收后的液体用于解吸，则进塔液体浓度 X_2（解吸塔）约为吸收塔出来的实际浓度，由解吸塔全塔物料衡算：

$$G_a = L(X_2 - X_1) = V(Y_2 - Y_1) \qquad (4\text{-}82)$$

则可计算出解吸塔中的 G_a 和 X_1。

② ΔY_m 的计算。同样，根据测出的水温可插值求出亨利常数 E（atm），本实验为 $p = 1(atm)$，则 $m = E/p$。

由下式计算出 ΔY_m

$$\Delta Y_m = \frac{\Delta Y_2 - \Delta Y_1}{\ln \dfrac{\Delta Y_2}{\Delta Y_1}} \qquad (4\text{-}83)$$

$$\Delta Y_2 = Y_{e2} - Y_2，\quad \Delta Y_1 = Y_{e1} - Y_1$$

$$Y_{e2} = mX_2，\quad Y_{e1} = mX_1$$

3. 实验装置与流程

（1）实验装置

本实验是在填料塔中用水吸收混合气中的 CO_2 和用空气解吸富液中的 CO_2，以求取填料塔的吸收传质系数和解吸系数。实验装置见图 4-27。

（2）实验流程

① 空气。空气来自风机出口总管，分成两路：一路经流量计 FI01 与来自流量计 FI05 的 CO_2 气体混合后进入填料吸收塔底部，与塔顶喷淋下来的吸收剂（水）逆流接触吸收，吸收后的尾气从塔顶排出；另一路经流量计 FI03 进入填料解吸塔底部，与塔顶喷淋下来的含 CO_2 水溶液逆流接触进行解吸，解吸后的尾气从塔顶排出。

② CO_2。钢瓶中的 CO_2 经减压阀分成两路：一路经调节阀 VA05、流量计 FI05 进入吸收塔；另一路经 FI06、VA15 进入水箱与循环水充分混合形成饱和 CO_2 水溶液。

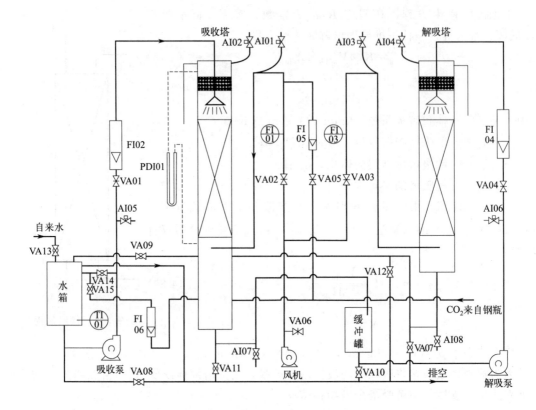

图 4-27　吸收与解吸实验流程图

阀门：VA01—吸收液流量调节阀，VA02—吸收塔空气流量调节阀，VA03—解吸塔空气流量调节阀，VA04—解吸液流
　　　量调节阀，VA05—吸收塔 CO_2 流量调节阀，VA06—风机旁路调节阀，VA07—解吸塔放净阀，VA08—水箱放净
　　　阀，VA09—解吸液回流阀，VA10—缓冲罐放净阀，VA11—吸收塔放净阀，VA12—解吸液排液阀，VA13—自来
　　　水进液阀，VA14—吸收液循环阀，VA15—水箱 CO_2 流量调节阀，AI01—吸收塔进气采样阀，AI02—吸收塔出气
　　　采样阀，AI03—解吸塔进气采样阀，AI04—解吸塔出气采样阀，AI05—吸收塔塔顶液体采样阀，AI06—解吸塔塔
　　　顶液体采样阀，AI07—吸收塔塔底液体采样阀，AI08—解吸塔塔底液体采样阀
温度：TI01—液相温度
流量：FI01—吸收空气流量，FI02—吸收液流量，FI03—解吸空气流量，FI04—解吸液流量，FI05—吸收塔 CO_2 气体流
　　　量，FI06—水箱 CO_2 气体流量
压差：PDI01—U 形管压差计（±2000Pa）

　　③ 水。自来水先进水箱，经过离心泵送入塔顶，吸收液流入塔底，分成两种情况：一
是若只做吸收实验，吸收液流经缓冲罐后直接排地沟；二是若做吸收-解吸联合操作实验，
可开启解吸泵，将溶液经流量计 FI04 送入解吸塔塔顶，经解吸后的溶液从解吸塔塔底流经
倒 U 形管排入地沟。

　　④ 取样。在吸收塔气相进口处设有取样点 AI01，出口处设有取样点 AI02，在解吸塔气
体进口处设有取样点 AI03，出口处设有取样点 AI04，气体从取样口进入二氧化碳分析仪进
行含量分析。

　　（3）设备参数

　　吸收塔：塔内径 100mm；填料层高 550mm；填料为 ϕ10mm 陶瓷拉西环；丝网除沫。

　　解吸塔：塔内径 100mm；填料层高 550mm；填料为 ϕ6mm 不锈钢 θ 环；丝网除沫。

　　风机：旋涡气泵，16kPa，145m³/h。

吸收泵：扬程 14m，流量 $3.6m^3/h$。

解吸泵：扬程 14m，流量 $3.6m^3/h$。

水箱：PE，50L。

缓冲罐：透明有机玻璃材质，9L。

温度：Pt100 传感器，0.1℃。

流量计：水涡轮流量计，200～1000L/h，0.5％FS。

气体质量流量计：0～18m³/h，±1.5％FS（FI01）；0～1.2m³/h，±1.5％FS（FI03）。

气体转子流量计：0.3～3L/min。

二氧化碳检测仪：量程 20％VOL，分辨率 0.01％VOL。

U 形管压差计：±2000Pa。

4. 实验步骤及注意事项

（1）填料塔流体力学性能测定

① 依次开启实验装置的总电源、控制电源，开启电脑，运行控制软件，开启风机，从小到大调节空气流量，测定吸收塔干填料的塔压降，并记下空气流量、塔压降，按 $2m^3/h$、$4m^3/h$、$6m^3/h$、$8m^3/h$、$10m^3/h$、$12m^3/h$ 调节（为建议值），得到 $\Delta p/Z\text{-}u$ 的关系。

② 开动吸收泵，调节 FI02 数值为 200L/h，对吸收塔填料进行润湿 5 分钟，然后把水流量调节到指定流量（一般为 0L/h、200L/h、300L/h、400L/h）。

③ 开启风机，从小到大调节空气流量，观察填料塔中液体流动状况，并记下空气流量、塔压降和流动状况；实验接近液泛时，进塔气体的速度要放慢，待各参数稳定后再读数据，液泛后填料层压降在几乎不变气速下明显上升，务必要掌握这个特点，并注意不要使气速过分超过泛点，避免冲破填料。

④ 关闭水和空气流量计，停止吸收泵和风机。

吸收与解吸实验软件操作界面如图 4-28 所示。

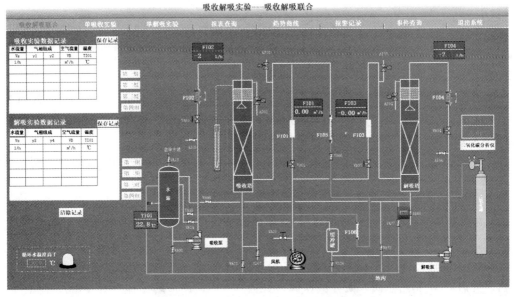

图 4-28　吸收与解吸实验软件操作界面

（2）单独吸收实验

① 水箱中加入自来水，至水箱液位的 75% 左右，开启吸收泵，待吸收塔塔底有一定液位时，调节吸收液流量调节阀 VA01 到实验所需流量。开启缓冲罐放净阀 VA10 将吸收后的水排放（按 200L/h、350L/h、500L/h、650L/h 水量调节）。

② 全开 VA06 和 VA02，关闭 VA03，启动风机，逐渐关小 VA06，可微调 VA02 使 FI01 风量在 $0.7m^3/h$ 左右。实验过程中维持此风量不变。

③ 关闭 VA15，开启 VA05，开启 CO_2 钢瓶总阀，微开减压阀，根据 CO_2 流量计读数可微调 VA05 使 CO_2 流量为 1～2L/min，维持进气浓度在 7.5%～8% 左右。实验过程中维持此流量不变。

④ 当各流量维持一定时间后（填料塔体积约 5 升，气量按 $0.7m^3/h$ 计，全部置换时间约 45 秒，按 2 分钟为稳定时间），打开 AI01 电磁阀，在线分析进口 CO_2 浓度，等待 2min，检测数据稳定后采集数据，再打开 AI02 电磁阀，等待 2min，检测数据稳定后采集数据。

⑤ 调节水量（按 200L/h、350L/h、500L/h、650L/h 调节水量），每个水量稳定后，按上述步骤依次取样。

⑥ 实验完毕后，应先关闭 CO_2 钢瓶总阀，等 CO_2 流量计无流量后，关闭减压阀，停风机，关水泵。

（3）吸收-解吸联合实验

① 水箱中加入自来水，至水箱液位的 75% 左右，开启吸收泵和调节阀 VA01，待缓冲罐有一定液位时，开启解吸泵，调节吸收液流量调节阀 VA01 和解吸液流量调节阀 VA04 到实验所需流量（建议按 200L/h、350L/h、500L/h、650L/h 水量调节）。打开 VA12，解吸塔底部出液由塔底的倒 U 形管直接排入地沟（若实验室上下水条件有限，也可经阀门 VA09 将解吸塔底部出液溢流至水箱中作为吸收液循环使用，需要特别说明的是解吸液循环使用实验效果并不如新鲜的水源）。

② 微调 VA02、VA03，使吸收塔和解吸塔风量维持在 $0.7m^3/h$ 左右，并注意保持吸收塔风量不变。

③ 开启 VA05，开启 CO_2 钢瓶总阀，微开减压阀，根据 CO_2 流量计读数可微调 VA05 使 CO_2 流量为 1～2L/min，维持进气浓度在 7.5%～8% 左右。实验过程中维持此流量不变。

④ 当各流量维持一定时间后（填料塔体积约 5 升，气量按 $0.7m^3/h$ 计，全部置换时间约 45 秒，按 2 分钟为稳定时间），依次打开采样点阀门（AI01、AI02、AI03、AI04），在线分析 CO_2 浓度，注意每次要等待检测数据稳定后再采集数据。

⑤ 实验完毕后，应先关闭 CO_2 钢瓶总阀，等 CO_2 流量计无流量后，关闭减压阀，停风机，关水泵。

（4）单独解吸实验

① 在单独做解吸实验时，因液体中 CO_2 浓度未知，需要制作饱和液体，只要测得液体温度，即可根据亨利定律求得其饱和浓度。所以，需要在水箱中制作饱和液体。

② 水箱中加入自来水，至水箱液位的 75% 左右，开启吸收泵，关闭 VA01，全开 VA14，开启 CO_2 钢瓶总阀，微开减压阀，开启 VA15，调节转子流量计 FI06，使 CO_2 流量为 1～2L/min，实验过程中维持此流量不变，约 10 分钟后，水箱内的溶液饱和。

③ 保持 VA14、VA15 继续开启，然后开启 VA01，饱和溶液经吸收塔进入缓冲罐，待

缓冲罐中有一定液位时，开启解吸泵，开启 VA09（解吸液可溢流至水箱循环使用），调节 VA04，使解吸水量维持在一定值（为了与不饱和解吸比较，建议水量为 200L/h）。

④ 全开 VA06 和 VA03，关闭 VA02，启动风机，逐渐关小 VA06，可微调 VA03 使 FI03 风量在 $0.7m^3/h$ 左右。实验过程中维持此风量不变。

⑤ 当各流量维持一定时间后（填料塔体积约 5 升，气量按 $0.7m^3/h$ 计，全部置换时间约 45 秒，按 2 分钟为稳定时间），打开 AI03 电磁阀，在线分析进口 CO_2 浓度，等待 2min，检测数据稳定后采集数据，再打开 AI04 电磁阀，等待 2min，检测数据稳定后采集数据。

⑥ 实验完毕后，应先关闭 CO_2 钢瓶总阀，等 CO_2 流量计无流量后，关闭钢瓶减压阀和总阀。停风机、饱和泵和解吸泵，使各阀门复原。

（5）注意事项

① 在启动风机前，确保风机旁路阀处于打开状态，防止风机因憋压而剧烈升温。

② 泵是机械密封，严禁泵内无水空转。

③ 泵是离心泵，开启和关闭泵前，先关闭泵的出口阀。

④ 长期（超过一个月）不用时，或者室内温度达到零点时应将设备内的水放净。

5. 实验报告要求

① 将原始数据列表。

② 列出实验结果与计算示例。

6. 思考题

① 实验中为什么塔底要有液封？液封高度如何计算？

② 测定 $K_X a$ 有什么工程意义？

③ 为什么二氧化碳的吸收过程属于液膜控制？

④ 当气体温度和液体温度不同时，应用什么温度计算亨利系数？

7. 数据记录表

实验装置号：_____   大气压：_____（kPa）   水温：_____（℃）

流体力学数据测定记录表

序号	水量＝0L/h		水量＝200L/h		水量＝300L/h		水量＝400L/h	
	流量计风量 /(m³/h)	全塔压差 Δp/Pa	流量计风量 /(m³/h)	全塔压差 Δp/Pa	流量计风量 /(m³/h)	全塔压差 Δp/Pa	流量计风量 /(m³/h)	全塔压差 Δp/Pa
1								
2								
3								
4								

吸收、解吸及联合实验记录表

序号	水流量 $V_{s水}$/(L/h)	空气流量 $V_{s空}$/(m³/h)	CO_2 流量/(L/min)	气相组成	
				y_1	y_2
1					
2					
3					
4					

8. 数据处理结果示例

（1）填料塔流体力学性能测定实验

塔径为 0.1m，塔高为 0.55m，水温为 12℃，水流量分别为 0L/h、200L/h、300L/h、400L/h。

以水流量 200L/h 为例进行计算，实验数据见表 4-17。风速为：

$$u = \frac{V_{s空}}{\Omega} = \frac{4V_{s空}}{\pi d^2} = \frac{4 \times 2}{3600 \times \pi \times 0.1^2} = 0.071\,\text{m/s}$$

表 4-17　填料塔流体力学性能测定实验数据

| 序号 | 水流量＝0L/h | | | 水流量＝200L/h | | | 水流量＝300L/h | | | 水流量＝400L/h | | |
	空气流量/(m³/h)	风速/(m/s)	单位高度压差/(Pa/m)	空气流量/(m³/h)	风速/(m/s)	单位高度压差/(Pa/m)	空气流量/(m³/h)	风速/(m/s)	单位高度压差/(Pa/m)	空气流量/(m³/h)	风速/(m/s)	单位高度压差/(Pa/m)
1	2	0.071	9.1	2	0.071	54.6	2	0.071	127.3	2	0.071	272.7
2	3	0.106	20.0	3	0.106	121.8	3	0.106	363.6	3	0.106	818.2
3	4	0.142	38.2	4	0.142	218.2	4	0.142	687.3	4	0.142	1636.4
4	5	0.177	60.0	5	0.177	327.3	5	0.177	1272.7	5	0.177	2909.1
5	6	0.212	85.5	6	0.212	563.6	6	0.212	1781.8	5.3	0.187	4727.3
6	7	0.248	112.7	7	0.248	845.5	6.5	0.230	2909.1	5.5	0.195	液泛
7	8	0.283	152.7	8	0.283	1454.5	7	0.283	液泛			
8	9	0.319	187.3	8.5	0.301	液泛						

不同水流量下 $\Delta p/Z\text{-}u$ 的关系（双对数坐标）如图 4-29 所示。

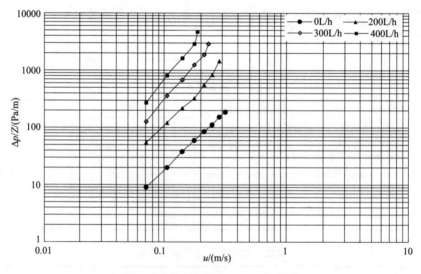

图 4-29　填料层的 $\Delta p/Z\text{-}u$ 关系图

（2）吸收实验

塔径为 0.1m，塔高为 0.55m，CO_2 流量为 1.5L/min，填料体积为 0.00432m³。

以表 4-18 中第 1 组数据为例进行计算。

吸收速率方程：

$$G_a = K_X a V_{填料} \Delta X_m$$

则：$K_X a = G_a / (V_{填料} \cdot \Delta X_m)$

表 4-18 吸收实验数据

序号	水温 /℃	空气流量 $V_{s空}$/(m³/h)	水流量 $V_{s水}$ /(L/h)	气相组成/%		V/(kmol/h)	ΔX_m /×10^{-5}	L /(kmol/h)	$K_X a$ /[kmol/(m³·h)]
				y_1	y_2				
1	20.10	0.71	203	9.61	8.37	0.0295	4.817	11.2569	2126.439
2	14.80	0.67	353	9.86	7.72	0.0278	5.982	19.5748	2936.847
3	16.00	0.66	480	9.44	6.67	0.0274	5.139	26.6173	4355.175
4	17.10	0.71	648	9.48	6.34	0.0295	5.090	35.9344	4968.932

① G_a 的计算。将水流量单位进行换算：

$$L = \frac{V_{s水}\ \rho_{水}}{M_{水}} = \frac{203 \times 10^{-3} \times 998.15}{18} = 11.2569 \text{kmol/h}$$

将气体流量单位进行换算：

$$V = \frac{V_{s空}\ \rho_{空气}}{M_{空气}} = \frac{0.71 \times 1.205}{29} = 0.0295 \text{kmol/h}$$

由全塔物料衡算得：$\quad G_a = L(X_1 - X_2) = V(Y_1 - Y_2)$

二氧化碳体积分数转换：

$$Y_1 = \frac{y_1}{1 - y_1} = \frac{9.61}{100 - 9.61} = 0.1063$$

$$Y_2 = \frac{y_2}{1 - y_2} = \frac{8.37}{100 - 8.37} = 0.0913$$

认为吸收剂自来水中不含 CO_2，则 $X_2 = 0$，

$$X_1 = \frac{V(Y_1 - Y_2)}{L} = \frac{0.0295 \times (0.1063 - 0.0913)}{11.2569} = 3.9309 \times 10^{-5}$$

由此可计算出 G_a：

$$G_a = L(X_1 - X_2) = 11.2569 \times 3.9309 \times 10^{-5} = 4.4250 \times 10^{-4} \text{kmol/h}$$

② ΔX_m 的计算。根据测出的水温可插值求出亨利常数 E(atm)，本实验为 $p = 1$(atm)
则 $m = E/p$(m 的值参照实验原理部分的表 4-16)。

$$\Delta X_m = \frac{\Delta X_2 - \Delta X_1}{\ln \dfrac{\Delta X_2}{\Delta X_1}} \quad \Delta X_2 = X_{e2} - X_2 \quad X_{e2} = \frac{Y_2}{m}$$
$$\Delta X_1 = X_{e1} - X_1 \quad X_{e1} = \frac{Y_1}{m}$$

20.10℃时 $m = 1426.62$，由已计算出的 $X_1 = 3.9309 \times 10^{-5}$，$X_2 = 0$，$Y_1 = 0.1063$，$Y_2 = 0.0913$，计算可得：

$$X_{e2} = \frac{Y_2}{m} = \frac{0.0913}{1426.62} = 6.3997 \times 10^{-5}$$

$$X_{e1} = \frac{Y_1}{m} = \frac{0.1063}{1426.62} = 7.4512 \times 10^{-5}$$

$$\Delta X_2 = X_{e2} - X_2 = 6.3997 \times 10^{-5}$$

$$\Delta X_1 = X_{e1} - X_1 = 7.4512 \times 10^{-5} - 3.9309 \times 10^{-5} = 3.5203 \times 10^{-5}$$

$$\Delta X_m = \frac{\Delta X_2 - \Delta X_1}{\ln \dfrac{\Delta X_2}{\Delta X_1}} = \frac{6.3997 \times 10^{-5} - 3.5203 \times 10^{-5}}{\ln \dfrac{6.3997 \times 10^{-5}}{3.5203 \times 10^{-5}}} = 4.817 \times 10^{-5}$$

由上述计算结果可得:

$$K_X a = \frac{G_a}{V_{s填料} \cdot \Delta X_m} = \frac{4.4250 \times 10^{-4}}{0.00432 \times 4.817 \times 10^{-5}} = 2126.439 \text{kmol/(m}^3 \cdot \text{h)}$$

（3）解吸实验

塔径为 0.1m，塔高为 0.55m，水温为 26.9℃，空气流量为 0.73m³/h，CO_2 流量为 1.5L/min，填料体积为 0.00432m³。表 4-19 为解吸实验数据。

解吸速率方程：

$$G_a = K_Y a V_{s填料} \Delta Y_m$$

则：
$$K_Y a = G_a / (V_{s填料} \Delta Y_m)$$

表 4-19　解吸实验数据

序号	水流量 $V_{s水}$ /(L/h)	气相组成/%		V /(kmol/h)	ΔY_m	L /(kmol/h)	$K_Y a$ /[kmol/(m³·h)]
		y_1	y_2				
1	201	0.03	8.46	0.0303	0.7674	11.1460	0.8418

① G_a 的计算。将水流量单位进行换算：

$$L = \frac{V_{s水} \rho_{水}}{M_{水}} = \frac{201 \times 10^{-3} \times 998.15}{18} = 11.1460 \text{kmol/h}$$

将气体流量单位进行换算：

$$V = \frac{V_{s空气} \rho_{空气}}{M_{空气}} = \frac{0.73 \times 1.205}{29} = 0.0303 \text{kmol/h}$$

由全塔物料衡算：$G_a = L(X_2 - X_1) = V(Y_2 - Y_1)$

$$Y_1 = \frac{y_1}{1 - y_1} = \frac{0.0003}{1 - 0.0003} = 0.0003$$

$$Y_2 = \frac{y_2}{1 - y_2} = \frac{0.0846}{1 - 0.0846} = 0.0924$$

单解吸塔操作的情况下，可近似形成该温度下的饱和浓度，其 X_2 可由亨利定律求算出：

$$X_2 = \frac{Y}{m} = \frac{1}{m} = \frac{1}{1426.62} = 7.0096 \times 10^{-4}$$

则

$$X_1 = X_2 - \frac{V \times (Y_2 - Y_1)}{L} = 7.0096 \times 10^{-4} - \frac{0.0303 \times (0.0924 - 0.0003)}{11.1460} = 4.5059 \times 10^{-4}$$

$$G_a = L(X_2 - X_1) = 11.1460 \times (7.0096 \times 10^{-4} - 4.5059 \times 10^{-4}) = 2.7906 \times 10^{-3} \text{kmol/h}$$

② ΔY_m 的计算。根据测出的水温可插值求出亨利常数 E(atm)，本实验为 $p = 1$(atm)
则 $m = E/p$（m 的值参照实验原理部分的表 4-16）。

$$\Delta Y_{\rm m} = \frac{\Delta Y_2 - \Delta Y_1}{\ln \dfrac{\Delta Y_2}{\Delta Y_1}} \quad \Delta Y_2 = Y_{e2} - Y_2 \quad Y_{e2} = mX_2$$
$$\Delta Y_1 = Y_{e1} - Y_1 \quad Y_{e1} = mX_1$$

20.1℃时 $m = 1426.62$，由已算出的 $X_2 = 7.0096 \times 10^{-4}$，$X_1 = 4.5059 \times 10^{-4}$，$Y_1 = 0.0003$，$Y_2 = 0.0924$，可得：

$$Y_{e2} = mX_2 = 1426.62 \times 7.0096 \times 10^{-4} = 1$$
$$Y_{e1} = mX_1 = 1426.62 \times 4.5059 \times 10^{-4} = 0.6428$$
$$\Delta Y_2 = Y_{e2} - Y_2 = 1 - 0.0924 = 0.9076$$
$$\Delta Y_1 = Y_{e1} - Y_1 = 0.6428 - 0.0003 = 0.6425$$
$$\Delta Y_{\rm m} = \frac{\Delta Y_2 - \Delta Y_1}{\ln \dfrac{\Delta Y_2}{\Delta Y_1}} = \frac{0.9076 - 0.6425}{\ln \dfrac{0.9076}{0.6425}} = 0.7674$$

由上述计算结果可得：

$$K_Y a = \frac{G_a}{V_{s填料} \, \Delta Y_{\rm m}} = \frac{2.7906 \times 10^{-3}}{0.00432 \times 0.7674} = 0.8418 \text{kmol/(m}^3 \cdot \text{h)}$$

吸收-解吸联合操作的情况下，进塔液体浓度 X_2（解吸塔）即为前吸收计算出来的实际浓度 X_1（吸收塔），计算方法参照吸收实验的计算步骤。

实验九　干燥实验

1. 实验目的
① 了解和掌握干燥设备的结构和特点。
② 掌握恒定干燥条件下的干燥操作。
③ 测定物料在常压恒定干燥工况下的干燥速率，求出临界含水量。

2. 实验原理
干燥操作是采用适当的方式将热量传给含水物料，使含水物料中的水分蒸发分离的操作。干燥操作同时伴有传热和传质，过程比较复杂，目前仍依赖于实验解决干燥问题。

首先要确定湿物料的干燥条件，例如已知干燥要求，当干燥面积一定时，确定所需干燥时间；或干燥时间一定时，确定所需干燥面积。因此必须掌握物料的干燥特性，即干燥速率曲线。将湿物料置于一定的干燥条件下，即在有一定湿度、温度和速度的大量热空气流中，测定被干燥物料的质量和温度随时间的变化。

（1）干燥速率曲线

当物料与干燥介质接触时，物料表面的水分开始汽化，向周围介质传递。由于湿物料表面水分汽化，物料表面与内部之间形成湿度差，物料内部水分逐渐向表面传递扩散，在干燥过程中，水分的表面汽化和内部扩散传递是同时进行的。

干燥曲线由实验测得，如图 4-30 所示。根据图 4-30 干燥曲线图中含水量 X 对时间的斜率可求得对应含水量 X 时的干燥速率，进而求得干燥速率曲线，如图 4-31 所示。干燥过程可分为三个阶段：AB 为物料预热阶段；BC 为恒速干燥阶段；CDE 为降速干燥阶段。在预热阶段，热空气向物料传递热量，物料温度上升。当物料表面温度达到湿空气的湿球温度，传递的热量只用来蒸发物料表面水分，其干燥速率不变，为恒速干燥阶段，此时物料表面存有液态水。随着干燥的进行，物料表面不存在液态水，水分由物料内部向表面扩散，其扩散速率小于水分蒸发速率，则物料表面开始变干，表面温度开始上升，干燥进入降速干燥阶段，最后物料的含水量达到该空气条件下的平衡含水量 X^*。恒速干燥阶段与降速干燥阶段的交点为临界含水量 X_c。

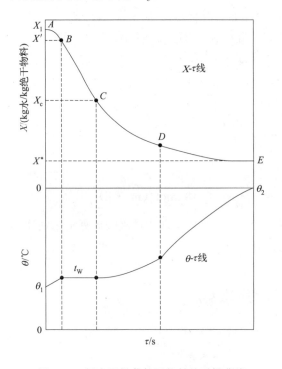

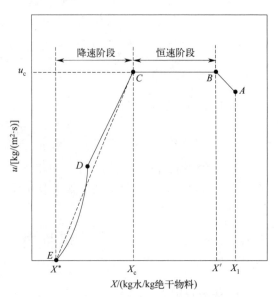

图 4-30　恒定干燥条件下物料的干燥曲线　　　图 4-31　恒定干燥条件下物料的干燥速率曲线

干燥速率 u 定义为每秒钟从每单位干燥面积上除去的水分的质量，即

$$u = \frac{dW'}{S\,d\tau} \tag{4-84}$$

式中　u——干燥速率，$kg/(m^2 \cdot s)$；

　　　S——干燥面积，m^2；

　　　τ——干燥时间，s；

　　　W'——从干燥物料中汽化的水分量，kg。

① 恒速干燥。在恒定的条件下当水分由物料内层迁移至物料表面的速率大于或等于水分从表面汽化的速率，则物料表面保持完全润湿。干燥速率保持不变，即为等速干燥阶段。此阶段干燥速率大小是由物料表面水分汽化速率而定，物料表面温度约等于空气的湿球温度。

干燥速率可用下式表示：

$$u = \frac{dW'}{S\,d\tau} = \frac{dQ}{r_W S\,d\tau} = k_H(H_W - H) = \frac{\alpha}{r_W}(t - t_W) \tag{4-85}$$

式中　Q——汽化水分所需的热量，在恒速阶段等于由空气传给物料的热量，kJ；

　　　k_H——以湿度差为推动力的传质系数，$kg/(m^2 \cdot s)$；

　　　H——温度为 t 时空气的湿度，kg/kg 绝干空气；

H_W——温度为 t_W 时空气的饱和湿度，kg/kg 绝干空气；

$\quad \alpha$——空气至物料表面传热膜系数，kW/(m$^2 \cdot$℃)；

$\quad t$——空气温度，℃；

$\quad t_W$——物料表面温度，等于空气的湿球温度，℃；

$\quad r_W$——温度为 t_W 时的湿分汽化潜热，kJ/kg。

式(4-85)说明干燥既是一个传质过程，又是一个传热过程。干燥速率也可根据传热膜系数 α 求取。对于静止的物料，空气流动方向平行于物料表面时，当空气的质量流速 $G=2450 \sim 29300$kg/(m$^2 \cdot$h)时，$\alpha=0.0204G^{0.8}$，W/(m$^2 \cdot$℃)，式中 G 为空气的质量流速，kg/(m$^2 \cdot$h)。

② 降速干燥。当物料湿含量降至临界湿含量以下时，水分由内部向物料表面迁移的速率低于湿物料表面水分的汽化速率，物料干燥速率随着其含水量的减小而下降，即为降速干燥阶段。此阶段物料的干燥速率主要由水分在物料内部的迁移速率所决定，物料表面温度逐渐上升。

（2）气相传热膜系数 α 的求取

在恒速干燥阶段，物料表面与空气之间的传热和传质过程可用式（4-86）表示：

$$u=\frac{\mathrm{d}W'}{S\mathrm{d}\tau}=\frac{\mathrm{d}Q}{r_W S\mathrm{d}\tau}=k_H(H_W-H)=\frac{\alpha}{r_W}(t-t_W) \qquad (4\text{-}86)$$

（3）空气流量的测定

① 空气质量流量可用式（4-87）计算：

$$W=V_s\rho=u_0 \times A_0 \times \rho=C_0A_0\rho \cdot \sqrt{\frac{2 \cdot \Delta p}{\rho}}$$
$$=C_0A_0\sqrt{2 \cdot \Delta p\rho}=0.00177\sqrt{\Delta p\rho}\ (\mathrm{kg/s}) \qquad (4\text{-}87)$$

流量计的孔流速度：$u_0=C_0 \cdot \sqrt{\dfrac{2 \cdot \Delta p}{\rho}}\ (\mathrm{m/s})$

式中　Δp——孔板压差计读数，Pa；

$\quad \rho$——湿空气密度，kg/m^3；

$\quad V_s$——体积流量，$0.00177\sqrt{\Delta p/\rho}$，m^3/s；

$\quad C_0$——孔流系数，0.74；

$\quad A_0$——孔板孔面积，0.001696m^2。

从流量计到干燥室虽然空气的温度、相对湿度发生变化，但其湿度未变。因此，可以利用干燥室处的 H 来计算流量计处的物性。已知测得孔板流量计前气温是 t_0，则：

流量计处湿空气的比体积：$v_H=(2.83 \times 10^{-3}+4.56 \times 10^{-3}H)(t_0+273)$(kg 水/m^3 干气)

流量计处湿空气的密度：$\rho=(1+H)/v_H$(kg/m^3 湿气)

② 空气质量流速可用式（4-88）计算：

$$G=\frac{W}{A} \qquad (4\text{-}88)$$

式中　W——空气质量流量，kg/s；

$\quad A$——厢式干燥器流道截面积，m^2。

3. 实验装置与流程

（1）实验装置

实验装置见图 4-32。

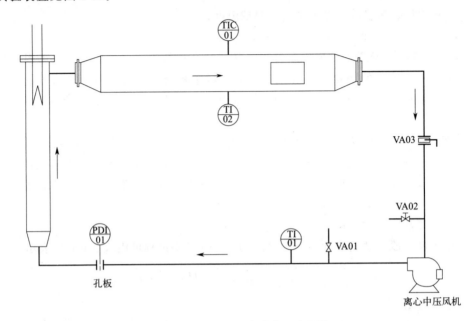

图 4-32　洞道干燥实验装置流程图

阀门：VA01—风机出口球阀，VA02—风机进口闸阀，VA03—蝶阀
温度：TIC01—干球温度，TI01—风机出口温度，TI02—湿球温度
压差：PDI01—孔板压差

（2）实验流程

本装置由离心式风机送风，先经过一圆管经孔板流量计测风量，经电加热室加热后，进入方形风道，流入干燥室，再经方变圆管流入蝶阀，可手动调节流量，流入风机进口，形成循环风洞道干燥。

为防止循环风的湿度增加，保证恒定的干燥条件，在风机进出口分别装有两个阀门，风机出口不断排放出废气，风机进口不断流入新鲜气，以保证循环风湿度不变。

为保证进入干燥室的风温恒定，保证恒定的干燥条件，电加热的两组电热丝采用自动控温，具体温度可人为设定。

本实验有三个计算温度，一是进干燥室的干球温度 TIC01（为设定的仪表读数），二是进干燥室的湿球温度 TI02，三是流入流量计处用于计算风量的温度 TI01，其位置如图 4-32 所示。

（3）设备参数

中压风机：全风压 2kPa，风量 16m³/min，功率 750W，电压 380V，圆管内径 60mm。

洞道内方管尺寸：120mm×150mm（宽×高）。

孔板流量计：全不锈钢，环隙取压，孔径 46.48mm，孔面积比 $m=0.6$，孔流系数 $C_0=0.74$。

电加热：两组 2×2kW，自动控温。

压差传感器：0～10kPa。

热电阻传感器：Pt100，显示分度 0.1℃。

称重传感器：0～1000g，测量精度 0.1g。

4. 实验步骤及注意事项

（1）实验步骤

① 称量干燥物料质量，并记录绝干质量，将干燥物料浸水，使试样含有适量水分，约 70～100g（不能滴水），以备干燥实验用。

② 检查风机进出口放空阀应处于开启状态，往湿球温度计小杯中加水；检查电源连接，开启控制柜总电源。

③ 启动风机开关，并调节阀门 VA03，使仪表达到预定的风速值，一般孔板前后压差调节到 800Pa 左右（等加热稳定后再调节风量，升温后会影响风量）。

④ 风速调好后，通过一体机触摸屏设定干球温度（一般在 80～95℃之间）。开启加热开关，逐渐达到设定干球温度。

⑤ 放置湿物料前调节称重显示仪表，点击称重示数旁边的"清零"按钮。

⑥ 状态稳定后（干、湿球温度不再变化），将试样放入干燥室架子上，等物料质量不再上升，开始下降的时候开始读取物料质量，手动输入记录时间间隔为 180s，点击开始记录实验数据，直至试样质量基本稳定，停止记录，然后点击数据处理。

⑦ 取出被干燥的试样，先关闭加热开关。当干球温度 TIC01 降到 50℃ 以下时，关闭风机的开关，退出系统，关闭计算机，关闭控制电源，关闭总电源。

干燥实验软件操作界面如图 4-33 所示。

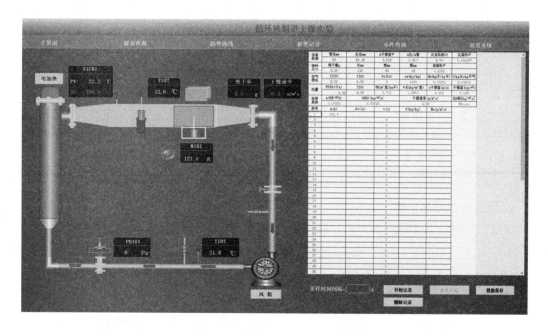

图 4-33 干燥实验软件操作界面

（2）注意事项

① 实验前务必检查湿球温度测量装置，保证玻璃管水位淹没棉线。

② 开加热电压前必须开启风机，干球温度一般控制在 80～95℃之间；实验结束后，干球温度降到 50℃ 以下时，方可关闭风机的开关。关闭风机前必须先关闭电加热。

③ 放物料时，需戴隔热手套以免烫手；放好物料时检查物料是否与风向平行。

5. 实验报告要求

① 标绘干燥速率曲线，列出计算示例。

② 标出临界湿含量值。

③ 计算传热膜系数。

6. 思考题

① 实验过程中，干、湿球温度计的温度是否有变化？为什么？

② 本实验中若长时间进行干燥，最终能否得到绝干物料？

③ 通过干燥实验的操作，试分析影响干燥速率的因素有哪些？

7. 数据记录表

实验装置号：_____　　大气压：_____（kPa）　　室温：_____（℃）

物料绝干质量：_____（g）　　物料尺寸（长×高×宽）：_____（m×m×m）

孔板流量计压差指示值：_____（Pa）　　厢式干燥室截面积：_____（m²）

序号	干球温度/℃	湿球温度/℃	时间/s	湿物料质量/g
1				
2				
3				
4				
5				
6				
7				
8				
9				
10				
11				
12				
13				
14				
15				
16				
17				

8. 数据处理结果示例

洞道长×宽为 0.12m×0.15m，操作压力按常压，孔板流量计读数 $\Delta p = 952$Pa。物料尺寸 0.13m×0.08m×0.008m，绝干物料重 32.2g，湿物料重 79.5g。干球温度 85℃，湿球温度 37.2℃。干燥实验数据如表 4-20 所示。

表 4-20　干燥实验数据

序号	湿物料量/g	实验时间 τ/s	干基含水量 X/ （kg 水/kg 绝干物料）	水分汽化速率 u/[g/(m²·s)]
1	79.5	0	1.4689	—
2	78.1	180	1.4255	0.32
3	75.8	360	1.3540	0.53
4	73.0	540	1.2671	0.64
5	70.0	720	1.1739	0.69
6	67.0	900	1.0807	0.69

序号	湿物料量/g	实验时间 τ/s	干基含水量 $X/$ (kg 水/kg 绝干物料)	水分汽化速率 $u/[g/(m^2 \cdot s)]$
7	63.8	1080	0.9814	0.74
8	60.5	1260	0.8789	0.76
9	57.3	1440	0.7795	0.74
10	54.2	1620	0.6832	0.71
11	51.0	1800	0.5839	0.74
12	47.8	1980	0.4845	0.74
13	44.8	2160	0.3913	0.69
14	41.8	2340	0.2981	0.69
15	39.0	2520	0.2112	0.64
16	37.2	2700	0.1553	0.41
17	36.0	2880	0.1180	0.28
18	35.0	3060	0.0870	0.23
19	34.5	3240	0.0714	0.11

计算示例：物料干燥面积 $S = 2 \times 130 \times 80 \times 10^{-6} + 2 \times 130 \times 8 \times 10^{-6} + 2 \times 80 \times 8 \times 10^{-6} = 0.02416 m^2$。

干基含水量：

$$X_1 = \frac{G_1 - G_c}{G_c} = \frac{78.1 - 32.2}{32.2} = 1.4255 kg \ 水/kg \ 绝干物料$$

干燥速率：

$$u = \frac{dW'}{S d\tau} = \frac{79.5 - 78.1}{0.02416 \times 180} = 0.32 g/(m^2 \cdot s)$$

以干基含水量为横坐标，干燥速率为纵坐标，作干燥速率曲线，如图 4-34 所示，读出临界含水量为 $X_c = 0.20 kg \ 水/kg \ 绝干物料$。

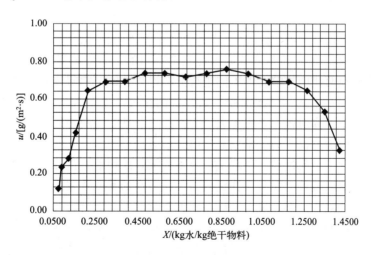

图 4-34 干燥速率曲线

等速阶段，空气对流传热系数的计算：

$t_0 = 67.5℃$，孔板流量计读数 $\Delta p = 952 Pa$，$t_W = 37.2℃$，$t = 85℃$，由 $H\text{-}I$ 图得，$H_0 = H_1 = 0.025 kg \ 水/kg \ 绝干气$。

$$v_H=(\frac{1}{29}+\frac{H_0}{18})\times22.4\times\frac{273.15+t_0}{273.15}=(\frac{1}{29}+\frac{0.025}{18})\times22.4\times\frac{273.15+67.5}{273.15}$$

$$=1.0021\mathrm{m^3/kg}\text{绝干气}$$

$$\rho=\frac{1+H_0}{v_H}=\frac{1+0.025}{1.0021}=1.023\mathrm{kg/m^3}$$

空气流量：

$$G=V\rho=0.00177\sqrt{\Delta p\rho}=0.00177\times\sqrt{952\times1.023}=0.05524\mathrm{kg/s}$$

$$L'=\frac{G}{A}=\frac{0.05524}{0.018}=3.0689\mathrm{kg/(m^2\cdot s)}=11048.04\mathrm{kg/(m^2\cdot h)}$$

$$\alpha=0.0204(L')^{0.8}=0.0204\times(11048.04)^{0.8}=35.0153\mathrm{W/(m^2\cdot ℃)}$$

$u_c=0.72\times10^{-3}\mathrm{kg/(m^2\cdot s)}$，$X_c=0.20\mathrm{kg/kg}$绝干物料，在 $37.2℃$ 时，$r_{t_W}=2406.3\times10^3\mathrm{J/kg}$

$$\alpha'=\frac{u_c r_{t_W}}{t-t_W}=\frac{0.72\times10^{-3}\times2406.3\times10^3}{85-37.2}=36.2455\mathrm{W/(m^2\cdot ℃)}$$

采用等速阶段热质关系计算的传热系数，与上述结果接近。

实验十　液-液萃取实验

1. 实验目的

① 熟悉转盘式萃取塔的结构、流程及各部件的作用。

② 了解萃取塔的正确操作。

③ 测定转速对分离提纯效果的影响，并计算出传质单元高度。

2. 实验原理

（1）基本原理

萃取常用于分离提纯"液-液"溶液或乳浊液，特别是植物浸提液的纯化。虽然蒸馏也是分离"液-液"体系，但它和萃取的原理是完全不同的。萃取原理非常类似于吸收，技术原理均是根据溶质在两相中溶解度的不同进行分离操作，都是相间传质过程，吸收剂、萃取剂都可以回收再利用；但又不同于吸收，吸收中两相密度差别大，只需逆流接触而不需外能；萃取两相密度小，界面张力差也不大，需搅拌、脉动、振动等外加能量。另外，萃取分散的两相分层分离的能力也不高，萃取需足够大的分层空间。

萃取是重要的化工单元过程。萃取工艺成本低廉，应用前景良好。学术上主要研究萃取剂的合成与选取，萃取过程的强化等课题。为了获得高的萃取效率，无论是对萃取设备的设计还是操作，工程技术人员都必须对过程有全面深刻的了解和行之有效的方法。操作本实验装置可以得到这方面的训练。本实验是用水对白油中的苯甲酸进行萃取的验证性实验。

萃取塔需要适度的外加能量，同时需要足够大的分层空间。分散相的选择原则为：体积流量大者作为分散相（本实验油体积流量大）；不易润湿的相作为分散相（本实验油为不易润湿相）；界面张力理论，正系统 $\mathrm{d}\sigma/\mathrm{d}x>0$ 作分散相；黏度大的、具有放射性的、成本高的作为分散相；从安全方面考虑，易燃易爆的作为分散相。

外加能量越大，越有利于增加液液传质表面积以及液液界面的湍动，提高界面传质系数；但同时也会导致返混增加，传质推动力下降；液滴太小，内循环消失，传质系数下降；

如果外加能量过大，容易产生液泛，导致通量下降。当连续相速度增加，或分散相速度降低时，若分散相上升（或下降）速度为零，对应的连续相速度即为液泛速度。外加能量过大，液滴过多且太小，造成液滴浮不上去；连续相流量过大或分散相流量过小也可能导致分散相上升速度为零。另外，系统的物性等跟液泛也有关。

（2）传质单元法计算传质单元数

塔式萃取设备，其计算和气液传质设备一样，即要求确定塔径和塔高两个基本尺寸。塔径的尺寸取决于两液相的流量及适宜的操作速度，从而确定设备的产能；而塔高的尺寸则取决于分离浓度要求及分离的难易程度，本实验装置属于塔式微分设备，其计算采用传质单元法，萃取段的有效高度与吸收操作中填料层高度的计算方法相似。

假设：①B 和 S 完全不互溶，浓度 X 用质量比计算比较方便。②溶质含量较低时，体积传质系数 $K_X a$ 在整个萃取段约为常数。

$$h = \frac{B}{K_X a \Omega} \int_{X_R}^{X_F} \frac{dX}{X - X^*} = H_{OR} \cdot N_{OR} \qquad (4\text{-}89)$$

式中　h——萃取段有效高度，m，本实验 $h = 0.65$m。

H_{OR}——传质单元高度，m。

N_{OR}——传质单元数。

在平衡线和操作线均可看作直线的情况下，传质单元数 N_{OR} 仍可采用平均推动力法进行计算，计算分解示意图如图 4-35 所示。

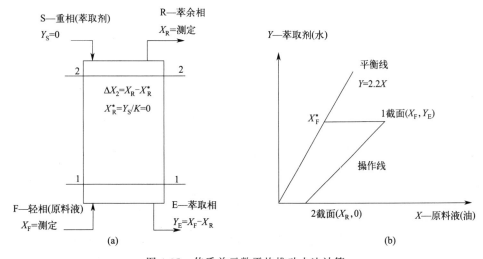

图 4-35　传质单元数平均推动力法计算

其计算式为：

$$N_{OR} = \frac{X_F - X_R}{\Delta X_m} \qquad (4\text{-}90)$$

$$\Delta X_m = \frac{\Delta X_1 - \Delta X_2}{\ln \dfrac{\Delta X_1}{\Delta X_2}} \qquad (4\text{-}91)$$

$$\Delta X_1 = X_F - X_F^* \qquad \Delta X_2 = X_R - X_R^*$$

上式中 X_F、X_R 可以实际测得，而平衡组成 X^* 可根据分配曲线计算：

$$X_R^* = \frac{Y_S}{K} = 0 \quad X_F^* = \frac{Y_E}{K}$$

Y_E 为出塔的萃取相中的质量比组成，可以实验测得或根据物料衡算得到。

根据以上计算，即可获得在该实验条件下的实际传质单元高度。然后，可以通过改变实验条件进行不同条件下的传质单元高度计算，以比较其影响。

说明：为以上计算过程更清晰，需要说明以下几个问题。

① 物料流计算。根据全塔物料衡算

$$F + S = R + E \tag{4-92}$$

$$FX_F + SY_S = RX_R + EY_E \tag{4-93}$$

本实验中，为了让原料液 F 和萃取剂 S 在整个塔内维持在两相区（见三角形相图 4-36 中的合点 M 维持在两相区），也为了计算和操作更加直观方便，取 $F = S$。又由于整个过程溶质含量非常低，因此得到 $F = S = R = E$。

$$X_F + Y_S = X_R + Y_E \tag{4-94}$$

本实验中 $Y_S = 0$，则：$\quad X_F = X_R + Y_E$，$\quad Y_E = X_F - X_R$

只要测得原料白油的 X_F 和萃余相油中 X_R 的组成，即可根据物料衡算计算出萃取相水中的组成 Y_E。

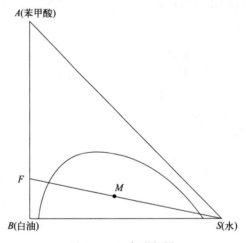

图 4-36　三角形相图

② 转子流量计校正。本实验中用到的转子流量计是以水在 20℃、1atm 下进行标定的，本实验也是在接近常温和常压下（20℃，1atm）进行的，因此由于温度和压力对不可压缩流体密度的微小影响而导致的刻度校正可忽略。但如果用于测量白油，因其与水在同等条件下密度相差很大，则必须进行刻度校正，否则会给实验结果带来很大误差。根据转子流量计校正公式：

$$\frac{q_{V_1}}{q_{V_0}} = \sqrt{\frac{\rho_0(\rho_f - \rho_1)}{\rho_1(\rho_f - \rho_0)}} = \sqrt{\frac{1000 \times (7920 - 800)}{800 \times (7920 - 1000)}} = 1.134 \tag{4-95}$$

式中　q_{V_1}——实际体积流量，L/h；

$\quad\quad q_{V_0}$——刻度读数流量，L/h；

$\quad\quad \rho_1$——实际油密度，kg/m³；本实验取 800kg/m³；

ρ_0——标定水密度，kg/m^3，取 $1000kg/m^3$；

ρ_f——不锈钢金属转子密度，kg/m^3，取 $7920kg/m^3$。

本实验测定，以水流量为基准，转子流量计读数取 $q_{V_S}=10L/h$，则

$$S=q_{V_水} \times \rho_水=10/1000 \times 1000=10kg/h$$

由于 $F=S$，有 $F=10kg/h$，则：$q_{V_F}=F/\rho_油=10/800 \times 1000=12.5L/h$

根据以上推导计算出的转子流量计校正公式，可求出实际油流量 $q_{V_1}=q_{V_F}=12.5L/h$，则刻度读数值应为 $q_{V_0}=q_{V_1}/1.134=12.5/1.134=11L/h$。

即在本实验中，若使萃取剂水流量 $q_{V_S}=10L/h$，则必须保持原料油转子流量计读数 $q_{V_0}=11L/h$，这样才能保证质量流量 F 与 S 的一致。

③ 摩尔浓度 c(mol/L) 的测定。取原料油（或萃余相油）$25mL$，以酚酞为指示剂，用配制好的浓度约为 $0.1mol/L$ NaOH 标准溶液进行滴定，测出 NaOH 标准溶液用量 V_{NaOH} (mL)，则有：

$$c_F=\frac{\dfrac{V_{NaOH}}{1000} \times c_{NaOH}}{0.025} \tag{4-96}$$

同理可测出 c_R。

④ 摩尔浓度 c 与质量比浓度 $X(Y)$ 的换算。质量比浓度 $X(Y)$ 与质量浓度 $x(y)$ 的区别：

$$X=\frac{溶质质量}{溶剂质量} \qquad x=\frac{溶质质量}{溶质质量+溶剂质量}$$

本实验因为溶质含量很低，且以溶剂不损耗为计算基准更科学，因此采用质量比浓度 X 而不采用 x。

$$X_F=\frac{c_F \times M_A}{\rho_白油}=\frac{c_F \times 122}{800} \qquad X_R=\frac{c_R \times M_A}{\rho_白油}=\frac{c_R \times 122}{800}$$

$$Y_E=X_F-X_R$$

⑤ 萃取率计算

$$\eta=\frac{X_F-X_R}{X_F} \times 100\% \tag{4-97}$$

3. 实验装置与流程

（1）实验装置

实验装置如图 4-37 所示。

（2）实验流程

萃取剂和原料液分别加入萃取剂罐和原料液罐中，经磁力泵输送至萃取塔中，电机驱动萃取塔内转动盘转动进行萃取实验，电机转速可调，油相从上法兰处溢流至萃余相罐，实验中，从取样阀 VA06 取萃余相样品进行分析，从取样阀 VA04 取原料液样品进行分析。

（3）设备参数

塔内径 $D=84mm$，塔总高 $H=1300mm$，有效高度 $650mm$；塔内采用环形固定环 14 个和圆形转盘 12 个（顺序从上到下 1、2、…、12），盘间距 $50mm$。塔顶塔底分离空间均为 $250mm$。

循环泵：15W 磁力循环泵。

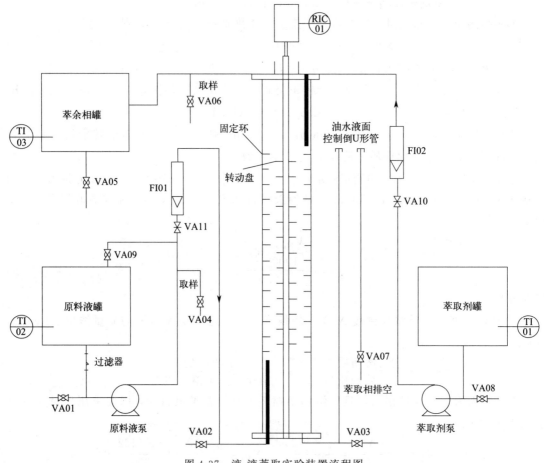

图 4-37　液-液萃取实验装置流程图

阀门：VA01—原料液罐放空阀，VA02—原料液排放阀，VA03—萃取塔放空阀，VA04—原料液取样阀，VA05—萃余相
　　　罐放空阀，VA06—萃余相取样阀，VA07—油水分界面调节阀，VA08—萃取剂罐放空阀，VA09—原料液回流阀，
　　　VA10—萃取剂流量调节阀，VA11—原料液流量调节阀
温度：TI01—萃取剂温度，TI02—原料液温度，TI03—萃余相温度
流量：FI01—原料液流量，FI02—萃取剂流量
转速：RIC01—转盘电机转速

　　原料液罐、萃取剂罐、萃余相罐：ϕ290mm×400mm，约25L，不锈钢槽3个。

　　调速电机：100W，0～1300r/min无级调速。

　　流量计：量程2.5～25L/h。

4. 实验步骤及注意事项

（1）开车准备阶段

① 灌塔。在萃取剂罐中倒入蒸馏水，打开萃取剂泵，打开进塔水阀门VA10向塔内灌水，塔内水上升到最上第一个固定盘与法兰约中间位置即可，关闭进水阀。

② 配原料液。在原料液罐中先加白油至3/4处，再加苯甲酸配制约0.01mol/L的（配比约为1L白油需要1.22g苯甲酸）原料液，此时可分析出大致原料液浓度，后续可通过酸碱滴定原料液，分析原料液较准确的苯甲酸浓度，注意苯甲酸要提前溶解在白油中，搅拌溶

解后再加入原料液罐中，防止未溶解的苯甲酸堵塞原料液罐罐底过滤器。1%的酚酞乙醇溶液的配制：称取1g酚酞，用无水乙醇溶解并稀释至100mL。0.1mol/L氢氧化钠溶液的配制：称取1g氢氧化钠溶于25mL的无水乙醇中，然后定容至250mL。

③ 开启原料液泵。调节阀VA09，试图排出管内气体，使原料能顺利进入塔内；然后半开VA09。

④ 开启转盘电机。建议转速在300r/min左右。

液-液萃取实验软件操作界面见图4-38。

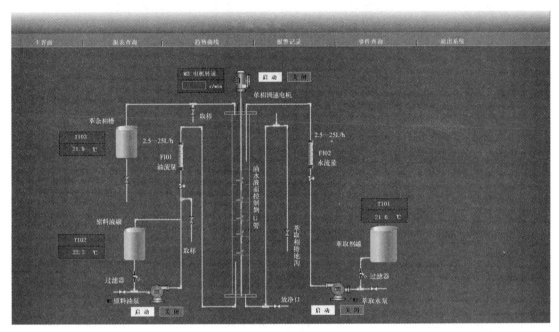

图4-38 液-液萃取实验软件操作界面

（2）实验阶段（保持流量一定，改变转速）

① 保持一定转速，调节水阀VA10至10L/h，再调节进料阀VA11至11L/h，保持流量恒定。

② 调节油水分界面调节阀VA07，使阀门全开，观察塔顶油水分界面，并维持分界面在第一个固定盘与法兰约中间位置，最后水流量也应该稳定在和进口水相同流量的状态（油水分界面应在最上固定盘上玻璃管段约中间位置，可微调VA07，维持界面位置，界面的偏移对实验结果没有影响）。

③ 一定时间后（稳定时间约10分钟），取原料液和萃余相（产品白油）25mL样品进行分析[本实验替代时间的计算：设分界面在第一个固定盘与法兰中间位置，则油的塔内存储体积是$(0.084/2)^2 \times 3.14 \times 0.125 \times 10^3 = 0.7$L，流量按11L/h，替换时间为$0.7/11 \times 60 = 3.8$分钟。根据稳定时间=3×替代时间设计，因此稳定时间约为10分钟]。

④ 改变转速至400r/min、500r/min等，重复以上操作，并记录下相应的转速与出口组成分析数据。

（3）观察液泛

将转速调到约1000r/min，外加能量过大，观察塔内现象。油与水乳化强烈，油滴微小，使油浮力下降，油水分层程度降低，整个塔绝大部分处于乳化状态。此为塔不正常状态，应避免之。

（4）停车

① 实验完毕，关闭 VA11 及 VA10，关闭原料液泵和萃取剂泵，关闭调速电机。

② 整理萃余相罐、原料液罐中的料液，以备下次实验用。

（5）注意事项

① 在启动加料泵前，必须保证原料罐内有原料液，长期使磁力泵空转会使磁力泵温度升高而损坏磁力泵。第一次运行磁力泵，须排除磁力泵内空气。不进料时应及时关闭进料泵。

② 塔釜出料操作时，应紧密观察塔顶分界面，防止分界面过高或过低。严禁无人看守塔釜放料操作。

③ 在冬季室内温度达到冰点时，设备内严禁存水。

④ 长期不用时，一定要排净油泵内的白油，泵内密封材料因为是橡胶类，被有机溶剂类（白油）长期浸泡会发生慢性溶解和浸胀，导致密封不严而发生泄漏。

5. 实验报告要求

① 列表计算不同转速下的 N_{OR}、H_{OR} 和 η。

② 通过实验结果，指出本系统的最佳转速。

6. 思考题

① 本实验为什么不宜用水作为分散相？

② 对于液-液萃取过程，是否外加能量越大越有利？

7. 数据记录表

实验装置号：_____ 大气压：_____（kPa） 室温：_____（℃）

塔高：_____（m） 塔径：_____（m） 物料分配系数：_____

油密度：_____（kg/m³） 分析用 NaOH 溶液浓度：_____（mol/L）

序号	转速/(r/min)	水流量 S/(L/h)	料液流量 F/(L/h)	滴定料液 NaOH 用量/mL	萃余相,料液样品/mL	滴定萃余相 NaOH 用量/mL
1						
2						
3						

8. 数据处理结果示例

已知：$\rho_{水}=1000\text{kg/m}^3$，$\rho_{油}=800\text{kg/m}^3$，分配系数 $K=2.2$，$M_{苯甲酸}=122$；每次取样 25mL，NaOH 溶液浓度为 0.1mol/L，在不同转速下实验，记录数据如表 4-21 所示。

表 4-21　不同转速下的实验数据

序号	转速/(r/min)	原料液 F				萃余相 R			
		初	终	NaOH 用量/mL	c_F/(mol/L)	初	终	NaOH 用量/mL	c_R/(mol/L)
1	300	10	5.55	4.45	0.0178	10	7.70	2.3	0.0092
2	500	10	5.55	4.45	0.0178	10	9.20	0.8	0.0032
3	700	10	5.55	4.45	0.0178	10	9.65	0.35	0.0014

以转速 300r/min 为例进行计算。

$$c_F = \frac{\dfrac{V_{NaOH}}{1000}}{0.025} \times c_{NaOH}$$

$$c_F = \frac{\frac{4.45}{1000} \times 0.1}{0.025} = 0.0178 \text{mol/L}$$

同理可得 c_R：
$$c_R = \frac{\frac{2.3}{1000}}{0.025} \times 0.1 = 0.0092 \text{mol/L}$$

由
$$X_F = \frac{c_F \times M_A}{\rho_{油}} \qquad X_R = \frac{c_R \times M_A}{\rho_{油}}$$

可得：
$$X_F = \frac{0.0178 \times 122}{800} = 0.0027145 \text{g 酸/g 油}$$

$$X_R = \frac{0.0092 \times 122}{800} = 0.0014030 \text{g 酸/g 油}$$

则：
$$Y_E = X_F - X_R = 0.0027145 - 0.0014030 = 0.0013115 \text{g 酸/g 油}$$

由此可得平均推动力：
$$\Delta X_m = \frac{\Delta X_1 - \Delta X_2}{\ln \frac{\Delta X_1}{\Delta X_2}}$$

$$\Delta X_1 = X_F - X_F^* \qquad \Delta X_2 = X_R - X_R^*$$

上式中 X_F、X_R 可以实际测得，而平衡组成 X^* 可根据分配曲线计算：

$$X_R^* = \frac{Y_S}{K} = 0 \qquad X_F^* = \frac{Y_E}{K}$$

则：
$$\Delta X_1 = 0.0027145 - \frac{0.0013115}{2.2} = 0.0021184 \text{g 酸/g 油}$$

$$\Delta X_2 = 0.0014030 \text{g 酸/g 油}$$

代入公式可得：
$$\Delta X_m = \frac{0.0021184 - 0.0014030}{\ln \frac{0.0021184}{0.0014030}} = 0.0017362$$

由平均推动力可计算传质单元数：
$$N_{OR} = \frac{X_F - X_R}{\Delta X_m}$$

其中：
$$X_F - X_R = 0.0013115 \text{g 酸/g 油}$$

则：
$$N_{OR} = \frac{0.0013115}{0.0017362} = 0.7554$$

由下式可得：
$$h = H_{OR} \cdot N_{OR}$$

则：
$$H_{OR} = \frac{h}{N_{OR}} = \frac{\frac{650}{1000}}{0.7554} = 0.8605 \text{m}$$

$$\eta = \frac{S y_E}{F x_F} = \frac{0.0013115}{0.0027145} = 48.315\%$$

不同转速下的实验结果如表 4-22 所示。

表 4-22   不同转速下的实验结果

序号	转速 /(r/min)	X_F	X_R	Y_E	ΔX_m	N_{OR}	H_{OR}	η
1	300	0.0027145	0.0014030	0.0013115	0.0017362	0.7554	0.8605	48.315%
2	500	0.0027145	0.0004880	0.0022265	0.0009719	2.2908	0.2837	82.022%
3	700	0.0027145	0.0002135	0.0025010	0.0006821	3.6768	0.1773	92.135%

实验十一   多功能膜分离实验

1. 实验目的
① 了解膜分离技术的原理和特点。
② 了解和熟悉超滤膜分离的主要工艺参数。
③ 学习和掌握超滤膜的实验操作技能。

2. 实验原理

通常以压力差为推动力的液相膜分离的方法有反渗透（RO）、纳滤（NF）、超滤（UF）和微滤（MF）等，图 4-39 是各种渗透膜对不同物质的截留示意图。对于超滤（UF）而言，一种被广泛用来形象地分析超滤膜分离机理的说法是"筛分"理论，该理论认为，膜表面具有无数微孔，这些不同孔径的孔像筛子一样，截留住直径大于孔径的溶质或颗粒，从而达到分离溶质或颗粒的目的。超滤膜分离具有无相变、设备简单、效率高、占地面积小、操作方便、能耗少和适应性强等优点。

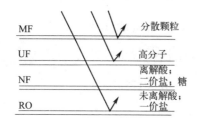

图 4-39   各种渗透膜对不同物质的截留示意图

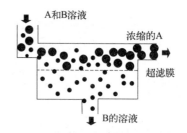

图 4-40   超滤器工作原理示意图

最简单的超滤器工作原理（如图 4-40 所示）如下：在一定的压力作用下，当含有高分子（A）和低分子（B）溶质的混合溶液流过被支撑的超滤膜表面时，溶剂（如水）和低分子溶质（如无机盐类）将透过超滤膜，作为透过物被收集起来，高分子溶质（如有机胶体）则被超滤膜截留而作为浓缩液被回收。

超滤膜多数为非对称膜，由一层极薄的（通常为 $0.1 \sim 1 \mu m$）、具有一定孔径的表皮层和一层较厚的（通常为 $125 \mu m$）、具有海绵状或网状结构的多孔层组成。前者起到筛分作用，后者起到支撑作用。

超滤膜分离的工作效率以膜通量和组分截留浓缩因子作为衡量指标，各指标定义如下：
① 透过液通量（J）：

$$J = \frac{透过液体积}{实验时间 \times 膜面积} = \frac{V}{\theta S} \tag{4-98}$$

式中 V——渗透过膜的液体体积，L；

S——膜面积，m^2；

θ——实验时间，h。

② 截留率（R）：

$$R=\frac{原料液初始浓度-透过液浓度}{原料液初始浓度}=\frac{c_0-c_1}{c_0}\times100\%\qquad(4\text{-}99)$$

式中　c_0——原料液初始浓度，mg/L；

c_1——透过液浓度，mg/L。

③ 浓缩倍数（N）：

$$N=\frac{浓缩液浓度}{原料液浓度}=\frac{c_2}{c_0}\qquad(4\text{-}100)$$

式中　c_2——浓缩液浓度，mg/L。

④ 溶质回收率（η）：

$$\eta=\frac{浓缩液中溶质的量}{原料液中溶质的量}\times100\%\qquad(4\text{-}101)$$

超滤时，料液中的部分大分子会被膜截留，在膜表面积聚，其浓度逐渐上升，膜面附近与料液主体形成浓度梯度，在此梯度作用下膜面附近的大分子又以相反方向向料液主体扩散，达到平衡时，膜表面形成有一定大分子浓度分布的边界层，它对溶剂等小分子物质的运动起阻碍作用，这种现象称为膜的浓差极化。

膜污染是指物料中的微粒、胶体或大分子由于机械作用或物理化学作用而引起的在膜表面或膜孔内吸附或沉积造成膜孔径变小或孔堵塞，使膜通量和膜的分离特性产生不可逆转的现象。

3. 实验装置与流程

（1）实验装置

实验装置主要由膜组件、料液泵、压力表和料液储槽所组成，连接管道采用 ϕ6mm 不锈钢管，各主要部件的组合图如图 4-41 所示。

（2）实验流程

本实验将料液经泵送到超滤膜组件，料液被分离：一部分是透过膜的稀溶液，该稀溶液的流量可以用转子流量计读取；另一部分是未透过膜的溶液（浓度高于料液），它们回到料液储槽。

（3）设备参数

原水泵工作压力：0.43MPa。

反洗泵工作压力：0.16MPa。

原水箱及产水箱：PE，容积 250L。

转子流量计：1000L/h 及 2500L/h。

压力表：0.6MPa。

4. 实验步骤及注意事项

① 打开阀门，用自来水清洗膜组件 2～3 次，然后放尽液体。

② 检查实验系统阀门开关状态，使系统各部位的阀门处于正常运转状态。

③ 进行纯水过滤。在流量一定的条件下，测定不同压差（$\Delta p=0.1$MPa、0.2MPa、0.3MPa、0.4MPa）时的超滤通量 J，绘制 J-Δp 曲线。

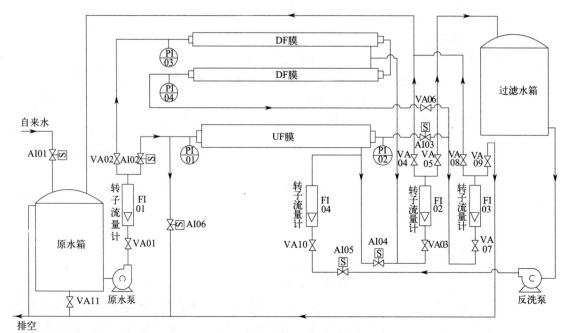

图 4-41　多功能膜分离实验流程图

阀门：VA01—原水进水调节阀，VA02—DF 进水调节阀，VA03—UF/DF 清水出水调节阀，VA04—UF/DF 清水循环调
　　　节阀，VA05—UF/DF 清水产水调节阀，VA06—DF 浓水调节阀，VA07—UF/DF 浓水调节阀，VA08—UF/DF
　　　浓水循环调节阀，VA09—UF/DF 浓水排放调节阀，VA10—UF 反洗进水调节阀，VA11—原水排放调节阀，
　　　AI01—原水进水电磁阀，AI02—UF 进水电磁阀，AI03—UF 浓水电磁阀，AI04—UF 清水电磁阀，AI05—UF 反
　　　洗进水电磁阀，AI06—UF 反洗排放电磁阀

流量：FI01—原水流量，FI02—UF/DF 清水流量，FI03—UF/DF 浓水流量，FI04—UF 反洗流量

压力：PI01—UF 进口压力，PI02—UF 出口压力，PI03—DF 进口压力，PI04—DF 出口压力

5. 实验报告要求

在坐标纸上绘制 J-Δp 的关系曲线。

6. 思考题

① 在膜分离过程中，流体的流动与板框压滤机过滤中流体的流动有何不同？

② 超滤膜长期不用时，为何要放入甲醛水溶液中加以保护？

③ 在实验中，如果操作压力过高，会有什么结果？

④ 提高料液的温度对膜通量有什么影响？为什么？

7. 数据记录表

实验装置号：_____　　　　　　大气压：_____（kPa）

室温：_____（℃）　　　　　　膜面积：_____（m²）

纯水操作				溶液操作						
操作压力 /MPa	原料液流量/(L/h)	透过液体积/(L/h)	时间/s	操作压力 /MPa	浓度/(mg/L)			原料液流量/(L/h)	透过液流量/(L/h)	时间/s
					原料液	浓缩液	透过液			

8. 数据处理结果示例

UF 膜实验的膜面积为 $4m^2$，实验数据如表 4-23 所示。

表 4-23　UF 膜实验数据

入口压力/MPa	出口压力/MPa	平均压力/MPa	透过液流量/(L/h)	超滤通量 J/(m/s)
0.05	0	0.025	600	4.16667×10^{-5}
0.06	0	0.03	720	0.00005
0.08	0	0.04	940	6.52778×10^{-5}
0.09	0	0.045	1050	7.29167×10^{-5}
0.10	0.02	0.06	1360	9.44444×10^{-5}
0.12	0.04	0.08	1750	0.000121528

以第一组数据为例进行计算。

通量
$$J = \frac{600 \times 10^{-3}}{3600 \times 4} = 4.16667 \times 10^{-5} \, \text{m/s}$$

以平均压力为横坐标，通量为纵坐标，绘制 J-Δp 曲线，如图 4-42 所示。

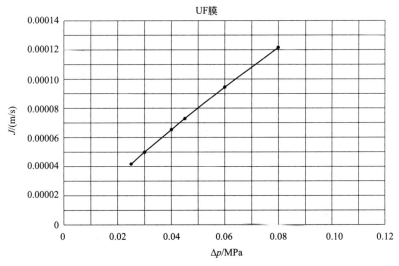

图 4-42　UF 膜 J-Δp 关系图

DF 膜实验的膜面积为 $0.09m^2$，实验数据如表 4-24 所示。

表 4-24　DF 膜实验数据

入口压力/MPa	出口压力/MPa	平均压力/MPa	透过液流量/(L/h)	超滤通量 J/(m/s)
0.14	0.12	0.13	300	9.25926×10^{-4}
0.18	0.16	0.17	360	0.00111111
0.22	0.21	0.215	420	0.00129630
0.26	0.25	0.255	480	0.00148148
0.30	0.30	0.30	540	0.00166667

以第一组数据为例进行计算。

通量 $\qquad J=\dfrac{300\times10^{-3}}{3600\times0.09}=9.25926\times10^{-4}\,\text{m/s}$

以平均压力为横坐标，通量为纵坐标，绘制 $J\text{-}\Delta p$ 曲线，如图 4-43 所示。

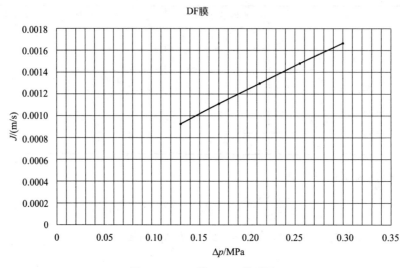

图 4-43　DF 膜 $J\text{-}\Delta p$ 关系图

第五章
演示实验

演示实验一　雷诺实验

1. 实验目的

① 了解管内流体质点的运动方式，认识不同流动形态的特点，掌握判断流型的准则。

② 观察圆直管内流体作层流、过渡流、湍流的流动形态。观察流体作层流流动的速度分布。

2. 实验原理

流体在圆管内的流型可分为层流、过渡流、湍流三种，可根据雷诺数予以判断。本实验通过测定不同流型状态下的雷诺数值来验证该理论的正确性。

雷诺数：
$$Re = \frac{du\rho}{\mu} \tag{5-1}$$

式中　d——管径，m；

　　　u——流体的流速，m/s；

　　　μ——流体的黏度，Pa·s；

　　　ρ——流体的密度，kg/m^3。

3. 实验装置与流程

（1）实验装置

实验装置如图 5-1 所示。

（2）设备参数

实验管道有效长度 $L=1000$mm，外径 $D_o=30$mm，内径 $D_i=25$mm。

4. 实验步骤及注意事项

（1）实验前的准备工作

① 向棕色瓶中加入适量用水稀释过的红墨水，调节红墨水充满小进样管。

② 观察细管位置是否处于管道中心线上，适当调整使细管位置处于观察管道的中心线上。

③ 关闭水流量调节阀、排气阀，打开进水阀、排水阀，向高位水箱注水，使水充满水箱并产生溢流，保持一定溢流量。

④ 轻轻开启水流量调节阀，让水缓慢流过实验管道，并让红墨水充满细管。

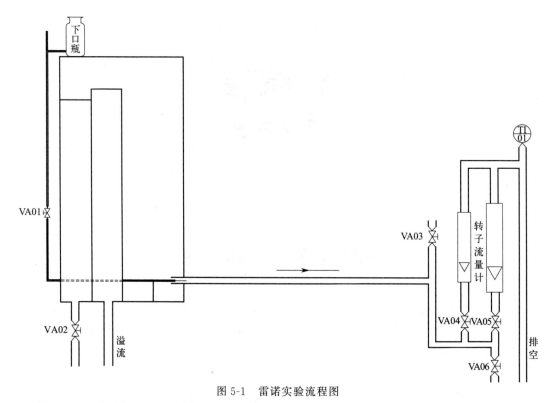

图 5-1 雷诺实验流程图

阀门：VA01—调节夹，VA02—进水阀，VA03—排气阀，VA04—流量调节阀1，VA05—流量调节阀2，VA06—排水
阀，TI01—温度计

温度：TI01—水温

（2）雷诺实验演示

① 在做好以上准备的基础上，调节进水阀，维持尽可能小的溢流量。

② 缓慢有控制地打开红墨水流量调节夹，红墨水流束即呈现不同流动状态，红墨水流束所表现的就是当前水流量下实验管内水的流动状况（图 5-2 表示层流流动状态）。读取流量数值并计算出对应的雷诺数。

图 5-2 层流流动示意图

③ 因进水和溢流造成的震动有时会使实验管道中的红墨水流束偏离管内中心线或发生不同程度的左右摆动，此时可立即关闭进水阀 VA02，稳定一段时间，即可看到实验管道中出现与管中心线重合的红色直线。

④ 加大进水阀开度，在维持尽可能小的溢流量情况下增大水的流量，根据实际情况适当调整红墨水流量，即可观测实验管内水在各种流量下的流动状况。为部分消除进水和溢流所造成震动的影响，在滞流和过渡流状况的每一种流量下均可采用上述介绍的方法，立即关闭进口阀门 VA02，然后观察管内水的流动状况（过渡流、湍流流动如图 5-3 所示）。读取流量数值并计算对应的雷诺数。

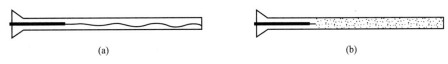

(a)   (b)

图 5-3   过渡流（a）、湍流（b）流动示意图

（3）圆管内流体速度分布演示

① 关闭进水阀、流量调节阀。

② 将红墨水流量调节夹打开，使红墨水滴落在不流动的实验管路中。

③ 突然打开流量调节阀，在实验管路中可以清晰地看到红墨水流动所形成的如图 5-4 所示的速度分布。

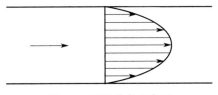

图 5-4   流速分布示意图

（4）实验结束

① 首先关闭红墨水流量调节夹，停止红墨水流动。

② 关闭进水阀，使自来水停止流入水槽。

③ 待实验管道中红色消失时，关闭水流量调节阀。

④ 如果日后较长时间不再使用该套装置，请将设备内各处存水放净。

（5）注意事项

演示滞流流动时，为了使滞流状况较快形成并保持稳定，请注意以下两点：①水槽溢流量尽可能小，若溢流量过大，上水流量也大，上水和溢流两者造成的震动都比较大，会影响实验结果；②尽量不要人为地使实验架产生震动，为减小震动，保证实验效果，可对实验架底面进行固定。

5. 思考题

① 若红墨水注入管不设在实验管道中心，能得到实验预期的结果吗？

② 如何计算某一流量下的雷诺数？用雷诺数判断流型的标准是什么？

③ 滞流和湍流的本质区别在于流体质点的运动方式不同，试述两者的运动方式。

演示实验二   流体流线演示实验

1. 实验目的

① 观察流体流过不同绕流体时的流动现象。

② 观察流体流过文丘里管时的流动现象，理解文丘里管的工作原理。

③ 通过观察球阀全开时的湍动现象，理解流体流过阀门时压力损失的大小。

④ 通过观察列管换热器中流体流动的特点，理解换热器列管排列方式对换热效果的影响。

⑤ 通过观察不同转弯角度、不同弧度的转角时流体流动的不同特点，理解怎样的转角设计流体流动最理想。

⑥ 通过观察流体流过孔板时的湍动现象理解孔板流量计的工作原理。

2. 实验原理

实际流体沿着壁面流动，由于黏性作用，会在壁面处形成边界层。在实际工程中，物体（流线型或非流线型物体）的边界往往是曲面。当流体绕流物体时，一般会出现下列现象：物面上的边界层从某个位置开始脱离物面，并在物面附近出现与主流方向相反的回流，流体力学中称这种现象为边界层分离现象。边界层分离时，在分离点（即驻点）后形成大大小小的旋涡，旋涡不断地被主流带走，在物体后面产生一个尾涡区。尾涡区内的旋涡不断地消耗有用的机械能，使该区的压力降低，即小于物体前和尾涡区外面的压力，从而在物体前后产生了压差，形成了压差阻力。压差阻力的大小与物体的形状有很大关系，所以又称为形状阻力。流体流经管件、阀门、管子进出口等局部地方，由于流向的改变和流道的突然改变，都会出现边界层分离现象。工程上为减小边界层分离造成的流体能量损失，常常将物体做成流线型。此外，旋涡造成的流体微团杂乱运动并相互碰撞混合也会使传递过程大大强化。因此，流体流线研究的现实意义在于，可对现有的流动过程及设备进行分析研究，强化传递，为开发新型高效设备提供理论依据，并在选择适宜的操作控制条件方面作出指导。

实验采用气泡示踪法，可以把流体流过不同几何形状的固体的流线、边界层分离现象以及旋涡产生的区域和强弱等流动图像清晰地显示出来。

3. 实验装置与流程

实验装置与流程如图 5-5 所示，主要由低位水箱、水泵、气泡整流部分、演示部分、溢流水箱等部分组成。

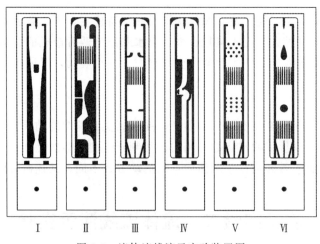

图 5-5 流体流线演示实验装置图

本实验装置包括 6 种型号的流动演示仪，由电源开关、加水孔、掺气量调节阀、灯光与各种夹缝流道等组成，演示各种形状边界与各种形状物体绕流流动现象，显示不同边界及分离、尾流、旋涡等多种流动形态及其流体内部质点的运动特性。储水槽中的水被离心泵送入演示仪中，再通过演示仪的溢流装置返回储水槽，在每个演示仪中，水从狭缝式流道流过，通过在水流中掺入气泡的方法演示出不同形状边界下的多种水流现象，并显示相应的流线。装置中的每个演示仪均可作为独立的单元使用，也可以同时使用。为了便于观察，演示仪使用有机玻璃制成。

几种流线演示仪的说明（可根据需要设计其他形式的演示仪）如下：

Ⅰ. 带有气泡的流体经过文丘里管、转子、直角弯道后进入储水槽。

Ⅱ. 带有气泡的流体经过圆弧形弯道、直角弯道、45°角弯道、突然缩小、突然扩大、稳流、突然缩小后流入储水槽。

Ⅲ. 带有气泡的流体经过逐渐扩大、孔板、喷嘴、直角弯道后流入储水槽。

Ⅳ. 带有气泡的流体经过球阀全开、直角弯道后流入储水槽。

Ⅴ. 带有气泡的流体经过逐渐扩大、正方形排列管束、正三角形排列管束、直角弯道后流入储水槽。

Ⅵ. 带有气泡的流体经过逐渐扩大、流线型直角弯道后流入储水槽。

4. 实验步骤及注意事项

① 检查：首先检查各调节阀、进气口是否处于关闭状态。

② 启动水泵，逐个开启各调节阀，调节各进气口，使水量和进气量合适。一般应使水流速度在导流条处均匀分布，气泡分布均匀，气泡大小合适。

水流过小：不能产生负压，形不成进气而产生气泡。

水流过大：在导流条中心流量大，在两侧流量小，不均匀。

进气量过小：形成的气泡很少很小，效果不明显。

进气量过大：形成的气泡很多很大，效果不好。

③ 打开欲进行演示的分进水阀，控制流量，缓缓打开进气阀调节气泡量，使得能够通过演示仪清楚地观察到流线。

④ 为比较流体流过不同绕流体的形式与旋涡的形成，可同时选择几个演示仪进行实验，这时需调节进水总流量，使每一条支路中都有足够的液体流量。

⑤ 继续调节离心泵的调节旋钮，观察不同流速下流线的变化与旋涡的大小。

⑥ 关闭时，先关闭各进气口，再关闭各阀门，最后停泵。如果想排净流道内的水，可在停泵状况下打开各调节阀。

⑦ 切断电源，若在一段较长的时间内不做此实验，最好排空水箱中的水。

注意：为了达到更好的实验效果，可往水中添加颜料；实验中注意调节进气阀的进气量，使气泡大小适中，流动演示得更清晰。

5. 思考题

① 在输送流体时，为什么要避免旋涡的形成？

② 为什么在传热、传质过程中要形成适当的旋涡？

③ 流体绕圆柱流动时，边界层分离发生在什么地方？流速不同，分离点是否相同？边界层分离后流体的流动状态是怎样的？

演示实验三　离心泵的汽蚀现象

1. 实验目的

① 观察离心泵产生汽蚀时的现象。

② 了解汽蚀现象产生的原因和防止方法。

2. 实验原理

离心泵能吸取液体是由于泵的叶轮在电机驱动下作旋转运动，液体受离心力的作用由叶轮中心向外缘作径向运动，而中心形成真空。叶轮中心处动能、势能都比外缘处小。

如果泵输送的是水，在 0-1 两截面间列出伯努利方程为

$$\frac{p_0}{\rho g} = \frac{p_1}{\rho g} + \frac{u_1^2}{2g} + H_g + \Sigma H_f \tag{5-2}$$

在叶轮背面 k 处压力最小，但无法直接计算，由于 p_k 必须大于水的饱和蒸气压 p_v，安装高度 H_g 受 p_v 的限制，如泵的吸入口为常压（即 $p_1 = p_a$），则

$$H_g \leqslant \frac{p_0 - p_v}{\rho g} - (\Sigma H_{f0-1} + \Sigma H_{f1-k} + u_k^2) \tag{5-3}$$

所以离心泵的安装高度是有一定限度的，即

$$H_g = \frac{p_0 - p_v}{\rho g} - \Sigma H_{f0-1} - (NPSH)_c \tag{5-4}$$

如果考虑到安全安装，泵厂必须提供必需汽蚀余量 $(NPSH)_r$

$$H_g = \frac{p_0 - p_v}{\rho g} - \Sigma H_{f0-1} - [(NPSH)_c + 0.5] \tag{5-5}$$

否则就会发生汽蚀现象而使泵无法工作，出现这种现象时，泵内某区域液体的压力低于当时温度下的液体汽化压力，液体在叶轮背面汽化产生气泡；也可使溶于液体中的气体析出，形成气泡。当气泡随液体运动到泵的高压区后，气体又开始凝结，气泡破灭。由于气泡破灭速度极快，周围的液体以极高的速度冲向气泡破灭前所占有的空间，即产生强烈的水力冲击，引起泵流道表面损伤，甚至穿透，这种现象称为汽蚀。离心泵产生汽蚀时，所产生的大量气泡使泵体发生震动，并发出噪声，同时流量、扬程、效率将明显降低，危害性极大。

3. 实验装置与流程

（1）实验装置

实验装置见图 5-6。

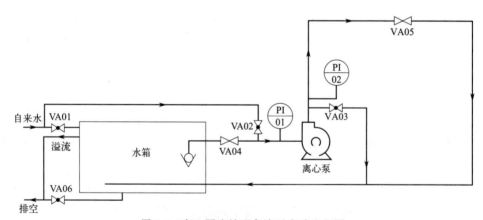

图 5-6　离心泵汽蚀现象演示实验流程图

阀门：VA01—水箱进水阀，VA02—灌泵进口阀，VA03—灌泵出口阀，VA04—离心泵入口阀，VA05—
　　　流量调节阀，VA06—放空阀

压力：PI01—离心泵入口压力，PI02—离心泵出口压力

（2）流程说明

汽蚀实验装置是在泵的进口管线上加设一阀门，借以增加泵的吸入管线阻力ΣH_f来改变泵入口处的压力，当此阀门逐渐关小时，泵入口的压力p_1就减小，即泵入口的真空度逐渐增大，到一定程度叶轮背面最低压处出现液体汽化，就能观察到离心泵的汽蚀现象。

4. 实验步骤及注意事项

① 准备工作：用手盘动离心泵的轴，检查是否转动轻松，检查泵入口处的阀门是否已打开（应完全打开）。

② 打开引水阀，往泵体内注水，同时打开泵上方的排气阀。

③ 待泵内注满水时，关闭引水阀，并立即开动电机。

④ 打开离心泵的出口阀门，使泵正常工作。

⑤ 慢慢关闭泵入口处的阀门，当真空表读数达到700mmHg时，要细心地观察玻璃泵口和压力表的变化，当真空度为730～750mmHg时就有大量气泡形成，并且压力表指针明显不稳，说明汽蚀现象已经开始，此时，不能再关小进口阀，否则会造成泵的损坏，操作要特别小心。

⑥ 断开电机开关，打开泵进口阀门。

5. 思考题

① 什么是离心泵的汽蚀？汽蚀有哪些危害？

② 本装置是用什么方法观察汽蚀特性的？还可用哪些方法观察离心泵的汽蚀特性？

演示实验四　流化床干燥实验

1. 实验目的

① 了解流化床干燥装置的基本结构、工艺流程和操作方法。

② 学习测定物料在恒定干燥条件下干燥特性的实验方法。

③ 掌握根据实验干燥曲线求取干燥速率曲线以及恒速阶段干燥速率、临界含水量、平衡含水量的方法。

④ 通过实验研究干燥条件对于干燥过程的影响。

2. 实验原理

在设计干燥器的尺寸或确定干燥器的生产能力时，被干燥物料在给定干燥条件下的干燥速率、临界湿含量和平衡湿含量等干燥特性数据是最基本的技术参数。实际生产中被干燥物料的性质千变万化，因此对于大多数具体的被干燥物料而言，其干燥特性数据常常需要通过实验测定而取得。

按干燥过程中空气状态参数是否变化，可将干燥过程分为恒定干燥条件操作和非恒定干燥条件操作两大类。若用大量空气干燥少量物料，则可以认为湿空气在干燥过程中温度、湿度均不变，再加上气流速度以及气流与物料的接触方式不变，称这种操作为恒定干燥条件下的干燥操作。

（1）干燥速率的定义

干燥速率定义为单位干燥面积（提供湿分汽化的面积）、单位时间内所除去的湿分质量，即：

$$U = \frac{dW}{A\,d\tau} = -\frac{G_c\,dX}{A\,d\tau} \tag{5-6}$$

式中　U——干燥速率，又称干燥通量，kg/(m² · s)；

　　　　A——干燥表面积，m²；

　　　　W——汽化的湿分质量，kg；

　　　　τ——干燥时间，s；

　　　　G_c——绝干物料的质量，kg；

　　　　X——物料湿含量，kg 湿分/kg 绝干物料，负号表示 X 随干燥时间的增加而减小。

（2）干燥速率的测定方法

方法一：

① 开启电子天平，待用。

② 开启快速水分测定仪，待用。

③ 准备 0.5～1kg 的湿物料，待用。

④ 开启风机，调节风量至 40～60m³/h，打开加热器加热。待热风温度恒定后（通常可设定在 70～80℃），将湿物料加入流化床中，开始计时，每过 4min 取出 10g 左右的物料，同时读取床层温度。将取出的湿物料在快速水分测定仪中测定，得初始质量 G_i 和终了质量 G_{ic}。则物料中瞬间含水率 X_i 为

$$X_i = \frac{G_i - G_{ic}}{G_{ic}} \tag{5-7}$$

方法二（数字化实验设备可用此法）：

利用床层的压降来测定干燥过程的失水量。

① 准备 0.5～1kg 的湿物料，待用。

② 开启风机，调节风量至 40～60m³/h，打开加热器加热。待热风温度恒定后（通常可设定在 70～80℃），将湿物料加入流化床中，开始计时，此时床层的压差将随时间减小，实验至床层压差（Δp_e）恒定为止。则物料中瞬间含水率 X_i 为

$$X_i = \frac{\Delta p - \Delta p_e}{\Delta p_e} \tag{5-8}$$

式中　Δp——时刻 τ 时床层的压差。

计算出每一时刻的瞬间含水率 X_i，然后将 X_i 对干燥时间 τ_i 作图，如图 5-7 所示，即为干燥曲线。

上述干燥曲线还可以变换得到干燥速率曲线。由已测得的干燥曲线求出不同 X_i 下的斜率 $\dfrac{dX_i}{d\tau_i}$，再由式（5-6）计算得到干燥速率 U，将 U 对 X 作图，就是干燥速率曲线，如图 5-8 所示。

将床层的温度对时间作图，可得床层的温度与干燥时间的关系曲线。

（3）干燥过程分析

① 预热阶段。见图 5-7、图 5-8 中的 AB 段或 $A'B$ 段。物料在预热阶段中，含水率略有下降，温度则升至湿球温度 t_W，干燥速率可能呈上升趋势变化，也可能呈下降趋势变化。预热阶段的时间很短，通常在干燥计算中忽略不计，有些干燥过程甚至没有预热阶段。

② 恒速干燥阶段。见图 5-7、图 5-8 中的 BC 段。该段物料水分不断汽化，含水率不断

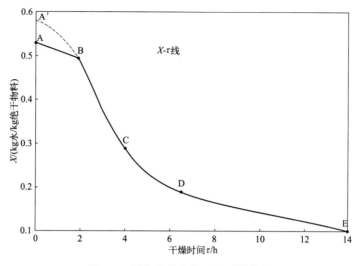

图 5-7　恒定干燥条件下的干燥曲线

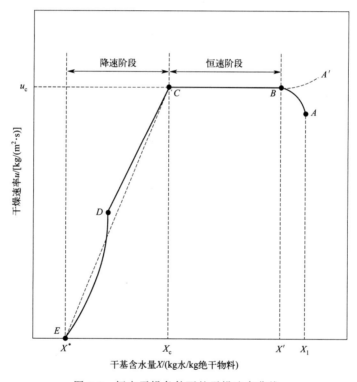

图 5-8　恒定干燥条件下的干燥速率曲线

下降。但由于这一阶段去除的是物料表面附着的非结合水分，水分去除的机理与纯水的相同，故在恒定干燥条件下，物料表面始终保持为湿球温度 t_W，传质推动力保持不变，因而干燥速率也不变。于是，在图 5-8 中，BC 段为水平线。

　　只要物料表面保持足够湿润，物料的干燥过程总处于恒速阶段。而该段的干燥速率大小取决于物料表面水分的汽化速率，亦即取决于物料外部的空气干燥条件，故该阶段又称为表面汽化控制阶段。

　　③ 降速干燥阶段。随着干燥过程的进行，物料内部水分移动到表面的速率赶不上表面

水分的汽化速率，物料表面局部出现"干区"，尽管这时物料其余表面的平衡蒸气压仍与纯水的饱和蒸气压相同，但以物料全部外表面计算的干燥速率因"干区"的出现而降低，此时物料中的含水率称为临界含水率，用 X_c 表示，对应图 5-8 中的 C 点，C 点称为临界点。过 C 点以后，干燥速率逐渐降低至 D 点，CD 阶段称为降速第一阶段。

干燥到 D 点时，物料全部表面都成为干区，汽化面逐渐向物料内部移动，汽化所需的热量必须通过已被干燥的固体层才能传递到汽化面；从物料中汽化的水分也必须通过这一干燥层才能传递到空气主流中。干燥速率因热、质传递的途径加长而下降。此外，在 D 点以后，物料中的非结合水分已被除尽。接下去所汽化的是各种形式的结合水，因而，平衡蒸气压将逐渐下降，传质推动力减小，干燥速率也随之较快降低，直至到达 E 点时，速率降为零。这一阶段称为降速第二阶段。

降速阶段干燥速率曲线的形状随物料内部的结构而异，不一定都呈现图 5-8 中曲线 CDE 的形状。对于某些多孔性物料，可能降速两个阶段的界限不是很明显，曲线好像只有 CD 段；对于某些无孔性吸水物料，汽化只在表面进行，干燥速率取决于固体内部水分的扩散速率，故降速阶段只有类似 DE 段的曲线。

与恒速阶段相比，降速阶段从物料中除去的水分量相对少许多，但所需的干燥时间却长得多。总之，降速阶段的干燥速率取决于物料本身的结构、形状和尺寸，而与干燥介质状况关系不大，故降速阶段又称物料内部迁移控制阶段。

3. 实验装置与流程

（1）实验装置

实验装置流程如图 5-9 所示。

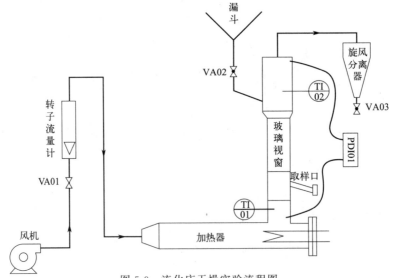

图 5-9　流化床干燥实验流程图

阀门：VA01—气体流量调节阀，VA02—加料阀，VA03—放空阀

温度：TI01—床层进口温度，TI02—床层出口温度

压差：PDI01—床层压差

（2）设备参数

鼓风机：BYF7122，370W。

电加热器：额定功率 2.0kW。

干燥室：$\phi100\text{mm}\times750\text{mm}$。

干燥物料：耐水硅胶。

压差计：Sp0014 型压差传感器，或 U 形管压差计。

4. 实验步骤及注意事项

（1）实验步骤

① 开启风机。

② 打开仪表控制柜电源开关，加热器通电加热，床层进口温度要求恒定在 70～80℃。

③ 将准备好的耐水硅胶加入流化床进行实验。

④ 每隔 4min 取样 5～10g 左右分析或由压差传感器记录床层压差，同时记录床层温度。

⑤ 待干燥物料恒重或床层压差一定时，即为实验终了，关闭仪表电源。

⑥ 关闭加热电源。

⑦ 关闭风机，切断总电源，清理实验设备。

（2）注意事项

必须先开风机，后开加热器，否则加热管可能会被烧坏，破坏实验装置。

5. 思考题

① 什么是恒定干燥条件？本实验装置中采用了哪些措施来保持干燥过程在恒定干燥条件下进行？

② 控制恒速干燥阶段速率的因素是什么？控制降速干燥阶段干燥速率的因素是什么？

③ 为什么要先启动风机，再启动加热器？实验过程中床层温度是如何变化的？为什么？如何判断实验已经结束？

④ 若加大热空气流量，干燥速率曲线有何变化？恒速干燥速率、临界湿含量又如何变化？为什么？

演示实验五　降膜式蒸发实验

1. 实验目的

① 了解降膜式蒸发系统的流程和结构，掌握蒸发器的操作。

② 测定蒸发器的传热系数。

2. 实验原理

蒸发属于间壁传热过程，一般用饱和水蒸气作为热源，在管外壁冷凝，被蒸发的溶液则在管内沸腾。根据传热方程有：

$$Q=KS(T-t) \tag{5-9}$$

已知传热速率 Q、传热面积 S、加热蒸汽温度 T 和溶液沸点 t，可以由上式计算传热系数 K。其中传热面积 S 根据蒸发器几何尺寸计算；加热蒸汽温度 T 可根据其压力和饱和水蒸气的 p-T 关系确定；沸点可以根据二次蒸汽温度和溶液的沸点升高计算，如果沸点升高可以忽略，沸点就等于二次蒸汽温度。传热速率 Q 则可根据蒸发器的热平衡计算。

$$Q=Dr=Wr'+Fc_p(t-t_0)+Q_L \tag{5-10}$$

式中　W——二次蒸汽的流量，kg/s；

r'——二次蒸汽的潜热，J/kg；

F——进料流量，kg/s；

c_p——进料比热，J/kg·℃；

t_0——进料温度，℃；

Q_L——热损，W，当蒸发器保温良好时，Q_L 可忽略不计。

3. 实验装置与流程

（1）实验装置

实验装置如图 5-10 所示。

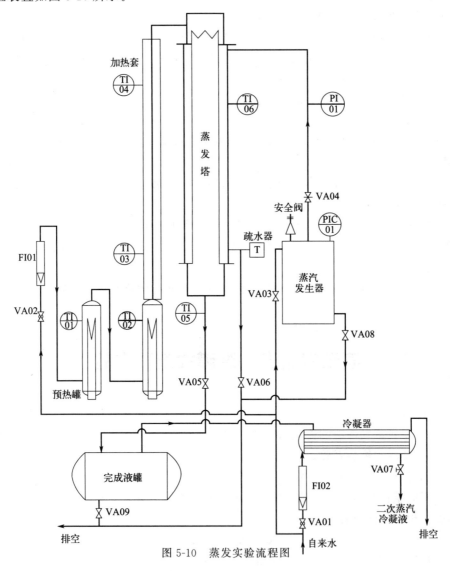

图 5-10 蒸发实验流程图

阀门：VA01—冷凝器流量调节阀，VA02—热水流量调节阀，VA03—蒸汽发生器进水阀，VA04—蒸汽进口阀，VA05—完成液出口阀，VA06—蒸汽出口阀，VA07—冷凝液出口阀，VA08—蒸汽发生器放空阀，VA09—完成液罐放空阀

流量：FI01—热水流量，FI02—冷凝水流量

压力：PIC01—蒸汽发生器压力，PI01—蒸汽进塔压力

温度：TI01—预热罐热水温度1，TI02—预热罐热水温度2，TI03—预热罐热水出口温度，TI04—热水进塔温度，TI05—热水出塔温度，TI06—蒸汽温度

（2）实验流程

本演示实验中，蒸发器使用降膜式蒸发器。降膜式蒸发器是一种单程型蒸发器，被蒸发溶液在上方进入，由成膜装置分配成膜，沿管壁流下，同时被加热蒸发，至下端即为完成液。料液被加热到接近沸点的温度进入蒸发器，加热蒸汽由电加热蒸汽发生器产生，蒸汽发生器出口装有压力表。蒸发器下端排出的汽液混合物先在汽液分离器内分离，二次蒸汽在冷凝器内冷凝，完成液则排出。二次蒸汽冷凝液的流量用量筒和秒表测定。

4. 实验步骤及注意事项

（1）实验步骤

① 打开 VA02，调节流量至 1L/min，常温自来水进入两级预热罐中，通过预热后进入加热套，温度控制值设定在 99℃。打开 VA03，打开蒸汽发生器电源，蒸汽发生器自动进水至合适水位后开始加热，PIC01 设置至 0.2MPa。

② 当热水进塔温度 TI04 达到控制值，同时蒸汽发生器内压力 PIC01 到达 0.2MPa 后，通过调节 VA04 控制进入蒸发器内蒸汽压力 PI01 稳定至 0.1MPa；最后打开冷却水阀门 VA01，使冷却水进入冷凝器。

③ 当二次蒸汽冷凝液流量稳定后，测定并记录相关数据。

④ 保持蒸汽压力 PI01 不变，通过 VA02 调节热水流量 FI01 分别至 2L/min 及 3L/min，测定并记录相关数据。

⑤ 实验结束后，关闭加热，关闭所有阀门，关闭蒸汽发生器和控制柜电源。

（2）注意事项

① 调节蒸汽压力时，请佩戴手套，以防烫伤。

② 实验结束时，打开疏水阀，放空蒸发器内的蒸汽，系统常压后，再关闭阀门。

5. 思考题

① 本实验为常压操作，加热蒸汽应选择在什么范围为宜？

② 若疏水器发生故障，冷凝液不能及时排出，会对实验产生怎样的影响？

③ 提高蒸发器生产强度的途径有哪些？

附　录

附录一　实验基本安全知识

1. 实验室安全设施

在实验室中不可避免地会发生实验事故，所具备的实验室安全知识将有助于最小化事故发生的可能性。实验室安全设施就是在实验室中能保证实验安全的设备及相关用品。基本安全设施包括：灭火器、洗眼器、紧急喷淋装置、急救箱及逃生通道。

① 灭火器。根据火灾类型选择灭火器，具体可根据化学品查询 MSDS 消防措施部分选择合适的灭火方式。对于普通易燃物如木头、衣物、纸张等引起的火灾可以用水或普通灭火器熄灭；对于涉及有机溶剂、易燃液体及电气设备的火灾则必须用泡沫灭火器进行熄灭；易燃金属引起的火灾则需要使用化学灭火器。

如果突然发生火灾或爆炸，应及时疏散并报警，只有在经过培训及情况可控下才能使用合适灭火器去灭火。消防毯可以用于熄灭工作台或地板上的小型火灾，也可以用来帮助衣物着火的人，但是，当他/她站立时绝对不能去包裹，这会使火苗窜至他/她的颈部和头部，应该帮助他/她躺在地上，然后用消防毯裹住打滚直至火焰熄灭。

② 洗眼器。如果眼睛沾染危险化学品，应立即到洗眼器处。打开洗眼器喷头防尘盖，用手轻推开关阀，清洁水会自动喷出；保持眼睛张开并冲洗至少 10～15 分钟，用后需将手推阀复位并将防尘盖复位。

③ 紧急喷淋装置。当身体发生化学沾染或起火时，应大声寻求帮助并立即到最近的喷淋装置处。脱除沾染衣物，打开水阀，用喷淋装置强力冲洗沾染皮肤 15 分钟；冲洗干净后，不得再穿受污染的衣物。尽快擦干身体，注意保暖；必要时送医院检查处理。如果衣服或皮肤已经起火，就要冲洗全身并让人打电话呼叫救护车。

④ 急救箱。每个实验室都配备有急救箱（壁挂式）并存放绷带和消毒液，可用于轻伤的应急处理。

⑤ 逃生通道。当第一次进入实验室时，观察四周环境以确认安全设备（灭火器、急救箱、消防逃生地图）的位置。此外，需要在出口附近标明逃生通道。

2. 实验室安全行为习惯

① 在实验室不可以穿短裙或短裤，不可穿凉鞋或高跟鞋进入实验室，鞋底应防滑，进入实验室前取下首饰并扎好头发，只带实验室必需物品，所有个人物品留实验室外，防止

污染。

② 永远不要在实验室吃喝东西，嚼口香糖，避免污染皮肤或摄入有毒化学品，也可能影响实验及其结果。

③ 保持实验室整洁也可以减少事故的发生。不要在地板上放任何可能导致人滑倒的物体，不要把试剂瓶放在地板上（即使是暂时的），应查阅安全技术说明（MSDS）采取恰当的措施处理。

④ 试剂泼洒后，要立即清理并放置防滑警示牌。应保持工作台干净整洁，只放实验过程中的必需品，不要把物料放在容易碰倒的工作台边缘。

⑤ 不要用手捡玻璃碎片，以免割伤、刺伤，也可能会使有害的化学物质直接进入血液，玻璃碎片需转移至玻璃固废存放点。

⑥ 在实验室发现任何违反安全规定或有安全隐患的情况，应及时向老师汇报。

3. 其他常见的实验室危害

① 电击：实验室中的许多设备都以非常高的电压工作，因此必须注意将水和液体远离仪器，另外，仪器通电时，切勿尝试修理或打开任何设备盖子。

② 烧伤：许多实验室仪器（如烘箱、干燥箱、加热器等），在高温下运行时可能导致灼伤，应注意。另外，在处理高温材料时，应使用耐热手套。

③ 滑倒、跌倒：确保实验室的地面清洁和过道畅通无阻，切勿将任何材料或器械放置在地面上。如有液体泄漏，应立即清理，并使用"湿地易滑"的标志来提醒其他人员。

4. 实验注意事项

化工原理实验是化工类相关专业学生进行实践操作的重要环节，为了保证实验的安全性和准确性，学生需要遵守一系列的实验注意事项，其中包括实验前的准备工作、实验操作中的安全措施以及实验后的清理工作。

（1）实验前的准备工作

① 实验室环境检查。在进行化工原理实验之前，首先需要检查实验室的环境是否符合实验要求，确保实验室通风良好，没有明火或其他危险物品，实验台面整洁无杂物。

② 实验设备检查。检查实验所需的设备是否完好，如试剂瓶是否密封良好，仪器是否正常工作等。如发现损坏或异常情况，应及时报告实验指导老师。

③ 实验材料准备。根据实验要求，准备好所需的试剂、玻璃仪器等材料。注意检查试剂的标签，确保所用试剂的纯度和浓度符合实验要求。

④ 熟悉实验操作流程。在进行实验操作之前，应仔细阅读实验操作手册或实验指导书，熟悉实验操作流程和步骤，了解实验原理和目的。

（2）实验操作中的安全措施

① 穿戴个人防护用品。在进行化工原理实验时，必须穿戴个人防护用品，包括实验服、实验手套、护目镜等。确保实验过程中身体和眼睛的安全。

② 注意试剂的安全使用。使用试剂时，应注意其毒性、腐蚀性和易燃性等特性。遵循正确的操作方法，避免接触皮肤和吸入有害气体。

③ 控制实验条件。在进行化工原理实验时，应严格控制实验条件，如温度、压力、pH值等。遵循实验要求，确保实验结果的准确性。

④ 注意实验器材的使用。使用实验器材时，应注意其用途和使用方法。避免不当使用导致事故发生，如玻璃器皿的轻拿轻放，避免碰撞和摔落。

⑤ 实验过程中的安全操作。在进行化工原理实验时，应注意实验过程中的安全操作，如避免过度搅拌、加热时避免过高温度等。遵循实验要求，确保实验操作的安全性。

（3）实验后的清理工作

① 废弃物的处理。实验结束后，应将废弃物按照规定分类进行处理。有机废弃物、化学废液等应放置在指定的容器中，避免对环境造成污染。

② 实验器材的清洗。实验器材使用完毕后，应及时清洗。使用适当的清洗剂和方法，彻底清除残留物，保持器材的干净和完好。

③ 实验室环境的整理。实验结束后，应将实验室环境整理整洁。清理实验台面、清除杂物，保持实验室的良好工作环境。

④ 实验数据的整理和分析。实验结束后，应将实验数据进行整理和分析。记录实验过程中的观察结果和实验数据，为后续的实验报告和分析提供依据。

附录二　水的物理性质

温度 /℃	压力 p/kPa	密度 ρ /(kg/ m³)	焓 H /(J/kg)	比热容 c_p/ [kJ/ (kg·K)]	热导率 λ/[W/ (m·K)]	导温系数 $\alpha \times 10^6$ /(m²/s)	动力黏度 μ/μPa·s	运动黏度 $\nu \times 10^6$ /(m²/s)	体积膨胀 系数 $\beta \times 10^3$/K⁻¹	表面张力 σ/(mN/m)	普朗特数 Pr
0	101	1000	0	4.212	0.551	0.131	1788.0	1.789	−0.063	75.61	13.67
10	101	1000	42	4.191	0.574	0.137	1305.0	1.306	0.070	74.14	9.52
20	101	998	83.9	4.183	0.599	0.143	1004.0	1.006	0.182	72.67	7.02
30	101	996	126	4.174	0.617	0.149	801.2	0.805	0.321	71.60	5.42
40	101	992	166	4.174	0.633	0.153	653.2	0.659	0.387	69.63	4.31
50	101	988	209	4.174	0.647	0.157	549.2	0.556	0.449	67.67	3.54
60	101	983	211	4.178	0.659	0.161	469.8	0.478	0.511	66.20	2.98
70	101	978	293	4.167	0.667	0.163	406.0	0.415	0.570	64.33	2.55
80	101	972	335	4.195	0.674	0.166	355.0	0.365	0.632	62.57	2.21
90	101	965	377	4.208	0.68	0.168	314.8	0.326	0.695	60.71	1.95
100	101	958	419	4.220	0.682	0.169	282.4	0.295	0.752	58.84	1.75
110	143	951	461	4.233	0.684	0.170	258.9	0.272	0.808	56.88	1.60
120	199	943	504	4.250	0.686	0.171	237.3	0.252	0.864	54.82	1.47
130	270	935	546	4.266	0.686	0.172	217.7	0.233	0.917	52.86	1.36
140	362	926	589	4.287	0.684	0.173	201.1	0.217	0.972	50.70	1.26
150	476	917	632	4.312	0.683	0.173	186.3	0.203	1.03	48.64	1.17
160	618	907	675	4.346	0.682	0.173	173.6	0.191	1.07	46.58	1.10
170	792	897	719	4.379	0.679	0.173	162.8	0.181	1.13	44.33	1.05
180	1003	887	763	4.417	0.674	0.172	153.0	0.173	1.19	42.27	1.00
190	1255	876	808	4.460	0.669	0.171	144.2	0.165	1.26	40.01	0.96
200	1555	863	852	4.505	0.662	0.170	136.3	0.158	1.33	37.66	0.93
210	1908	853	898	4.555	0.655	0.169	130.4	0.153	1.41	35.40	0.91
220	2320	840	944	4.614	0.665	0.166	124.6	0.148	1.48	33.15	0.89
230	2798	827	990	4.681	0.637	0.164	119.7	0.145	1.59	30.99	0.88
240	3348	814	1037	4.756	0.628	0.162	114.7	0.141	1.68	28.54	0.87
250	3978	799	1086	4.844	0.627	0.159	109.8	0.137	1.81	26.19	0.86

温度 /℃	压力 p/kPa	密度 ρ /(kg/ m³)	焓 H /(J/kg)	比热容 c_p/ [kJ/ (kg·K)]	热导率 λ/[W/ (m·K)]	导温系数 $\alpha \times 10^6$ /(m²/s)	动力黏度 μ/μPa·s	运动黏度 $\nu \times 10^6$ /(m²/s)	体积膨胀 系数 $\beta \times 10^3$/K^{-1}	表面张力 σ/(mN/m)	普朗特数 Pr
260	4695	784	1135	4.949	0.604	0.156	105.9	0.135	1.97	23.73	0.87
270	5506	768	1185	5.070	0.589	0.151	102.0	0.133	2.16	21.48	0.88
280	6420	751	1236	5.229	0.574	0.146	98.1	0.131	2.37	19.12	0.90
290	7446	732	1290	5.485	0.558	0.139	94.2	0.129	2.62	16.87	0.93

附录三 饱和水蒸气（以压力为准）

绝对压力 /kPa	温度/℃	蒸汽的比体积 /(m³/kg)	蒸汽的密度 /(kg/m³)	焓（液体） /(kJ/kg)	焓（蒸汽） /(kJ/kg)	汽化热 /(kJ/kg)
1.0	6.3	129.37	0.00773	26.48	2503.1	2476.8
1.5	12.5	88.26	0.01133	52.26	2515.3	2463.0
2.0	17.0	67.29	0.01486	71.21	2524.2	2452.9
2.5	20.9	54.47	0.01836	87.45	2531.8	2444.3
3.0	23.5	45.52	0.02179	98.38	2536.8	2438.4
3.5	26.1	39.45	0.02523	109.30	2541.8	2432.5
4.0	28.7	34.88	0.02867	120.23	2546.8	2426.6
4.5	30.8	33.06	0.03205	129.00	2550.9	2421.9
5.0	32.4	28.27	0.03537	135.69	2554.0	2418.3
6.0	35.6	23.81	0.04200	149.06	2560.1	2411.0
7.0	38.8	20.56	0.04864	162.44	2566.3	2403.8
8.0	41.3	18.13	0.05514	172.73	2571.0	2398.2
9.0	43.3	16.24	0.06156	181.16	2574.8	2393.6
10	45.3	14.71	0.06798	189.59	2578.5	2388.9
15	53.5	10.04	0.09956	224.03	2594.0	2370.0
20	60.1	7.65	0.13068	251.51	2606.4	2354.9
30	66.5	5.24	0.19093	288.77	2622.4	2333.7
40	75.0	4.00	0.24975	315.93	2634.1	2312.2
50	81.2	3.25	0.30799	339.80	2644.3	2304.5
60	85.6	2.74	0.36514	358.21	2652.1	2293.9
70	89.9	2.37	0.42229	376.61	2659.8	2283.2
80	93.2	2.09	0.47807	390.08	2665.3	2275.3
90	96.4	1.87	0.53384	403.49	2670.8	2267.4
100	99.6	1.70	0.58961	416.90	2676.3	2259.5
120	104.5	1.43	0.69868	437.51	2684.3	2246.8
140	109.2	1.24	0.80758	457.67	2692.1	2234.4

绝对压力 /kPa	温度/℃	蒸汽的比体积 /(m³/kg)	蒸汽的密度 /(kg/m³)	焓（液体） /(kJ/kg)	焓（蒸汽） /(kJ/kg)	汽化热 /(kJ/kg)
160	113.0	1.21	0.82981	473.88	2698.1	2224.2
180	116.6	0.988	1.0209	489.32	2703.7	2214.3
200	120.2	0.887	1.1273	493.71	2709.2	2204.6
250	127.2	0.719	1.3904	534.39	2719.7	2185.4
300	133.3	0.606	1.6501	560.38	2728.5	2168.1
350	138.8	0.524	1.9074	583.76	2736.1	2152.3
400	143.4	0.463	2.1618	603.61	2742.1	2138.5
450	147.7	0.414	2.4152	622.42	2747.8	2125.4
500	151.7	0.375	2.6673	639.59	2752.8	2113.2
600	158.7	0.316	3.1686	670.22	2761.4	2091.1
700	164.7	0.273	3.6657	696.27	2767.8	2071.5
800	170.4	0.240	4.1614	720.96	2773.7	2052.7
900	175.1	0.215	4.6525	741.82	2778.1	2036.2
1×10^3	179.9	0.194	5.1432	762.68	2782.5	2019.7

附录四 干空气的物理性质（$p = 101.3\text{kPa}$）

温度 $t/℃$	密度 $\rho/(\text{kg/m}^3)$	比热容 $c_p/[\text{kJ}/(\text{kg}\cdot\text{K})]$	热导率 $\lambda/[\text{mW}/(\text{m}\cdot\text{K})]$	导温系数 $a\times10^6/(\text{m}^2/\text{s})$	动力黏度 $\mu/\mu\text{Pa}\cdot\text{s}$	运动黏度 $\nu\times10^6/(\text{m}^2/\text{s})$	普朗特数 Pr
−50	1.584	1.013	20.34	12.7	14.6	9.23	0.728
−40	1.515	1.013	21.15	13.8	15.2	10.04	0.728
−30	1.453	1.013	21.96	14.9	15.7	10.80	0.723
−20	1.395	1.009	22.78	16.2	16.2	11.60	0.716
−10	1.342	1.009	23.59	17.4	16.7	12.43	0.712
0	1.293	1.005	24.40	18.8	17.2	13.28	0.707
10	1.247	1.005	25.10	20.1	17.7	14.16	0.705
20	1.205	1.005	25.91	21.4	18.1	15.06	0.703
30	1.165	1.005	26.73	22.9	18.6	16.00	0.701
40	1.128	1.005	27.54	24.3	19.1	16.96	0.699
50	1.093	1.005	28.24	25.7	19.6	17.95	0.698
60	1.060	1.005	28.93	27.2	20.1	18.97	0.696
70	1.029	1.009	29.63	28.6	20.6	20.02	0.694
80	1.000	1.009	30.44	30.2	21.1	21.09	0.692
90	0.972	1.009	31.26	31.9	21.5	22.10	0.690
100	0.946	1.009	32.07	33.6	21.9	23.13	0.688
120	0.898	1.009	33.35	36.8	22.9	25.45	0.686
140	0.854	1.013	31.86	40.3	23.7	27.80	0.684
160	0.815	1.017	36.37	43.9	24.5	30.09	0.682

温度 $t/℃$	密度 $\rho/(kg/m^3)$	比热容 $c_p/[kJ/(kg \cdot K)]$	热导率 $\lambda/[mW/(m \cdot K)]$	导温系数 $a \times 10^6/(m^2/s)$	动力黏度 $\mu/\mu Pa \cdot s$	运动黏度 $\nu \times 10^6/(m^2/s)$	普朗特数 Pr
180	0.779	1.022	37.77	47.5	25.3	32.49	0.681
200	0.746	1.026	39.28	51.4	26.0	34.85	0.680
250	0.674	1.038	46.25	61.0	27.4	40.61	0.677
300	0.615	1.047	46.02	71.6	29.7	48.33	0.674
350	0.566	1.059	49.04	81.9	31.4	55.46	0.676
400	0.524	1.068	52.06	93.1	33.1	63.09	0.678
500	0.456	1.093	57.4	115.3	36.2	79.38	0.687
600	0.404	1.114	62.17	138.3	39.1	96.89	0.699
700	0.362	1.135	67.00	163.4	41.8	115.4	0.706
800	0.329	1.156	71.70	188.8	44.3	134.8	0.713
900	0.301	1.172	76.23	216.2	46.7	155.1	0.717
1000	0.277	1.185	80.64	245.9	49.0	177.1	0.719
1100	0.257	1.197	84.94	276.3	51.2	199.3	0.722
1200	0.239	1.210	91.45	316.5	53.5	233.7	0.724

附录五　乙醇-水溶液平衡数据及沸点（常压）

液相组成		气相组成		沸点/℃
乙醇质量分数/%	乙醇摩尔分数/%	乙醇质量分数/%	乙醇摩尔分数/%	
0.01	0.004	0.13	0.053	99.9
0.10	0.040	1.3	0.51	99.8
0.20	0.08	2.6	1.03	99.6
0.40	0.16	4.9	1.98	99.4
0.80	0.31	9.0	3.725	99.0
1.00	0.39	10.1	4.20	98.75
2.00	0.75	19.7	8.76	97.65
4.00	1.61	33.3	16.34	95.8
6.00	2.43	41.0	21.45	94.15
8.00	3.29	47.6	26.21	92.6
10.00	4.16	52.2	29.92	91.3
12.00	5.07	55.8	33.06	90.5
14.00	5.98	58.8	35.83	89.2
16.00	6.86	61.1	38.06	88.3
18.00	7.95	63.2	40.18	87.7
20.00	8.92	65.0	42.09	87.0
25.00	11.53	68.6	46.08	85.7
30.00	14.35	71.3	49.30	84.7
35.00	17.41	73.8	51.67	83.75
40.00	20.68	74.6	53.46	83.1
45.00	24.25	75.9	55.22	82.45
50.00	28.12	77.0	56.71	81.9
55.00	32.34	78.2	58.39	81.4
60.00	36.98	79.5	60.29	81.0
65.00	42.09	80.8	62.22	80.6

液相组成		气相组成		沸点/℃
乙醇质量分数/%	乙醇摩尔分数/%	乙醇质量分数/%	乙醇摩尔分数/%	
70.00	47.74	82.1	64.21	80.2
75.00	54.00	83.8	66.92	79.75
80.00	61.02	85.8	70.29	79.5
85.00	68.92	88.3	74.69	78.95
90.00	77.88	91.3	80.42	78.5
95.00	88.13	95.1	88.13	78.177
95.57	89.41	95.6	89.41	78.15

附录六　乙醇-水溶液折射率数据表（30℃）

乙醇浓度（体积分数）	折射率	乙醇浓度（体积分数）	折射率
0%	1.3319	55%	1.3574
10%	1.3369	60%	1.3580
20%	1.3425	70%	1.3605
25%	1.3449	80%	1.3612
30%	1.3473	85%	1.3611
35%	1.3500	90%	1.3607
40%	1.3527	95%	1.3595
45%	1.3544	100%	1.3575
50%	1.3561		

注：30℃时，乙醇的密度为780.97kg/m³，水的密度为995.70kg/m³。

附录七　乙醇与水的汽化热和比热容数据表

温度/℃	乙醇		水	
	汽化热/(kJ/kg)	比热容/[kJ/(kg·K)]	汽化热/(kJ/kg)	比热容/[kJ/(kg·K)]
0	985.29	2.23	2491.1	4.212
10	969.66	2.30	2468.5	4.191
20	953.21	2.38	2446.3	4.183
30	936.03	2.46	2423.7	4.174
40	918.12	2.55	2401.1	4.174
50	899.31	2.65	2378.1	4.174
60	879.77	2.76	2355.1	4.178
70	859.32	2.88	2331.2	4.167
80	838.05	3.01	2307.8	4.195
90	815.79	3.14	2283.1	4.208
100	792.52	3.29	2258.4	4.220

附录八　CO_2 水溶液的亨利系数

温度/℃	亨利系数 $E \times 10^{-5}$/kPa	温度/℃	亨利系数 $E \times 10^{-5}$/kPa
0	0.738	30	1.88
5	0.888	35	2.12
10	1.05	40	2.36
15	1.24	45	2.60
20	1.44	50	2.87
25	1.66	60	3.46

附录九　苯甲酸-煤油-水物系的分配曲线

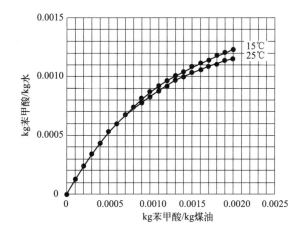

参考文献

［1］ 谭天恩，窦梅，等．化工原理［M］.4版.北京：化学工业出版社，2013.

［2］ 陈敏恒，丛德滋，方图南，等．化工原理［M］.4版.北京：化学工业出版社，2015.

［3］ 管国锋，赵汝溥．化工原理［M］.4版.北京：化学工业出版社，2015.

［4］ 居深贵，夏毅，武文良．化工原理实验［M］.北京：化学工业出版社，2016.

［5］ 叶向群，单岩．化工原理实验及虚拟仿真（双语）［M］.北京：化学工业出版社，2017.

［6］ 李鑫，崔培哲，齐建光．化工原理实验［M］.北京：化学工业出版社，2019.

［7］ 张金利，郭翠梨，胡瑞杰，等．化工原理实验［M］.2版.天津：天津大学出版社，2016.

［8］ 钟理，郑大锋，伍钦．化工原理［M］.2版.北京：化学工业出版社，2020.

［9］ 冯骉，涂国云．食品工程原理［M］.3版.北京：中国轻工业出版社，2019.

［10］ 夏清，姜峰．化工原理［M］.3版.天津：天津大学出版社，2024.

［11］ 丁忠伟，刘伟，刘丽英．化工原理［M］.北京：高等教育出版社，2014.

［12］ 袁渭康，王静康，费维扬，等．化学工程手册（第2，3卷）［M］.3版.北京：化学工业出版社，2019.

［13］ 程远贵．化工原理实验［M］.北京：化学工业出版社，2024.

［14］ 都健，王瑶．化工原理［M］.4版.北京：高等教育出版社，2022.